人工智能 前沿技术丛书

总主编 焦李成

模式识别

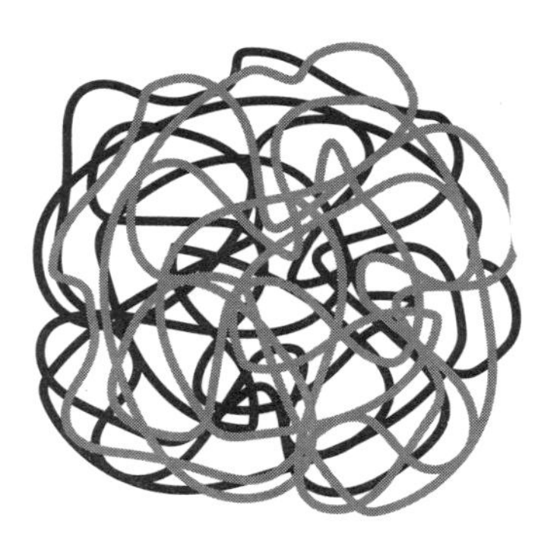

张向荣 冯 婕
刘 芳 焦李成 编著

西安电子科技大学出版社
http://www.xduph.com

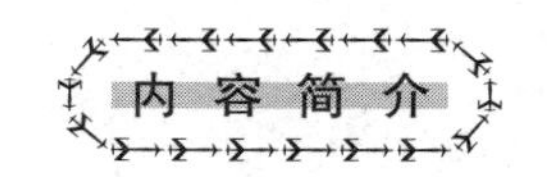

内容简介

本书系统地论述了模式识别基本概念、算法及应用，体现了传统模式识别内容与当前最新发展的结合与补充。全书包括三部分内容，共15章。第一部分共7章，主要介绍了经典模式识别方法，着重讨论监督学习，即已知训练样本及其类别条件下分类器的设计方法，然后介绍了无监督模式识别，最后讲解了模式识别系统中，特征提取和特征选择的准则和算法；第二部分共3章，主要介绍了现代模式识别方法，包含支持向量机、组合分类器以及半监督学习；第三部分共5章，主要介绍了深度学习模式识别方法，从现有的深度神经网络出发，讲解了强化学习、宽度学习、图卷积神经网络等模式识别方法。最后，以实例的形式给出模式识别在各个领域中的应用，使读者对模式识别方法有更直观的认识。

本书可作为高等院校模式识别、计算机科学与工程、控制科学与工程、智能科学与技术等相关专业研究生或本科生的参考用书，也可为人工智能、计算机科学、控制科学领域的研究人员提供参考。

图书在版编目(CIP)数据

模式识别/张向荣等编著. —西安：西安电子科技大学出版社，2019.9(2019.11重印)
ISBN 978-7-5606-5346-4

Ⅰ. ① 模…　Ⅱ. ① 张…　Ⅲ. ① 模式识别　Ⅳ. ① O235

中国版本图书馆CIP数据核字(2019)第089190号

策划编辑　人工智能前沿技术丛书项目组
责任编辑　戚文艳　万晶晶
出版发行　西安电子科技大学出版社(西安市太白南路2号)
电　　话　(029)88242885　88201467　　邮　　编　710071
网　　址　www.xduph.com　　电子邮箱　xdupfxb001@163.com
经　　销　新华书店
印刷单位　陕西天意印务有限责任公司
版　　次　2019年9月第1版　2019年11月第2次印刷
开　　本　787毫米×960毫米　1/16　印张　15.75
字　　数　324千字
印　　数　501～3500册
定　　价　40.00元
ISBN　978-7-5606-5346-4/O
XDUP-5648001-2

前言 PREFACE

模式识别是指对表征事物或现象的各种形式的信息进行处理和分析，以对事物或现象进行描述、辨认、分类和解释的过程，是信息科学和人工智能的重要组成部分。模式识别诞生于20世纪20年代，随着40年代计算机的出现，50年代人工智能的兴起，模式识别在60年代初迅速发展为一门学科。它所研究的理论和方法在很多科学和技术领域中得到了广泛的重视，并且推动了人工智能系统的发展，扩大了计算机应用的可能性。几十年来，模式识别研究取得了大量的成果，得到了成功的应用。

由于模式识别具有广泛的应用价值和发展潜力，因而得到了人们的重视。在统计模式识别发展早期，研究主要集中在以下几个领域：贝叶斯决策规则和它的各种变形、密度估计、维数灾难和误差估计。20世纪60、70年代，由于有限的计算能力，统计模式识别只用相对简单的技术来解决小规模问题。20世纪80年代以来，统计模式识别经历了迅速的发展。日益增加的不同学科的交叉和结合，包括神经网络、机器学习、数学、计算机科学等多个学科的专家提出新的思想方法和技术，丰富了传统的统计模式识别范例。数据挖掘、文本分类等新的应用的出现对统计模式识别提出了新的挑战。当前，以人工智能技术为代表的新一轮科技革命方兴未艾，进一步推动着模式识别算法的发展及其应用研究。

本书结合传统模式识别内容与当前的最新发展，将传统内容与学科前沿相互补充。全书包括经典模式识别、现代模式识别以及深度学习模式识别三个部分，共15章。第一部分共7章，主要介绍了经典模式识别方法，着重讨论监督学习，即已知训练样本及其类别条件下分类器的设计方法，然后介绍了无监督模式识别，最后讲解了模式识别系统中特征提取和特征选择的准则和算法。第二部分共3章，主要介绍了现代模式识别方法，包含支持向量机、组合分类器以及半监督学习。第三部分共5章，主要介绍了深度学习模式识别方法，从现有的深度神经网络出发，讲解了强化学习、宽度学习、图卷积神经网络等模式识别方法。最后本书还以实例的形式给出了模式识别在各个领域中的应用，使读者对模式识别方法有更直观的认识。

本书是西安电子科技大学人工智能学院模式识别研究中心多年来教学与研究经验的总结和凝练，可作为模式识别、计算机科学与工程、控制科学与工程、智能科学与技术等相关专业研究生或高年级本科生的参考用书，亦可供相关领域的研究人员参考。

感谢西安电子科技大学“智能感知与图像理解”教育部重点实验室、“智能感知与计算”教育部国际联合实验室、国家“111”计划创新引智基地、国家“2011”信息感知协同创新中心、“大数据智能感知与计算”陕西省2011协同创新中心每一位同仁的支持。感谢王丹、孙雨佳、朱鹏、邢珍杰、梁婷、刘风昇、王少娜、韩骁、陈建通、冯雪亮、李迪、吴贤德、曾德宁、叶湛伟、赵宁等研究生付出的辛勤劳动。

限于作者水平，书中难免存在不妥之处，殷切期望读者批评指正。

编著者

2019年3月

目录 CONTENTS

第一部分　经典模式识别

第1章　模式识别概述 …… 3
1.1　模式识别的基本概念 …… 3
1.2　模式识别系统 …… 5
1.2.1　信息获取 …… 5
1.2.2　数据处理 …… 5
1.2.3　特征选择和提取 …… 6
1.2.4　分类识别和分类决策 …… 6
1.2.5　模式识别系统实例 …… 7
1.3　模式识别的历史与现状 …… 10
1.4　模式识别方法 …… 11
1.4.1　模板匹配 …… 11
1.4.2　统计模式识别 …… 11
1.4.3　结构句法模式识别 …… 12
1.4.4　模糊模式识别方法 …… 12
1.4.5　人工神经网络方法 …… 13
1.5　模式识别应用领域 …… 14
1.5.1　文本识别 …… 14
1.5.2　语音识别 …… 14
1.5.3　指纹识别 …… 15
1.5.4　视频识别 …… 15
习题 …… 16
参考文献 …… 16
第2章　贝叶斯决策 …… 17
2.1　最小错误率贝叶斯决策 …… 17
2.2　最小风险贝叶斯决策 …… 21
2.3　判别函数和决策面 …… 23
2.4　正态分布下的贝叶斯决策 …… 26
2.4.1　正态分布概率密度函数的定义 …… 26
2.4.2　多元正态概率型下的贝叶斯分类器 …… 28
习题 …… 32
参考文献 …… 32
第3章　线性和非线性判别分析 …… 33
3.1　Fisher 线性判别分析 …… 33
3.2　感知器准则 …… 36
3.2.1　基本概念 …… 36
3.2.2　感知准则函数及其学习方法 …… 37
3.3　广义线性判别分析 …… 39
3.4　k 近邻 …… 40
3.4.1　k 近邻算法简介 …… 40
3.4.2　k 近邻算法模型 …… 41
3.4.3　k 近邻算法中距离度量 …… 41
3.4.4　k 近邻算法中 k 值的选择 …… 41
3.4.5　k 近邻算法分类决策规则 …… 42
3.5　决策树 …… 42
3.5.1　问题集 …… 43
3.5.2　决策树分支准则 …… 43
3.5.3　停止分支准则 …… 44
3.5.4　类分配规则 …… 44
3.5.5　过拟合与决策树的剪枝 …… 45
习题 …… 46
参考文献 …… 46
第4章　无监督模式识别 …… 47
4.1　高斯混合模型 …… 47
4.1.1　单高斯模型 …… 48
4.1.2　高斯混合模型 …… 48

4.1.3 EM 算法求解高斯混合模型 …… 50
4.2 动态聚类算法 …… 51
4.2.1 K 均值算法 …… 52
4.2.2 模糊聚类算法 …… 55
4.3 层次聚类算法 …… 57
4.3.1 自上而下的算法 …… 58
4.3.2 自下而上的算法 …… 59
习题 …… 62
参考文献 …… 62
第 5 章 特征选择 …… 63
5.1 基本概念 …… 63
5.2 类别可分离性判据 …… 64
5.2.1 基于距离的可分离性判据 …… 64
5.2.2 基于概率分布的可分离性判据 …… 66
5.2.3 基于熵的可分性判据 …… 68
5.2.4 基于最小冗余最大相关性判据 …… 69
5.3 特征子集的选择 …… 70
5.3.1 单独最优特征选择 …… 70
5.3.2 顺序后向选择 …… 71
5.3.3 顺序前向选择 …… 72
5.3.4 增 l 减 r 选择 …… 72
5.3.5 浮动搜索 …… 73
5.3.6 分支定界搜索 …… 74
5.4 基于随机搜索的特征选择 …… 75
习题 …… 77
参考文献 …… 77
第 6 章 特征提取 …… 78
6.1 主成分分析 …… 78
6.2 核主成分分析 …… 80
6.3 线性判别分析 …… 81
6.4 多维缩放 …… 83
6.5 流形学习 …… 84
6.5.1 等度量映射 …… 85
6.5.2 局部线性嵌入 …… 86
习题 …… 88
参考文献 …… 88
第 7 章 经典人工神经网络 …… 89
7.1 人工神经网络 …… 89
7.1.1 神经元结构 …… 90
7.1.2 感知器 …… 93
7.1.3 反向传播 …… 95
7.2 常见神经网络 …… 98
7.2.1 SOM 网络 …… 98
7.2.2 RBF 网络 …… 99
7.2.3 BP 神经网络 …… 100
7.2.4 Hopfield 网络 …… 101
习题 …… 102
参考文献 …… 103

第二部分 现代模式识别

第 8 章 支持向量机 …… 107
8.1 基本概念 …… 107
8.1.1 间隔的概念 …… 107
8.1.2 最大间隔分离超平面 …… 110
8.2 线性可分支持向量机的学习 …… 110
8.2.1 线性可分支持向量机学习算法 …… 110
8.2.2 线性可分支持向量机的对偶学习 …… 111
8.3 线性支持向量机的学习 …… 113
8.4 非线性支持向量机的学习 …… 115
8.4.1 核函数的定义 …… 116
8.4.2 核函数有效性判定 …… 116
8.4.3 常用的核函数 …… 117
8.4.4 非线性支持向量机的学习 …… 118
8.5 SMO 算法 …… 118
习题 …… 123
参考文献 …… 124

第 9 章　组合分类器 …………………… 125
9.1　组合分类概述 …………………… 125
9.1.1　个体与组合间的关系 ………… 125
9.1.2　分类器组合评价 ……………… 126
9.2　Bagging 算法 …………………… 127
9.2.1　Bagging ……………………… 127
9.2.2　随机森林 ……………………… 130
9.3　Boosting 算法 ………………… 130
9.4　XGBoost 算法 ………………… 135
习题 ……………………………………… 141
参考文献 ………………………………… 142
第 10 章　半监督学习 ………………… 143
10.1　什么是半监督学习 …………… 143
10.2　半监督分类 …………………… 145
10.2.1　生成式模型 ………………… 146
10.2.2　半监督支持向量机 ………… 147
10.2.3　基于图的半监督学习 ……… 149
10.2.4　基于分歧的方法 …………… 150
10.3　半监督聚类 …………………… 152
习题 ……………………………………… 153
参考文献 ………………………………… 153

第三部分　深度学习模式识别

第 11 章　深度神经网络 ……………… 157
11.1　深度堆栈自编码网络 ………… 157
11.1.1　自编码网络 ………………… 157
11.1.2　深度堆栈网络 ……………… 158
11.2　受限玻尔兹曼机与深度置信网络 …… 159
11.2.1　受限玻尔兹曼机 …………… 159
11.2.2　深度置信网络 ……………… 160
11.3　卷积神经网络 ………………… 161
11.3.1　卷积神经网络概述 ………… 161
11.3.2　卷积操作介绍与感受野的计算 ……………………………… 163
11.3.3　深度卷积神经网络结构的发展 ……………………………… 166
11.4　深度循环神经网络 …………… 171
11.4.1　循环神经元 ………………… 172
11.4.2　RNN 网络 ………………… 173
11.4.3　LSTM 网络 ………………… 176
11.4.4　循环网络应用 ……………… 180
11.5　生成对抗网络 ………………… 181
11.5.1　概述 ………………………… 181
11.5.2　基本思想 …………………… 181
11.5.3　基本模型及训练过程 ……… 182
11.5.4　GAN 的优缺点及变体 …… 183
11.5.5　GAN 的应用 ……………… 185
习题 ……………………………………… 185
参考文献 ………………………………… 186
第 12 章　强化学习 …………………… 187
12.1　强化学习简介 ………………… 187
12.2　强化学习的数学基础 ………… 188
12.2.1　马尔可夫决策过程 ………… 189
12.2.2　状态值函数与状态动作值函数 ……………………………… 190
12.3　强化学习算法 ………………… 192
12.3.1　基于模型的动态规划方法 … 193
12.3.2　基于无模型的强化学习方法 …… 194
12.3.3　基于策略梯度的强化学习方法 ……………………………… 197
12.3.4　深度强化学习 ……………… 198
习题 ……………………………………… 200
参考文献 ………………………………… 201
第 13 章　宽度学习 …………………… 202
13.1　宽度学习提出背景 …………… 202

13.2　宽度学习系统简介与随机向量函数链接神经网络 …………………………… 203
13.2.1　随机向量函数链接神经网络与宽度学习系统 ………………………… 203
13.2.2　岭回归算法 ………………………… 204
13.2.3　函数链接神经网络的动态逐步更新算法 ……………………………… 204
13.3　宽度学习基本模型 ………………… 205
13.3.1　宽度学习基本模型 ……………… 205
13.3.2　BLS 增量形式 …………………… 207
13.4　宽度学习的优势特性 ……………… 209
习题 ………………………………………………… 210
参考文献 …………………………………………… 210
第 14 章　图卷积神经网络 ……………… 211
14.1　图卷积理论基础 …………………… 211
14.2　图卷积推导 ………………………… 213
14.2.1　卷积提取图特征 ………………… 213
14.2.2　GCN 推导 ……………………… 214
14.3　图卷积应用 ………………………… 217
14.3.1　自适应图卷积网络简介 ………… 217
14.3.2　基于时空图卷积网络的骨架识别 ………………………………… 220
习题 ………………………………………………… 222
参考文献 …………………………………………… 222
第 15 章　语音、文本、图像与视频模式识别 ………………………………… 224
15.1　基于 SVM 的手写体数字识别技术 …………………………………… 224
15.1.1　手写体数字识别背景 …………… 224
15.1.2　手写体数字识别流程 …………… 225
15.1.3　手写体数字识别算法 …………… 225
15.1.4　基于 SVM 的手写体数字识别 ………………………………… 230
15.2　基于 BP 神经网络的图像识别技术 …………………………………… 232
15.2.1　图像识别背景 …………………… 232
15.2.2　图像识别基本原理 ……………… 232
15.2.3　BP 神经网络的设计 …………… 233
15.2.4　基于 BP 神经网络的图像识别 ………………………………… 234
15.3　基于高斯混合模型的说话人识别技术 …………………………………… 238
15.3.1　说话人识别背景 ………………… 238
15.3.2　说话人识别的基本流程 ………… 238
15.3.3　基于高斯混合模型的说话人识别 ………………………………… 240
15.4　基于 VGG19 的视频行人检测技术 …………………………………… 240
15.4.1　视频检测背景 …………………… 240
15.4.2　视频行人检测流程 ……………… 240
习题 ………………………………………………… 244
参考文献 …………………………………………… 244

第一部分

经典模式识别

第1章 模式识别概述

模式识别这一概念与我们的日常生活息息相关。环顾四周，我们可以快速地分辨出眼前的物体是书本还是电脑，身边路过的同学是女生还是男生；听到声音，我们可以快速地判断出说话的内容，以及声音的来源；闻到气味，我们能知道是来自水果还是鲜花。人们接收自然信息时，主要是通过听觉、味觉、嗅觉、视觉等感官，并依据经验进行分析做出决策。这种智能活动过程就是模式识别。本书所描述的模式识别，是针对机器(如计算机等)的模式识别，具体而言是指利用机器模拟人的视觉与听觉等感官，进而对各种事物以及各种现象进行分析、判断以及进一步识别。

模式识别是在20世纪60年代初发展起来的一门新的学科领域。模式识别技术的飞速发展，一方面推动了人工智能技术的发展，另一方面也为计算机技术应用于生活中的方方面面提供了可能性。目前，在人工智能技术、医学、机器人学、地质学、神经生物学、计算机工程、侦探学、考古学、武器技术、宇航科学等众多科学和技术领域，模式识别的理论和方法都得到了广泛的重视。

本章首先围绕模式识别的基本概念以及模式识别系统的组成进行介绍，然后概述模式识别的发展历程，接着阐述模式识别中现有的方法技术，最后探讨模式识别在人类生活中的各种应用。

1.1 模式识别的基本概念

什么是模式？什么是模式识别？从广义上来讲，模式是一种可以观察到的，真实地存在于时间和空间中的，并且可以通过某种方式来区分它们是否相同或相似的一种事物。举例来讲，当我们看到身边的某种客观物体，或者观察到发生的某种现象时，可以认为这种客观物体或者所发生现象的时间信息、空间信息等相关信息，就是该客观物体或所发生现象的模式。Watanable 定义模式“与混沌相对立，是一个可以命名的模糊定义的实体”，即认为凡是能够进行命名的，就可以称为模式。和类别(集合)的概念相比，模式以及模式识别则意味着如果能够认识某类事物或者某种现象中的几个，那么我们就能够对这类事物或者现象中的许多事物或现象进行识别。

模式是指观测具体的个别事物，从而获得该事物在时间和空间分布上的信息；模式类则是指同一类模式的总体或模式所属的类别。也有人习惯上把模式类称为模式，把个别具体的模式称为样本。模式就是如“花”“水杯”“衣服”等这种表示，与这种模式相应的一个样本就是像“玫瑰”“保温杯”“裙子”等的表示。从这种意义上来讲，我们认为，当某种具体的样本，可以归类到某一个模式时，我们就称它为模式识别，或者叫作模式分类。

让机器具有人的模式识别能力是人们研究模式识别技术的目的，要实现这一目的，需要对人类的识别能力进行研究，从这个意义来讲，模式识别可以被看作是一种通过研究计算机技术，使计算机可以模拟人类的识别行为，进而研究人类识别能力的一种数学模型。也就是说，模式识别隶属于信息科学技术和人工智能技术领域。实现一个模式识别研究过程，一方面要让机器能够自主观察周围事物和环境，并从观察到的周围事物和现象的背景中，进一步识别出所感兴趣的模式进行研究，另一方面需要让机器能够处理和分析可以表征这个模式的各种形式的信息，能够对所观察到的事物和发生的现象进行描述、辨认、分类和解释，最终实现对所观察到的模式进行准确合理的类别归属判断。

模式识别的研究一方面是研究各种生物体如何感知对象，另一方面是在给定任务的情况下，研究如何利用计算机实现模式识别的理论和方法。其中，前者是生物学家、心理学家以及生理学家等的研究领域，可以将其归属于认知科学范畴。后者则是信息学家、数学家以及计算机学者研究的领域，可以将其归属于信息科学范畴。

从问题解决的方法和处理的性质来讲，可以把模式识别分为有、无监督两种，它们的主要区别是，是否预先知道实验数据中各实验样本所归属的类别信息。在已知实验样本类别信息的情况下，将待测样本数据通过数据预处理、数据特征提取与选择以及输入分类器进行分类的过程，称为有监督分类。在实现有监督分类时，通常需要大量的有标签样本，但在实际应用中，某些有标签数据的获取极为不易，因此，研究不需要标签信息的无监督分类技术，就变得十分必要了。在模式识别的无监督分类识别过程中，样本的标签信息完全缺乏，主要是利用没有标签信息的训练样本，因此，我们将其称为无监督学习。

根据事物存在形式的不同，识别行为分为识别具体事物和识别抽象事物两种。例如水杯、课本和桌椅等属于空间信息，语音波形、心电图等属于时间信息，这种涉及时空信息的例子，属于具体事物识别。而抽象事物的识别归属于概念识别的研究范畴，它能识别一些不以物质形式而存在的现象，但在识别过程中，可能会涉及古老的话题或者公认的某些论点。

1.2 模式识别系统

模式识别系统能够从外部世界获取所要识别对象的数据，经过一系列的分析和处理之后，辨别出该待识别对象的类别属性。如图 1.1 所示，模式识别系统一般包括数据的信息获取、数据处理、特征选择和提取、分类识别和分类决策(包括分类器设计和分类决策)四个模块。

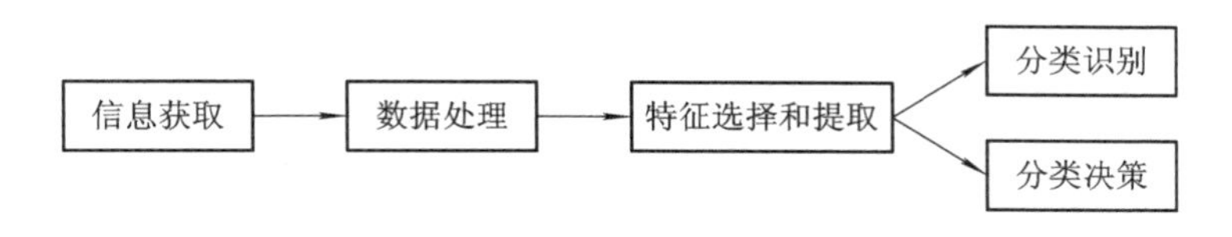

图 1.1 模式识别系统

通常在设计一个完整的模式识别系统时，模式类的定义、模式的应用场合、模式的表示、预处理方式、特征的选择和提取，以及分类器的设计和学习、训练数据和测试数据的选取、系统性能的评价等诸方面都是需要考虑和关注的。在设计模式识别各部分的内容时，一般都会随着应用目的不同而各不相同，比如在设计数据处理模块和分类决策模块时，可能会加入知识库(规则)，以修正可能产生的错误，进而提高识别结果。下面分别来介绍模式识别系统中的每个模块的工作原理。

1.2.1 信息获取

通过各种仪器(如传感器)或者测量设备来获得待研究对象的各种特征信息，并将所获得的特征信息转化为计算机可以接受的数值或符号(串)的集合，这一过程称为模式识别系统中的数据获取过程。我们通常将转化的数值集合或符号(串)的集合所组成的空间称为模式空间。研究对象的信息可以概括为以下四类：

(1) 一维波形，如心、脑电图，语音波形，地震波形等。

(1) 二维图像，如遥感图像、指纹、文字图片等。

(3) 三维图像，如视频序列、高光谱数据的光谱信息等。

(4) 物理参量和逻辑值，其中物理参量是一些具体的数据，常见的有：人的体温信息、身高信息，以及疾病诊断中的各种化验数据信息等；逻辑值是指对于某种参量是否正常的判断，或者某种对象是否存在的判断，例如常用逻辑值 0 和 1 来描述某一事物的有或无等。

1.2.2 数据处理

为了更好地实现模式识别，通过数据处理过程能够消除与整个模式识别过程不相关的信号特征以及数据或者信息中的噪声信号，留下与被研究对象的性质，以及在分类识别模块中采用的与识别方法密切相关的特征（如物体的周长、面积等），同时能够对由于测量仪器等外在因素造成的数据某些特征的退化现象，进行特征的增强和复原，以便获得更好的识别结果。通常，数据处理可以通过区域分割、数字滤波、目标提取、边界检测以及图像增强等数据处理方式来实现。

1.2.3 特征选择和提取

模式识别系统中的特征提取主要是指通过测量待识别对象的某些本质特征以及该对象的某些重要属性，进而从这些特征中找到对于模式识别过程最有效的特征，从而能够获得描述对象模式的一个过程。模式识别系统中的特征选择则是指通过多维特征向量对模式进行描述，由于每个特征向量在分类识别过程中的作用大小不一，因此，为了节省计算机的存储空间、降低特征提取的代价以及减少算法运行的时间，在原特征空间中，选取分类识别过程中最有效的特征，并将其组成新的降维特征空间的一个过程。

举例来讲，在实现图像识别时，通过提取图像的灰度变化、形状、纹理特征，对这些特征进行滤波以及各种计算之后，就能够通过特征选择和提取进而形成模式的特征空间。人类能够轻而易举地获取这些特征，但对于机器来讲就非常难了，因此，特征选择和提取是实现整个模式识别系统的一个关键问题。

在特征提取和选择过程中，特征越多并不一定分类性能越好。因为特征与特征之间会存在冗余，有些特征不利于分类。比如，对苹果和橘子进行分类，选取形状作为特征，然而形状特征并不是一个有辨别力的特征，在分类过程中作用并不大。此外，当提取和选择的特征过多时，可能会导致维数灾害问题，即特征维数过高，将会引起分类性能下降。

1.2.4 分类识别和分类决策

模式识别系统中分类识别和决策过程是进行模式识别的最后一部分。通过这部分操作，能够得到待识别对象所属的类型，或者是在模型数据库中与待识别对象最相似的模式编号。实现分类识别和决策的具体做法是：根据已经确定的分类规则，期望在对待识别对象进行分类时，其错误识别率最小或损失最小。

通常，对于已经得到分类或描述的模式集合，才能进行模式的分类或者描述过程。这个模式集合，我们将其称为训练集，在这种情况下产生的学习策略，称为监督学习。在模式识别过程中，没有提供模式类的先验知识时，这种学习策略称为非监督性学习。在非监督性学习过程中，模式类别的判断主要是基于统计规律以及相似性学习的。

特征选择和提取以及分类识别和分类决策是各种模式识别系统中具有共性的步骤，是整个模式识别系统的核心，也是模式识别这一门学科研究的主要内容。

1.2.5 模式识别系统实例

为了更好地体现模式识别应用于具体分类时相关问题的复杂情况，下面以汽车牌照识别分类为例来进一步深入探讨。

随着我国城市的建设规模不断扩大，以及各种高速公路、大型停车场、高档小区及写字楼等的兴建，汽车数量不断增加，进而导致城市道路的交通拥堵问题日益严重。对于车辆来讲，车牌是其唯一的标识，因此，车牌识别技术能够在智能交通系统(如城市道路交通管理、停车场管理等领域)中发挥巨大的作用。准确性以及时效性的提高是车牌识别系统的研究重点。目前，基于模式识别系统建立的车牌识别系统主要由车辆的图像采集、图像预处理、车牌特征选择和提取(包括车牌定位和字符分割)、字符分类识别四部分组成，如图1.2所示。

图1.2　车牌识别系统

1. 信息获取

车辆图像数据信息的采集可以通过在道路上预先设置的数码相机、摄像机等设备，来拍摄整个车辆的图像，包括车辆的车牌部分，并以图片方式进行保存，进而获得所需的车辆图像数据。图1.3为通过摄像机获得的需要处理的车辆图像数据信息。

图1.3　车辆原始图像数据

2. 数据处理

一般情况下，在拍摄车辆照片时，可能会受到各种客观因素的影响，因而采集到的车辆图像，有可能不能完全反映出原始车辆的全部信息。通常在进行车辆的车牌识别时，需要通过车辆图像的预处理过程，来对采集到的图像进行修缮、抑制和消除无关信息，保留和增强相关信息。图像预处理是图像分析的基础，它是对输入到整个识别系统的图像进行规范的过程，这一过程能够抑制和消除无关信息，保留和增强相关信息。具体的操作有图像二值化、灰度变换以及图像增强等。图 1.4 是对原始图像进行数据处理时采用灰度值变换的方式得到的灰度图。

图 1.4　灰度化处理后图像

3. 特征选择和提取

经过图像预处理步骤以后，能够得到需要识别的汽车牌照的清晰图像。但是，图像中的所有信息，并不都是我们所感兴趣的，可以通过特征选择和提取来获得我们所感兴趣的信息，并去除无关信息。在汽车牌照识别系统中，主要通过车牌定位和车牌上的字符分割两个部分实现特征选择和提取。

车牌定位是指从整个车辆的图像中找出车牌的位置。目前，常用基于数学形态学、模板、车牌灰度图像投影的定位方法来实现车牌定位。

在本例中，以基于模板的车牌定位方法实现车牌的定位过程。采集到的图像由于在采集时，摄像机等拍照设备的位置一定，因此尺寸相差小，车牌的大小在不同图像中也不会有太大的变化，区域内像素点的个数差异不大。所以在进行车牌定位时，只需要将比车牌尺寸稍大的模板在待识别的图像中进行扫描，来统计不同位置的模板内像素点的个数，如果某个位置模板内像素点的个数在规定的范围内，那么就认为找到了待识别的车牌区域，如图 1.5 所示。

(a) 鲁E9651M

(b) 鲁B719K5

图 1.5　车牌定位结果

通过车牌定位处理能够获取汽车牌照的位置图像信息，但是整幅车牌图像的字符信息较为复杂，对于后续车牌的字符识别过程也难以直接进行。我国的车牌是一种印有中文、英文和数字多种字符的印刷字体组合，车牌中字符大小、书写方法以及字符之间的间隔都是确定的，在进行字符识别时，可将这些特征提取出来作为字符分割的依据。

字符分割是指将多个字符通过某种处理转换为多个单个字符的过程。常用的处理方式包括模板匹配法、连通区域法等。在本实例中，对车牌进行定位和归一化后，就能够得到每个字符的宽度、高度以及字符之间的间隔。然后利用基于模板的字符分割算法实现字符分割。具体操作过程是，首先将车牌的边界除去，然后依据前面获得的每个字符的宽度、高度以及字符之间的间隔，设定一个合适的模板，在车牌区域内进行移动，依次匹配每个字符，从而找出每个字符的边界，进而实现字符分割过程。模板匹配的结果如图 1.6 所示。

(a) 鲁E9651M　　(b) 鲁B719K5

图 1.6　字符分割结果

4. 分类识别和分类决策

下面需要通过合适的决策分类来对之前得到的结果进行处理，使机器能够识别车牌图像中的字符信息，并能够以文字语言的方式，对待识别车辆的身份标识进行输出，来完成车辆牌照的字符识别过程，从而构建一个完整的模式识别系统。

在本例中，采用模板匹配的方式进行分类决策，识别结果图如图 1.7 所示。模板匹配法的具体操作过程：首先针对每一个车牌字符，建立一个标准的模板库；然后依据字符库中的字符大小，将待识别的车牌字符进行转换；最后依次比较模板库中的字符，待识别的字符就是具有最大相似度的字符。常用的模板匹配方法包括图形匹配、几何匹配、笔画匹配等。

(a) 鲁E9651M

(b) 鲁B719K5

图 1.7　模板匹配法识别结果

1.3 模式识别的历史与现状

模式识别从20世纪50年代开始作为一门新兴的学科进入人类的研究视线，在过去几十年里，其研究成果获得了重大的进展。尤其是在最近十几年里，一方面，模式识别的理论逐步完善，另一方面，它的应用领域也已经扩展到指纹识别、工业产品检测、人脸识别、医学图像分析、字符识别等方面。

国际上许多领域的科技学者都极为重视模式识别方面的研究。G. Tauschek 最早在1929年，发明了能够识别0到9的数字的阅读机。20世纪30年代，英国统计学家 Fisher 提出统计分类理论，为统计模式识别理论奠定了基础。此后，在20世纪60年代到20世纪70年代，统计模式识别的发展势头更为迅猛，由于技术的发展，想要识别的模式越来越复杂，模式的特征也越来越来明显，进而出现了"维数灾难"问题。但随着计算机硬件及软件的飞速发展，这个问题在一定程度上得到了解决，统计模式识别在当时仍然是模式识别领域的一种主要理论。

Noam Chemsky 于20世纪50年代提出了形式语言理论，同一时间，美籍华人傅京荪也提出了句法结构模式识别。60年代，模糊集理论的提出，扩展了模糊模式识别理论的应用范围。美国科学院的 John Hopfield 于1982年提出了神经元网络模型理论，并提出了霍普菲尔德网络，利用这个网络巧妙地解决了"旅行商路径问题"。美国的鲁摩哈特以及麦克勒等人于1986年出版了三卷集《并行分布式处理：认知的细微构造探索》，总结了当时在神经网络领域的研究中取得的一些主要成果，并重新提出了反向传播算法。Vapnik 和 Cortes 在20世纪90年代中期，提出了支持向量机，由于支持向量机的优良特性，使其成为机器学习领域的研究热点。同时，以模式识别为专题，IEEE 于1973年10月在华盛顿召开了第一次国际学术会议，并在第三次国际模式识别会议上，成立了国际模式识别协会。现在，国际上也成立了相关的模式识别与人工智能的专业委员会，每年几乎都有各种类型的学术活动。

模式识别的研究在国内开始于20世纪60年代。在早期研究阶段，模式识别技术主要是在美国普渡大学教授王孙富的资助下，得到了初步的发展。20世纪80年代，戴汝为和石青云开始研究综合统计和句法模式识别方法，他们的研究使得模式识别的研究在中国也变得普遍起来。1981年，中国加入国际模式识别协会，并成功举行了第一次模式识别和机器情报全国会议。1984年开始，中国的研究人员开始建立模式识别国家重点实验室，1987年出版了第一本模式识别与人工智能方面的书籍，此后，国内大量的模式分析和物体识别的教科书相继出版，国内模式识别的研究水平实现了很大程度上的提高。戴相龙于20世纪80年代中期，通过人工神经网络的学习，进而实现模式识别、联想记忆和形象思维，提出统一的模式描述和知识表示。20世纪90年代以后，我国的科研工作人员在高维数据的判别分析方面，取得了较为显著的效果。中科院王守觉院士在2002年提出模式识别理论的新模型——仿生模式识别，也被称为拓扑模式识别。

21世纪以后，模式识别的研究开始进入蓬勃发展时期，可以将其主要的发展趋势概括为以下四点。第一是具体的模式识别和模型选择问题，开始越来越多地利用统计学习理论来解决，并且分类性能优异。第二是针对传统的算法，例如特征变换、概率密度估计、聚类算法、特征选择等，不断受到新的关注，新的方法、改进，以及利用各种传统算法进行混合的方法不断被提出。第三是由于模式识别和机器学习有很多共同关注的热点问题，如分类、特征选择和提取等，使得两者之间的渗透更加明显。第四是由于模式识别各方面的进步，例如其理论、方法和性能等，使得在现实生活中，如指纹识别、视频识别等模式识别系统也已经开始大规模地应用。

1.4 模式识别方法

把模式从识别对象的特征空间正确地映射到类空间中，或者在特征空间中实现类的划分，是模式识别的主要任务。识别的对象不同以及目的不同，所采用的模式识别的理论和方法也不同，模式识别方法主要有模板匹配、统计模式识别、结构句法模式识别、模糊模式识别方法以及人工神经网络方法。

1.4.1 模板匹配

在模式识别方法中，出现最早的、最简单的是模板匹配方法。在模板匹配方法中，匹配属于一种分类操作，是指判断同一类的两个实体(如点、形状等)之间的相似性。完整的模板匹配操作过程主要包括：首先通过训练获得已知模板并储存，然后将待识别模板与已知模板进行比较，进而根据某种相似性准则，得到两者之间的相似性度量。目前，模板匹配方法在字符识别、人脸识别等领域应用较为广泛，但是模板匹配的缺点是计算量非常大，并且对于已知模板的依赖性较为严重，例如当已知模板有变形时，就会导致错误的识别。

1.4.2 统计模式识别

20世纪60年代，人们求解模式识别问题时，主要是通过统计决策理论，使得模式识别进入飞速发展时期。在70年代前后，出版了一系列这方面的专著。如今，统计模式识别已经建立了一个非常完善的理论体系。统计模式识别也称作决策理论识别，是对模式的统计分类方法，主要结合了统计概率论的贝叶斯决策系统。它的基本思想是把一个模式识别问题，通过某种方式来表示成多维空间中对密度函数的一个估计问题，并且可以把这个多维空间划分为多类或者多分类区域。

统计模式识别试图从已知的经验和观察数据中，综合和抽象出恰当的分类规则，进而利用所获得的规则，实现对更多未知数据的预测以及分类，是机器学习的核心方法之一。概率论和统计学是统计决策法的基础理论，主要有以下两种方法：

(1) 参数识别方法。一般情况下参数识别方法是以贝叶斯决策准则为基本原则的，目的是希望能够解决先验概率和类条件概率密度的模式识别问题。我们可以利用贝叶斯决策模型知晓模式识别问题中的先验概率；再利用贝叶斯估计法或者最大似然估计法对事物模式进行估计，从而获得类条件概率密度。目前，该方法主要应用在图像分割、复原以及识别等方面。

(2) 非参数识别方法。在这种方法中，当样本的数量较少时，可以依据已有的样本直接设计分类器。这种识别方法具有较为直观的物理意义，但是最终得到的结果与错误率之间没有直接联系，因此，利用这种方法所设计的分类器，在进行图像处理时，并不能保证是最优结果。

1.4.3 结构句法模式识别

结构句法模式识别完成识别工作时，主要是利用模式与子模式分层结构的树状信息。其基本思想是复杂的模式，可以通过简单的子模式或基元递归进行描述，一个模式类对应一个句法，几个类就有几个句法，其中，句法也可以叫作文法、语法。在对一个未知样本进行识别时，首先通过基元抽取，构造该样本的描述，形成句子，然后通过对该句子进行分析，判断该句子遵循哪个句法，进而就能够推断出该未知样本的类别。在结构句法中，当描述图像特征时，可以通过符号实现。结构句法模式识别在应用过程中，不仅能够对图像物体进行分类，同时也能够进行景物分析和物体结构识别。

可操作性强、识别过程简便、抗干扰能力较强、能够对模式的结构特征进行反映以及能够对模式的性质进行描述，这些都是结构句法模式识别的优势。若要实现结构句法模式识别，关键的步骤是进行基元的正确选择，而在选取过程中存在噪声时，会增加选取的难度。当基元没有得到正确的选择时，会对识别结果产生严重偏差，从而限制了这种方法的使用范围。

1.4.4 模糊模式识别方法

模糊集理论的提出，使人们认识事物的方式从传统的 0，1 二值逻辑转化从[0，1]区间上的逻辑，这种认识事物的方式，改变了直接从事物内涵来描述特征的方式，由此，产生了模糊模式识别方法。模糊模式识别方法是基于模糊数学提出的。因为在现实世界中，存在很多界限不够分明、难以精确描述的事物或者现象，而模糊数学理论可以用数学的方法对这类具有“模糊性”的事物或现象进行研究和处理。模糊模式识别是基于模糊逻辑的思想，来解决模式识别问题的一种模式识别方法，这种方法的基本原理是通过模糊集合来描述模式类，并利用隶属度函数将模糊集合根据类别的数量划分为若干个子集，然后再根据模糊数学的相关原理和方法进行分类识别。

1.4.5 人工神经网络方法

感知机是一种简化的、可以模拟人脑进行识别的数学模型，这种数学模型初步实现了利用已知类别的样本训练模式识别系统，并在训练完后，能够正确分类其他未知类别的样本。之后，人工神经元网络的计算和联想存储能力的发现，为模式识别技术提供了一种新的研究途径，进而形成了人工神经元网络方法来进行模式识别。

作为模式识别的一种算法，人工神经网络建立模型时，以信息处理的方式，按照以不同的连接方式对不同的网络进行连接，从而来模拟人脑神经元网络。人工神经网络与人脑相比，其复杂程度低，同时也有很多相似之处，例如，人工神经网络与人脑都是由可计算单元进行高度互连而成的，并且整个网络的性能都由这种互连方式决定。

在人工神经网络分类过程中，主要是利用神经网络的自学习能力和记忆能力，来对样本的训练建立记忆，最后输入未知样本，让神经网络"回忆"出待识别样本的类别。人工神经网络与其他识别方法的最大区别是，人工神经网络不要求对待识别的对象有太多的分析与了解，且本身能够进行智能化处理。人工神经网络方法具有分布式存储和处理、自适应和自学习、自组织、大规模并行的处理能力，比较适用于需要同时考虑各种因素和条件的问题，或者其他不精确和模糊的信息处理问题。但人工神经网络方法对特征向量十分依赖，如果特征空间中的特征向量具有不好的可分性，那么人工神经网络方法识别效果就会较差。

如表 1.1 所示，我们对上面介绍的几种模式识别方法进行简单的归纳总结。在实际应用中，上面介绍的几种模式识别方法在某些识别过程中，可以进行互相补充和互相渗透。例如在许多新兴的应用领域中，并不存在唯一的最优的识别方法，很多时候，都必须同时使用几种不同的方法来实现模式识别。

表 1.1 几种模式识别方法的比较

识别方法/比较项目	表示模式	识别函数	判别准则
模板匹配	样本、曲线、像素	相关性、距离度量	分类误差
统计模式识别	特征	类属判别函数	分类误差
结构模式识别	基元	规则、语法	接受误差
模糊模式识别	特征	隶属函数	隶属度
人工神经网络识别	样本、特征、像素	非线性信号处理函数	均方误差

1.5 模式识别应用领域

经过多年的研究和发展，模式识别技术的应用越来越广泛，人工智能、地质勘探、考古、医学以及计算机等许多重要领域都有模式识别技术的影子。国民经济建设和国防科技现代化建设，也随着模式识别技术的快速发展和应用实现了快速的发展。

1.5.1 文本识别

文本识别是一种利用计算机来自动识别字符的技术，涉及图像处理、模式识别、模糊数学、人工智能等多个学科内容。文本识别处理的信息主要包括两类：一类是文字信息，主要针对的是不同国家、不同民族的各种不同类型文字的一些文本信息，比较成熟的处理技术是印刷体识别技术和联机手写体识别技术，并依托于这些技术推出了很多应用系统；另一类是由阿拉伯数字及少量特殊符号组成的数据信息，例如邮政编码、财务报表、银行票据等，主要是各种编号和统计数据，比较成熟的处理技术是手写体数字识别技术。

完整的文本识别过程包括文字信息采集、信息的分析与处理、信息的分类判别等几个模块。一般有统计、逻辑判断和句法三大类文本识别方法。其应用领域也较为广泛，可以实现稿件的编辑和校对、信件和包裹的分拣、文献资料的检索、翻译等。

1.5.2 语音识别

日常生活中，人类主要通过文字、语言和图像三种方式来获取外界信息。视觉和文字传递信息的效果与语音相比要差。人与机器之间的交流随着计算机技术的不断发展，方式也越来越多。若要实现以某种方式让计算机听懂人类的语言、能够说话，实现人与计算机之间的语音通信这个目的，那么语音的识别和理解是其基础。

语音识别的研究开始于20世纪50年代，之后，在语音识别中成功应用隐马尔可夫模型和人工神经元网络，标志着语音识别研究更加深入。语音识别过程就是让机器听懂人说的话，能够直接接受人发出的语音，并对人的意图进行理解，从而做出相应的某些反应。语音识别技术的基本原理是对于待识别的声音信号，能够让含有语音识别技术的智能体进行接收，并将接收到的语音信号转换成文字信息，然后作出相应的操作。如今，在实际生活中，已经有一些语音识别的应用，主要可以分为以下五类：

（1）办公系统或商务系统：例如填写数据表格。

（2）制造业：例如实现“不用手”、“不用眼”的产品检验。

（3）通信：例如语音呼叫分配、分类订货以及语音拨号。

（4）医疗：例如通过声音来生成和编辑专业的医疗报告。

（5）其他：例如可以帮助残疾人的语音识别机器以及车辆行驶中某些功能的语音控制。

1.5.3 指纹识别

随着网络技术的迅猛发展，人们在进行身份识别和安全认证时，越来越多地依赖于数字证书、智能卡、密码、身份证等安全措施。但这些措施在实施时或多或少地都会伴随很多不方便和不安全的因素，例如需携带、易遗忘和丢失等。随着计算机和模式识别的发展，指纹识别技术也开始成为一种安全认证的方式。

指纹是人们手指末端指腹上的皮肤，由于凹凸不平产生的一组纹线。科学家们发现不同的人，指纹特征也不相同，且各自的特点也不一样，并且终生都不会产生明显变化，具有很稳定的特性。由于指纹的这种唯一性和终生不变性，在个人身份鉴定识别中，成为了最有效的方法。

指纹识别技术的原理是利用人们的指纹都是各不相同、并且终身不变的特点，进行识别和鉴定。目前，对比识别法是最简单、最常用的指纹识别方法。进行指纹识别时，首先需要通过指纹采集仪器来采集指纹数据，建立指纹数据库，并将收集到的指纹数据转化为二进制数据以便处理器进行处理，然后，在进行认证时，需要将指纹数据库中的文件匹配对待确定身份者的指纹，最终实现身份的认证。

目前，指纹识别技术的应用已经扩展至各行各业，例如以下方面都可以用到指纹识别技术：

(1) 金融：银行金库、保管箱、机房、财务室等重要场所；证券营业厅；保险公司。

(2) 机场：乘客身份识别。

(3) 海关：出入境管理。

(4) 医院：高级病房等。

(5) 公司企业：用于考勤，区域出入管制。

(6) 政府机关：机要部门等。

(7) 实验室：贵重实验设备保护。

(8) 个人电脑：用于开机控制。

1.5.4 视频识别

视频是由一连串的图像序列组成的，抽出视频中的任何一帧，都可以独立作为一幅图片。因此，视频可以被认为是在时间维度上，图像序列的一个扩展过程，由于视频中包含着动态的运动信息，对视频进行分析和处理时，需要同时考虑空间信息和时间信息。视频信号的组成需要很多的视频帧图像，分析视频必须对多帧图像信息的时间间隔等因素进行考虑，因此视频分析技术被定义为“图像流”，掌握收集到的帧图像的差异和时间间隔数据，就能够达到视频识别的目的。

如图 1.8 所示，视频识别系统主要包括视频信息采集及传输、视频检测识别以及后续的数据分析处理三部分。在通过摄像机进行视频信息采集时，采集到的视频信息质量对视频识别产生直接影响，因此，在进行摄像机采集视频信息时，需要尽量提供清晰稳定的视频信号。在视频检测识别模块中，主要是利用各种图像处理算法对视频进行处理，包括视频分帧、图像去噪等。数据分析处理模块则是对视频检测识别过程获得的目标结果进行进一步的标记、统计、跟踪或其他分析处理。

图 1.8　视频识别系统组成

视频识别技术具有广泛的应用前景，受到了众多学者的关注，因而其发展速度非常快。目前视频识别技术的研究主要应用于智能视觉和智能监控等领域，如交通流量监控、收费系统控制等场所的远程监控；零件外观检测系统、数控机床的刀具磨损道路街边等公共场所的安全监控、监狱监控；大型企业出入口、大型会议中心、购物中心及公共广场出入口等场合的监控；国家重要战略物资储存地、金融机构等区域监控及报警。

习　　题

1. 简述几种模式识别方法，并说明几种方法之间的异同点。

2. 在运动比赛中，我们会使用乒乓球、羽毛球、足球等，若要让计算机实现对不同球类的分类，请设计一个模式识别系统，并列举各个模块的功能。

参考文献

[1] 边肇祺. 模式识别[M]. 北京：清华大学出版社，2000.

[2] 田隽. 模式识别在图像处理中的应用[J]. 数码世界，2018 (2)：31 - 31.

[3] 张学工. 模式识别[J]. 2010.

[4] 徐浩智. 人工智能在模式识别中的关键技术[J]. 电子技术与软件工程，2018 (2)：247 - 247.

[5] 孙即祥. 现代模式识别[J]. 2002.

[6] THEODORIDIS S, KOUTROUMBAS K. 模式识别[M]. 北京：电子工业出版社，2006.

[7] 徐骏骅. 基于边缘检测与模式识别的车脸识别算法[J]. 控制工程，2018，25(2)：357 - 361.

[8] 范会敏，王浩. 模式识别方法概述[J]. 电子设计工程，2012，20(19)：48 - 51.

[9] 邹国锋，傅桂霞，李海涛，等. 多姿态人脸识别综述[J]. 模式识别与人工智能，2015，28(7)：613 - 625.

[10] 郑方，王仁宇，李蓝天. 生物特征识别技术综述[J]. 信息安全研究，2016，2(1)：12 - 26.

[11] 刘迪，李耀峰. 模式识别综述[J]. 黑龙江科技信息，2012 (28)：120 - 120.

[12] 张新峰，沈兰荪. 模式识别及其在图像处理中的应用[J]. 测控技术，2004，23(5)：28 - 32.

第2章 贝叶斯决策

模式识别的分类问题通常是对样本的特征进行提取，进而将其划分到某个类别之中。解决模式识别的分类问题的基本理论之一是统计决策理论，它对模式分析和分类器的设计有着实际的指导意义，其中贝叶斯(Bayes)决策理论是统计决策理论中的一个基本方法。

贝叶斯决策就是在一个 c 类(ω_1，ω_2，…，ω_c)的分类任务中，根据一个 n 维空间向量 $\boldsymbol{x}=[x_1, x_2, \cdots, x_n]^{\mathrm{T}}$，生成 c 个条件概率 $P(\omega_i|\boldsymbol{x})$，$i=1, 2, \cdots, c$，有时也称之为后验概率(Posteriori Probabilities)。对于特定的特征向量 $\boldsymbol{x}$，后验概率代表着未知样本属于特定类 ω_i 的概率。要实现贝叶斯决策，有两个具体要求：在分类任务中，要进行决策分类的类别数是已知的；参与分类各个类别的总体概率分布(先验概率和类条件概率)是已知的，这里的已知是指可从实验数据中获取。

2.1 最小错误率贝叶斯决策

这里以两类情况为例。在一个未知样本中，用 ω_1、ω_2 来表示样本类别，用 $P(\omega_1)$，$P(\omega_2)$来表示先验概率。若不知道先验概率分布，则可以从训练样本的数据中估算出来。例如，假设训练样本总数为 m，其中属于 ω_1，ω_2 类别的分别有 m_1，m_2 个样本，通过计算可以得到对应的先验概率为 $P(\omega_1)\approx m_1/m$，$P(\omega_2)\approx m_2/m$。每一类中的特征向量分布情况用类条件概率密度函数 $p(\boldsymbol{x}|\omega_i)$，$i=1, 2$ 来表示，也就是在 ω_i 类已知的条件下 $\boldsymbol{x}$ 的概率密度分布。一般类条件概率密度函数可以从训练数据中估算出来。在这里，用后验概率$P(\omega_i|\boldsymbol{x})$来表示 $\boldsymbol{x}$ 出现的条件下 ω_i 类出现的概率，即根据观测向量 $\boldsymbol{x}$，将样本判定为第 i 类的概率。

举个例子，合格元件的识别。假设在每个要识别的钢铸元件中抽取出 n 个表示元件基本特性的特征，构成一个 n 维空间向量 $\boldsymbol{x}=[x_1, x_2, \cdots, x_n]^{\mathrm{T}}$，根据向量 $\boldsymbol{x}$ 将元件分类为合格元件或者不合格元件。简单地说，就是将 $\boldsymbol{x}$ 归类到两种可能的类别之中，如果用 ω 来表示类别，则

$\omega=\omega_1$　表示不合格

$\omega=\omega_2$　表示合格

根据质检部门检测的大量统计资料，可以对某个生产线上的合格元件和不合格元件出现的比例进行估计，即估算出不合格的先验概率 $P(\omega_1)$ 和合格的先验概率 $P(\omega_2)$。在两类的识别问题中，显然 $P(\omega_1)+P(\omega_2)=1$。

假设这里的 x 只用到一个特征(如元件内部气泡个数)，即 $n=1$，则可根据统计资料，估算出类条件概率密度函数 $p(x|\omega_i)$，$i=1, 2$。如图2.1 所示，合格元件和不合格元件判别中的类条件概率密度函数。

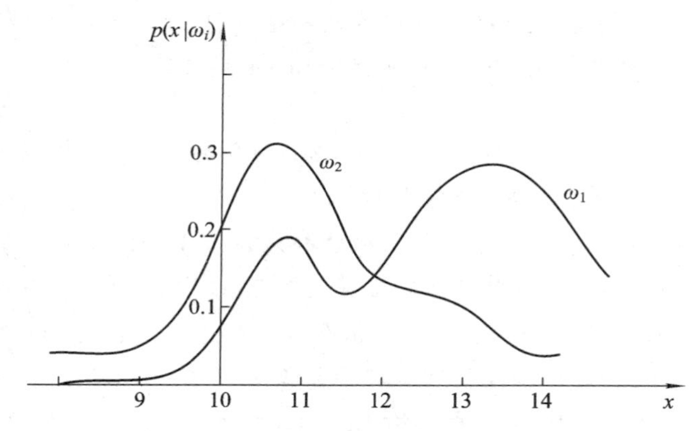

图 2.1　合格元件和不合格元件判别中的类条件概率密度函数

(以内部气泡个数 $n=1$ 为例)

当所有的计算后验概率的条件都已具备时，可根据先验概率、后验概率和概率密度函数之间的关系，由贝叶斯公式可得

$$P(\omega_i \mid \boldsymbol{x}) = \frac{p(\boldsymbol{x} \mid \omega_i)P(\omega_i)}{p(\boldsymbol{x})} \tag{2.1}$$

其中，$p(\boldsymbol{x})$是 $\boldsymbol{x}$ 的概率密度函数，即

$$p(\boldsymbol{x}) = \sum_{i=1}^{2} p(\boldsymbol{x} \mid \omega_i)P(\omega_i) \tag{2.2}$$

贝叶斯决策规则描述为

· 若 $P(\omega_1|\boldsymbol{x})>P(\omega_2|\boldsymbol{x})$，则 $\boldsymbol{x}$ 属于 ω_1；

· 若 $P(\omega_1|\boldsymbol{x})<P(\omega_2|\boldsymbol{x})$，则 $\boldsymbol{x}$ 属于 ω_2。

当后验概率相等时，样本可以被分为任何一类，这种情况是最糟糕的。由式(2.1)可知，这个结论可以等价地表示为

$$p(\boldsymbol{x} \mid \omega_1)P(\omega_1) \approx p(\boldsymbol{x} \mid \omega_2)P(\omega_2) \tag{2.3}$$

在式(2.3)中，没有考虑 $\boldsymbol{x}$ 的概率密度函数的值，是因为它对所有的类别的贡献都是一样的，并不影响最终结果。而且，如果各个类别的先验概率也相等，即 $P(\omega_1)=P(\omega_2)=1/2$，则式(2.3)还可等价地表示为

$$p(\boldsymbol{x} \mid \omega_1) \approx p(\boldsymbol{x} \mid \omega_2) \tag{2.4}$$

在这种情况下，后验概率的最大值估计取决于 $\boldsymbol{x}$ 的类条件概率密度函数的估计值。图 2.2 表示的是两个等概率类别的例子，并且它们是在 $x(n=1)$ 的情况下，关于函数 $p(x|\omega_i)$，$i=1$，2的变化情况。在图 2.2 中，特征空间被 x_0 处的虚线分成了两个区域，分别表示为 R_1 和 R_2。根据的贝叶斯决策规则，样本观测向量 x 的值落在 R_1 区域上时，分类器都将样本判定为 ω_1；当观测向量 x 的值落在 R_2 区域上时，样本都会判定为 ω_2。但是，贝叶斯分类器的判定错误是不可避免的，从图 2.2 中可以看出，落在 R_2 区域的部分 x 值是属于 ω_1 类，但会被错误判定为 ω_2，对于 ω_2 类如出一辙。其错误率 P_e 的计算公式为

$$2P_e = \int_{-\infty}^{x_0} p(x \mid \omega_2)\mathrm{d}x + \int_{x_0}^{+\infty} p(x \mid \omega_1)\mathrm{d}x \tag{2.5}$$

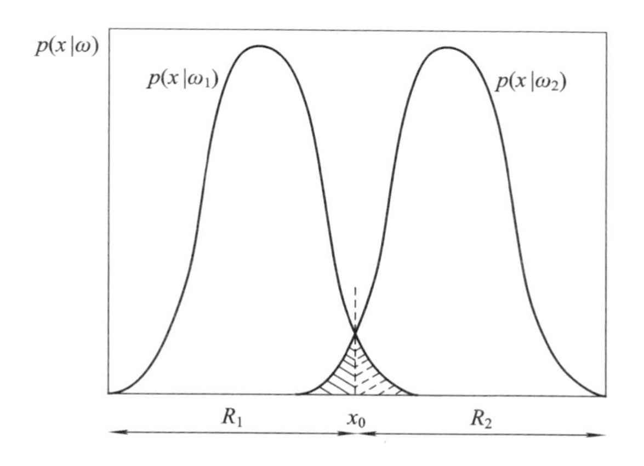

图 2.2　由两个等概率类别的贝叶斯分类器形成的例子

$2P_e$ 的值和图 2.2 中曲线下阴影部分的面积相等。我们尽可能减小 $2P_e$ 的值，即减小错误率，以求达到最优决策。贝叶斯决策规则可由式(2.1)等价地表示为

- 若 $p(\boldsymbol{x}|\omega_1)P(\omega_1)>p(\boldsymbol{x}|\omega_2)P(\omega_2)$，则 $\boldsymbol{x}$ 属于 ω_1；
- 若 $p(\boldsymbol{x}|\omega_1)P(\omega_1)<p(\boldsymbol{x}|\omega_2)P(\omega_2)$，则 $\boldsymbol{x}$ 属于 ω_2。

这就是最小错误的贝叶斯决策规则。

下面证明该规则在最小错误率的分类上是最优的。

证明　设 R_1 是 ω_1 类相应的特征空间，R_2 对应于 ω_2 类，当 $\boldsymbol{x}\in R_1$ 却属于 ω_2 类，或者 $\boldsymbol{x}\in R_2$ 却属于 ω_1 类时，就产生了错误，即

$$P_e = P(\boldsymbol{x} \in R_2, \omega_1) + P(\boldsymbol{x} \in R_1, \omega_2) \tag{2.6}$$

其中，$P(\cdot,\cdot)$ 是两个事件的联合概率。由概率论基础知识，式(2.6)等价为

$$\begin{aligned} P_e &= P(\boldsymbol{x} \in R_2 \mid \omega_1)P(\omega_1) + P(\boldsymbol{x} \in R_1 \mid \omega_2)P(\omega_2) \\ &= P(\omega_1)\int_{R_2} p(\boldsymbol{x} \mid \omega_1)\mathrm{d}\boldsymbol{x} + P(\omega_2)\int_{R_1} p(\boldsymbol{x} \mid \omega_2)\mathrm{d}\boldsymbol{x} \end{aligned} \tag{2.7}$$

由式(2.1)可得

$$P_e = \int_{R_2} P(\omega_1 \mid \boldsymbol{x})p(\boldsymbol{x})\mathrm{d}\boldsymbol{x} + \int_{R_1} P(\omega_2 \mid \boldsymbol{x})p(\boldsymbol{x})\mathrm{d}\boldsymbol{x} \tag{2.8}$$

可以看出，当按照下式选择特征空间的分割区域 R_1 和 R_2 时，错误率最小，即

$$\begin{cases} R_1: P(\omega_1 \mid \boldsymbol{x}) > P(\omega_2 \mid \boldsymbol{x}) \\ R_2: P(\omega_1 \mid \boldsymbol{x}) < P(\omega_2 \mid \boldsymbol{x}) \end{cases} \tag{2.9}$$

实际上，由于 R_1 和 R_2 覆盖整个空间，从概率密度函数的定义可以得出

$$\int_{R_1} P(\omega_1 \mid \boldsymbol{x})p(\boldsymbol{x})\mathrm{d}\boldsymbol{x} + \int_{R_2} P(\omega_1 \mid \boldsymbol{x})p(\boldsymbol{x})\mathrm{d}\boldsymbol{x} = P(\omega_1) \tag{2.10}$$

合并式(2.8)和式(2.10)，可得

$$P_e = P(\omega_1) - \int_{R_1} (P(\omega_1 \mid \boldsymbol{x}) - P(\omega_2 \mid \boldsymbol{x}))p(\boldsymbol{x})\mathrm{d}\boldsymbol{x} \tag{2.11}$$

可以看出，当区域 R_1 满足 $P(\omega_1|\boldsymbol{x})>P(\omega_2|\boldsymbol{x})$时，错误率最小。当然，区域 R_2 在相反的情况下错误率最小。

上述情况是两类较简单的情况，可以此类推得到多类的情况。在一个 c 类的分类任务中，$\omega_1, \omega_2, \cdots, \omega_c$ 是由特征向量 $\boldsymbol{x}$ 表示的未知样本所属的类别，如果

$$P(\omega_i \mid \boldsymbol{x}) > P(\omega_j \mid \boldsymbol{x}), \quad \forall j \neq i \tag{2.12}$$

则 $\boldsymbol{x}$ 属于 ω_i 类。

例 2.1　假设在某个局部地区细胞识别中正常和异常两类的先验概率分别为

正常状态：$P(\omega_1)=0.9$

异常状态：$P(\omega_2)=0.1$

有一未知样本的细胞，其观察值为 $\boldsymbol{x}$，样本的类条件概率密度分别为 $p(\boldsymbol{x}|\omega_1)=0.2$，$p(\boldsymbol{x}|\omega_2)=0.4$，试对该未知细胞进行判定类别。

解

$$P(\omega_1 \mid \boldsymbol{x}) = \frac{p(\boldsymbol{x} \mid \omega_1)P(\omega_1)}{\sum_{j=1}^{2} p(\boldsymbol{x} \mid \omega_j)P(\omega_j)} = \frac{0.2 \times 0.9}{0.2 \times 0.9 + 0.4 \times 0.1} = 0.818$$

$$P(\omega_2 \mid \boldsymbol{x}) = 1 - P(\omega_1 \mid \boldsymbol{x}) = 0.182$$

$$P(\omega_1 \mid \boldsymbol{x}) = 0.818 > P(\omega_2 \mid \boldsymbol{x}) = 0.182$$

故 $\boldsymbol{x} \in \omega_1$。

2.2 最小风险贝叶斯决策

在实际应用中，使分类错误率最小并不一定是最好的标准，因为，若使分类错误最小，则所有错误判断带来的后果是相同的。但是在有些情况下，有些错误的判断会带来更严重的后果。例如，对于产品质检员来说，做出不合格产品判断为合格产品的错误判断，要比与之相反的情况更为严重。如果将合格产品判断为不合格产品，对出厂质量没什么影响，而且这个错误在返修的时候会判断出来。但是，不合格产品判断为合格产品，这个错误会大大影响到出厂产品的合格率。这时，我们引入一个新的风险概念，在对样本进行分类时，不仅要考虑到尽可能地作出正确判断，而且还要考虑到判断错误时会带来什么严重后果。最小风险贝叶斯决策就是根据各种错误的判断造成后果不同，而提出的一种决策规则。

我们用 ω_1 表示不合格产品，ω_2 表示合格产品；R_1 和 R_2 分别表示对应 ω_1 和 ω_2 特征空间的区域。在有决策风险时，根据风险重新选择区域 R_1 和 R_2 从而使 P_e 最小，即

$$P_e = \lambda_{12} P(\omega_1) \int_{R_2} p(\boldsymbol{x} \mid \omega_1) \mathrm{d}x + \lambda_{21} P(\omega_2) \int_{R_1} p(\boldsymbol{x} \mid \omega_2) \mathrm{d}x \tag{2.13}$$

根据其重要性对式中的两项进行加权，可反映出对总错误率的贡献程度，其中 λ_{12} 表示将不合格产品划分为合格产品所造成损失的权重，λ_{21} 表示将合格产品划分为不合格产品所造成损失的权重。令 $\lambda_{12} > \lambda_{21}$ 是最合适的，降低误判的风险。因为将属于 ω_1 类的不合格样本错误分到 ω_2 类中所产生的错误造成的影响更大，也就是在式(2.13)中的第一项比第二项影响更大。

考虑到一个 c 类的分类任务中，$R_j (j=1, 2, \cdots, c)$ 表示支持 $\omega_j (j=1, 2, \cdots, c)$ 特征空间的区域。现在有个分类属于 ω_k 的特征向量 $\boldsymbol{x}$ 位于 R_i，$i \neq k$ 内，分类器就会把这个向量分类到 ω_i 类中，从而造成错误分类。这里定义损失矩阵 $\boldsymbol{L}$，其元素为与错误结论相关联的损失系数 λ_{ki}。

$$\boldsymbol{L} = \begin{bmatrix} \lambda_{11} & \lambda_{12} & \cdots & \lambda_{1c} \\ \lambda_{21} & \lambda_{22} & \cdots & \lambda_{2c} \\ \vdots & \vdots & \ddots & \vdots \\ \lambda_{c1} & \lambda_{c2} & \cdots & \lambda_{cc} \end{bmatrix} \tag{2.14}$$

一般情况下，通常将损失矩阵的对角线(λ_{kk})设置为 0，对应于正确的决策。与 ω_k 相关的风险或损失定义为

$$r_k = \sum_{i=1}^{c} \lambda_{ki} \int_{R_i} p(\boldsymbol{x} \mid \omega_k) \mathrm{d}\boldsymbol{x} \tag{2.15}$$

这个积分中包括了所有属于 ω_k 类的特征向量被分类为 ω_i 类的概率，λ_{ki} 是这个概率的加权值。现在的目标是选择分区 R_i，使得平均风险

$$r=\sum_{k=1}^{c}r_kP(\omega_k)=\sum_{i=1}^{c}\int_{R_i}\left(\sum_{k=1}^{c}\lambda_{ki}p(\boldsymbol{x}\mid\omega_k)P(\omega_k)\right)\mathrm{d}\boldsymbol{x} \tag{2.16}$$

最小。要得到这个结果，必须使积分的每一部分都最小。因此，应选择分区：

$$l_i=\sum_{k=1}^{c}\lambda_{ki}p(\boldsymbol{x}\mid\omega_k)P(\omega_k)<l_j=\sum_{k=1}^{c}\lambda_{kj}p(\boldsymbol{x}\mid\omega_k)P(\omega_k) \tag{2.17}$$

其中，$\boldsymbol{x}\in R_i$，$j\neq i$，对于两类情况，则有

$$\begin{aligned}l_1&=\lambda_{11}p(\boldsymbol{x}\mid\omega_1)P(\omega_1)+\lambda_{21}p(\boldsymbol{x}\mid\omega_2)P(\omega_2)\\l_2&=\lambda_{12}p(\boldsymbol{x}\mid\omega_1)P(\omega_1)+\lambda_{22}p(\boldsymbol{x}\mid\omega_2)P(\omega_2)\end{aligned} \tag{2.18}$$

如果 $l_1<l_2$，则 $\boldsymbol{x}$ 属于 ω_1 类，即

$$(\lambda_{12}-\lambda_{11})p(\boldsymbol{x}\mid\omega_1)P(\omega_1)>(\lambda_{21}-\lambda_{22})p(\boldsymbol{x}\mid\omega_2)P(\omega_2) \tag{2.19}$$

这就是最小风险的贝叶斯决策规划。因为正确的结论所受的损失比错误的结论所受的损失要少，所以假设 $\lambda_{ij}>\lambda_{ii}$。基于这个假设，对于两类情况，决策规则式(2.17)等价于

$$l_{12}\equiv\frac{p(\boldsymbol{x}\mid\omega_1)}{p(\boldsymbol{x}\mid\omega_2)}>\frac{P(\omega_2)}{P(\omega_1)}\frac{\lambda_{21}-\lambda_{22}}{\lambda_{12}-\lambda_{11}} \tag{2.20}$$

其中，$\boldsymbol{x}\in\omega_1$，比率 l_{12} 称为似然比。

现在再详细研究一下式(2.19)和图 2.2 的情况。假设损失矩阵为

$$\boldsymbol{L}=\begin{bmatrix}0&\lambda_{12}\\\lambda_{21}&0\end{bmatrix}$$

实际上，当我 ω_2 类中的样本被错误分类会产生更严重的后果时，可设置 $\lambda_{21}>\lambda_{12}$。因此，如果

$$p(\boldsymbol{x}\mid\omega_2)>p(\boldsymbol{x}\mid\omega_1)\frac{\lambda_{12}}{\lambda_{21}}$$

则样本判定为属于 ω_2 类，其中已经假设 $P(\omega_1)=P(\omega_2)=1/2$，即 $p(\boldsymbol{x}|\omega_1)$与一个小于 1 的系数相乘，目的是为了将图 2.2 的阈值移到 x_0 的左边，即让区域 R_2 增加，同时区域 R_1 减少。如果 $\lambda_{21}<\lambda_{12}$，则情况相反。

很明显，如果满足 $k\neq i$，则 $\lambda_{ki}=1$ 且 $k=i$，而当 $\lambda_{ki}=0$ 时，最小风险就等价于最小错误率的分类。这种情况称为“0－1”损失函数下的最小风险准则。最小错误率贝叶斯决策是在 0-1 损失函数条件下的最小风险贝叶斯决策，最小错误率贝叶斯决策是最小风险贝叶斯决策的特例。

例 2.2 在两类问题中，单个特征变量 x 的概率密度函数是高斯函数，方差都为 $\sigma^2=1/2$，均值分别为 0 和 1，即

$$p(x\mid\omega_1)=\frac{1}{\sqrt{\pi}}\exp(-x^2)$$

$$p(x\mid\omega_2)=\frac{1}{\sqrt{\pi}}\exp(-(x-1)^2)$$

(1) 如果 $P(\omega_1)=P(\omega_2)=1/2$，则计算最小错误率情况下的阈值 x_0；

(2) 如果损失矩阵为

$$L=\begin{bmatrix}0 & 0.5\\ 1.0 & 0\end{bmatrix}$$

则计算最小风险情况下的阈值 x_0。

解 (1) 求最小错误率情况下的阈值 x_0。

由最小错误率贝叶斯决策规则得

$$p(x_0 \mid \omega_1)=p(x_0 \mid \omega_2)$$

即

$$\frac{1}{\sqrt{\pi}}\exp(-x_0^2)=\frac{1}{\sqrt{\pi}}\exp(-(x_0-1)^2)$$

解得 $x_0=1/2$。

(2) 求最小风险情况下的阈值 x_0。

由最小风险的贝叶斯决策规划，即式(2.19)得

$$(\lambda_{12}-\lambda_{11})p(x_0 \mid \omega_1)P(\omega_1)=(\lambda_{21}-\lambda_{22})p(x_0 \mid \omega_2)P(\omega_2)$$

即

$$\frac{0.5}{\sqrt{\pi}}\exp(-x_0^2)=\frac{1}{\sqrt{\pi}}\exp(-(x_0-1)^2)$$

解得 $x_0=(1-\ln 2)/2$。

由 $(1-\ln 2)/2<1/2$ 可见，当 ω_2 类中的样本错误分类会产生更严重的后果时，阈值会向左偏移，以便减小风险。

2.3 判别函数和决策面

从最小错误率贝叶斯决策和最小风险贝叶斯决策可以看出，对于 c 类的分类问题，按照决策规则可以将特征空间分为 c 个决策域，将划分决策域的边界面称为决策面，决策面方程可以用数学上的解析形式来表示。如图 2.3 所示，假设判决区域 R_i 是特征空间中的一个子空间，那么判决规则将所有观测向量 $\boldsymbol{x}$ 落在区域 R_i 的样本分类为类别 ω_i。

如果区域 R_i 和 R_j 正好相邻，它们的判决边界是特征空间中划分判决区域的(超)平面，即由决策面划分。在判决边界上，通常有两类或多类的判别函数值相等。对于最小错误率的情况，判决边界可描述为

$$P(\omega_i \mid \boldsymbol{x})-P(\omega_j \mid \boldsymbol{x})=0 \tag{2.21}$$

对于决策面，这个差值一方是正值，另一方则是负值。有时用等价函数来代替概率(或风险函数)可能更方便，例如 $g_i(\boldsymbol{x})\equiv f(P(\omega_i|\boldsymbol{x}))$，其中 $f(\cdot)$ 是一个单调上升函数，$g_i(\boldsymbol{x})$称为

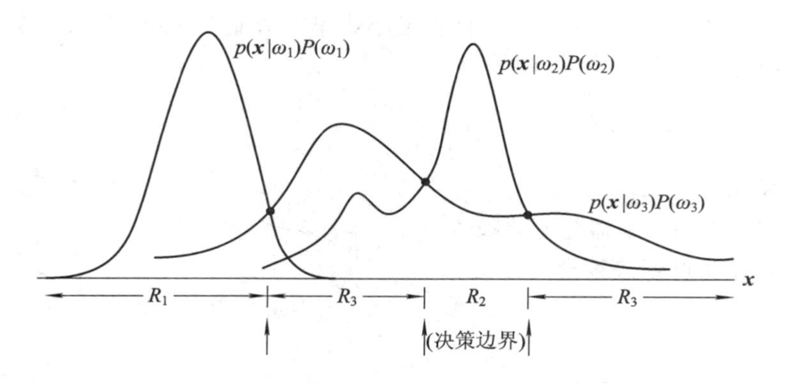

图 2.3　决策域的划分与决策边界

判别函数，判别函数一般用于表达决策规则。判别函数与决策面方程密切相关，且都由相应的决策规则所规定。

在多类的情况下，决策检验式(2.12)可表示为

$$g_i(\boldsymbol{x}) > g_j(\boldsymbol{x}) \tag{2.22}$$

其中，$\boldsymbol{x}\in\omega_i$，$j\neq i$。

划分相邻区域的决策面描述为

$$g_{ij}(\boldsymbol{x}) = g_i(\boldsymbol{x}) - g_j(\boldsymbol{x}) = 0 \tag{2.23}$$

其中，i，$j=1$，2，…，c，$i\neq j$。

对于最小错误率贝叶斯决策，常用的判别函数可定义为

$$g_i = \begin{cases} P(\omega_i \mid \boldsymbol{x}) \\ p(\boldsymbol{x} \mid \omega_i)P(\omega_i) \\ \ln p(\boldsymbol{x} \mid \omega_i) + \ln P(\omega_i) \\ f(p(\boldsymbol{x} \mid \omega_i)) + h(\boldsymbol{x}) \end{cases} \tag{2.24}$$

对于一维特征空间，其决策面为一个点；二维特征空间，其决策面为一条线；三维特征空间，决策面为曲面；多维(多于三维)特征空间，其决策面为超曲面。如图 2.4 所示，为判别函数与决策面的关系。

在两类的情况下，对于两分类问题，一般只用一个判别函数

$$g(\boldsymbol{x}) = g_1(\boldsymbol{x}) - g_2(\boldsymbol{x}) \tag{2.25}$$

其决策面方程为 $g(\boldsymbol{x})=0$。对应的判决规则为：若 $g(\boldsymbol{x})>0$，则样本判决为 ω_1，否则判决为 ω_2。对于最小错误率贝叶斯决策，判别函数的形式可设为

$$g(\boldsymbol{x}) = \begin{cases} P(\omega_1 \mid \boldsymbol{x}) - P(\omega_2 \mid \boldsymbol{x}) \\ \ln \dfrac{p(\boldsymbol{x} \mid \omega_1)}{p(\boldsymbol{x} \mid \omega_2)} + \ln \dfrac{P(\omega_1)}{P(\omega_2)} \end{cases} \tag{2.26}$$

同理，对于最小风险斯决策的判别函数形式，可设为

$$g(\boldsymbol{x})=(\lambda_{12}-\lambda_{11})p(\boldsymbol{x}\mid\omega_1)P(\omega_1)-(\lambda_{21}-\lambda_{22})p(\boldsymbol{x}\mid\omega_2)P(\omega_2) \tag{2.27}$$

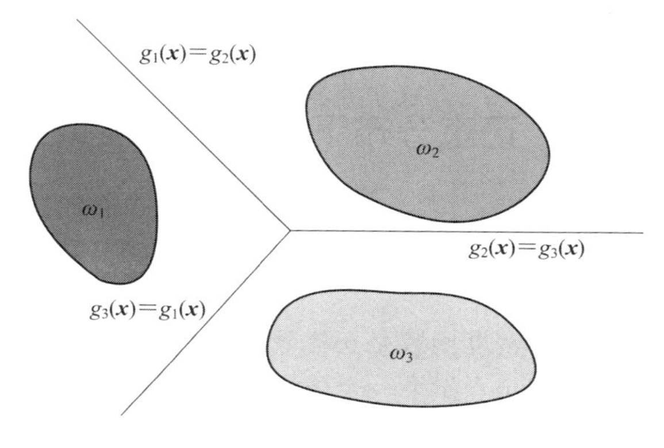

图 2.4　判别函数与决策面

例 2.3　假设细胞识别中正常细胞 ω_1 的先验概率 0.9，异常细胞 ω_2 的先验概率为 0.1。某待识别的细胞的观测向量为 $\boldsymbol{x}$，从类条件概率密度分布曲线上得知，$p(\boldsymbol{x}|\omega_1)=0.2$，$p(\boldsymbol{x}|\omega_2)=0.4$，并且其损失矩阵为

$$\boldsymbol{L}=\begin{bmatrix}0 & 6.0\\ 1.0 & 0\end{bmatrix}$$

试利用最小错误率贝叶斯决策和最小风险贝叶斯决策进行分类。

解　利用最小错误率和最小风险决策分别写出判别函数和决策面方程。

(1) 对于最小错误率决策，其对应的判别函数为

$$\begin{aligned}g(\boldsymbol{x})&=p(\boldsymbol{x}\mid\omega_1)P(\omega_1)-p(\boldsymbol{x}\mid\omega_2)P(\omega_2)\\&=0.9p(\boldsymbol{x}\mid\omega_1)-0.1p(\boldsymbol{x}\mid\omega_2)\end{aligned}$$

决策面方程为

$$9p(\boldsymbol{x}\mid\omega_1)-p(\boldsymbol{x}\mid\omega_2)=0$$

根据类条件概率 $p(\boldsymbol{x}|\omega_1)=0.2$，$p(\boldsymbol{x}|\omega_2)=0.4$，得

$$g(\boldsymbol{x})=0.9\times0.2-0.1\times0.4=0.14>0$$

故最小错误率决策判定该细胞为正常细胞。

(2) 对于最小风险决策，其对应的判别函数为

$$\begin{aligned}g(\boldsymbol{x})&=\lambda_{21}p(\boldsymbol{x}\mid\omega_1)P(\omega_1)-\lambda_{12}p(\boldsymbol{x}\mid\omega_2)P(\omega_2)\\&=0.9p(\boldsymbol{x}\mid\omega_1)-0.6p(\boldsymbol{x}\mid\omega_2)\end{aligned}$$

决策面方程为

$$9p(\boldsymbol{x}\mid\omega_1)-6p(\boldsymbol{x}\mid\omega_2)=0$$

根据类条件概率 $p(\boldsymbol{x}|\omega_1)=0.2$，$p(\boldsymbol{x}|\omega_2)=0.4$，得

$$g(\boldsymbol{x}) = 0.9 \times 0.2 - 0.6 \times 0.4 = -0.06 < 0$$

故最小风险决策判定该细胞为异常细胞。

2.4 正态分布下的贝叶斯决策

2.4.1 正态分布概率密度函数的定义

在实践中，经常遇到的概率密度函数是正态密度函数，其观测值通常是很多种因素共同作用的结果。中心极限定理指出，如果一个随机变量是若干独立随机变量的总和，当被加数的个数趋近于无穷大时，它的概率密度函数近似于正态密度函数。实际上，有足够多的求和项时，通常假设随机变量的和服从正态密度函数分布。

单变量正态分布概率密度函数定义为

$$p(x) = \frac{1}{\sqrt{2\pi}\sigma}\exp\left\{-\frac{1}{2}\left(\frac{x-\mu}{\sigma}\right)^2\right\} \tag{2.28}$$

记作 $N(\mu, \sigma^2)$，式中，μ 为随机变量 x 的期望，σ^2 为 x 的方差。

$$\mu = E(x) = \int_{-\infty}^{\infty} xp(x)\mathrm{d}x \tag{2.29}$$

$$\sigma^2 = \int_{-\infty}^{\infty} (x-\mu)^2 p(x)\mathrm{d}x \tag{2.30}$$

正态分布概率密度函数 $p(x)$ 如图 2.5 所示。

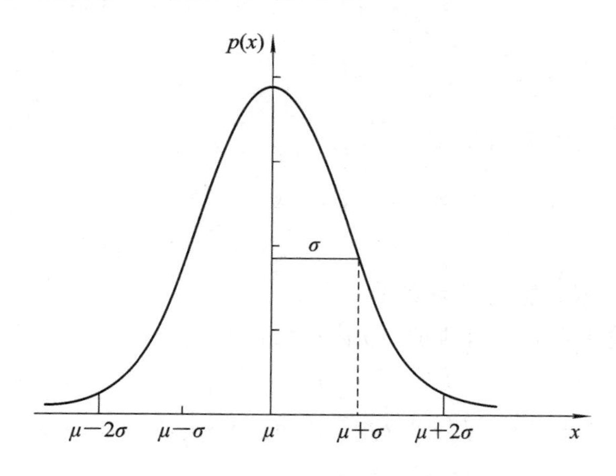

图 2.5　正态分布概率密度函数

如图 2.5 所示，方差越大，曲线越宽，而且曲线均是以均值为中心对称的。

在 n 维特征空间中，多元正态分布的概率密度函数定义为

$$p(\boldsymbol{x})=\frac{1}{(2\pi)^{\frac{n}{2}}\ |\boldsymbol{\Sigma}|^{\frac{1}{2}}}\exp\left\{-\frac{1}{2}(\boldsymbol{x}-\boldsymbol{\mu})^{\mathrm{T}}\boldsymbol{\Sigma}^{-1}(\boldsymbol{x}-\boldsymbol{\mu})\right\} \tag{2.31}$$

式中，$\boldsymbol{x}=[x_1, x_2, \cdots, x_n]^{\mathrm{T}}$ 是 n 维列向量，$\boldsymbol{\mu}=[\mu_1, \mu_2, \cdots, \mu_n]^{\mathrm{T}}$ 是 n 维均值向量，$\boldsymbol{\Sigma}$ 是 $n\times n$ 维协方差矩阵，$\boldsymbol{\Sigma}^{-1}$ 是 $\boldsymbol{\Sigma}$ 的逆矩阵，$|\boldsymbol{\Sigma}|$ 是 $\boldsymbol{\Sigma}$ 的行列式。

$$\boldsymbol{\mu}=E(\boldsymbol{x}) \tag{2.32}$$

$$\boldsymbol{\Sigma}=E\{(\boldsymbol{x}-\boldsymbol{\mu})(\boldsymbol{x}-\boldsymbol{\mu})^{\mathrm{T}}\} \tag{2.33}$$

$\boldsymbol{\mu}$，$\boldsymbol{\Sigma}$ 分别是向量 $\boldsymbol{x}$ 和矩阵 $(\boldsymbol{x}-\boldsymbol{\mu})(\boldsymbol{x}-\boldsymbol{\mu})^{\mathrm{T}}$ 的期望，其中 x_i 是 $\boldsymbol{x}$ 的第 i 个分量，μ_i 是 $\boldsymbol{\mu}$ 的第 i 个分量，σ_{ij}^2 是 $\boldsymbol{\Sigma}$ 的第 i 行、第 j 列所在的元素。若

$$\mu_i=E(x_i)=\int_{-\infty}^{\infty}x_i p(x_i)\mathrm{d}x_i \tag{2.34}$$

其中，$p(x_i)$ 为边缘分布，则

$$p(x_i)=\int_{-\infty}^{\infty}\cdots\int_{-\infty}^{\infty}p(\boldsymbol{x})\mathrm{d}x_1\mathrm{d}x_2\cdots\mathrm{d}x_{i-1}\mathrm{d}x_{i+1}\cdots\mathrm{d}x_n \tag{2.35}$$

而

$$\begin{aligned}\sigma_{ij}^2&=E[(x_i-\mu_i)(x_j-\mu_j)]\\&=\int_{-\infty}^{\infty}\int_{-\infty}^{\infty}(x_i-\mu_i)(x_j-\mu_j)p(x_i, x_j)\mathrm{d}x_i\mathrm{d}x_j\end{aligned} \tag{2.36}$$

即协方差矩阵可表示为

$$\boldsymbol{\Sigma}=\begin{bmatrix}\sigma_{11}^2 & \sigma_{12}^2 & \cdots & \sigma_{1n}^2\\ \sigma_{21}^2 & \sigma_{22}^2 & \cdots & \sigma_{2n}^2\\ \vdots & \vdots & \ddots & \vdots\\ \sigma_{n1}^2 & \sigma_{n2}^2 & \cdots & \sigma_{nn}^2\end{bmatrix} \tag{2.37}$$

可证得，协方差矩阵是对称非负定阵。x_i 的方差是对角线上的元素 σ_{ii}^2，x_i 与 x_j 的协方差为非对角上的元素 σ_{ij}^2。在本章中，只考虑 $|\boldsymbol{\Sigma}|>0$，即 $\boldsymbol{\Sigma}$ 为正定矩阵的情况。

由图 2.6 可得，均值向量 $\boldsymbol{\mu}$ 和协方差矩阵 $\boldsymbol{\Sigma}$ 决定多元正态分布，记多元正态分布概率密度函数为 $p(\boldsymbol{x})\sim N(\boldsymbol{\mu}, \boldsymbol{\Sigma})$。一般情况下，从服从正态分布的总体中抽取样本大部分会落在由 $\boldsymbol{x}$ 和 $\boldsymbol{\Sigma}$ 确定的多元正态分布区域内，均值向量 $\boldsymbol{\mu}$ 决定区域的中心，协方差矩阵 $\boldsymbol{\Sigma}$ 决定区域的大小。

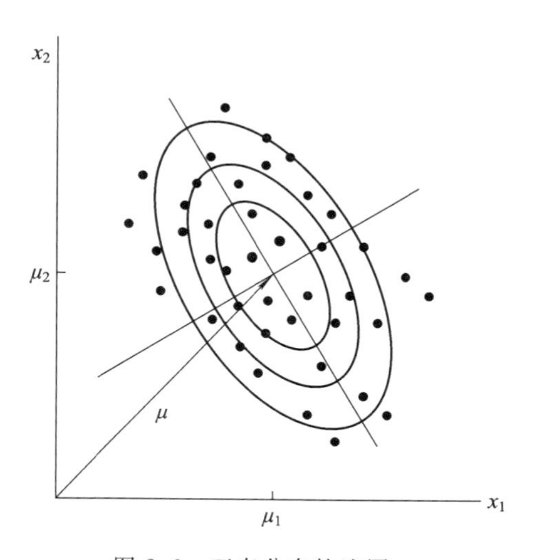

图 2.6　正态分布轨迹图

2.4.2 多元正态概率型下的贝叶斯分类器

多元正态概率型下的类条件概率密度函数 $p(\boldsymbol{x}|\omega_i)$，$i=1, 2, \cdots, c$ 描述每一类的数据分布，都是服从多元正态分布 $N(\boldsymbol{\mu}_i, \boldsymbol{\Sigma}_i)$，$i=1, 2, \cdots, c$。因为类条件概率密度是指数形式，使用对数函数的判别函数更易计算，其(单调)对数函数 ln()表示为

$$g_i(\boldsymbol{x})=-\frac{1}{2}(\boldsymbol{x}-\boldsymbol{\mu}_i)^{\mathrm{T}}\boldsymbol{\Sigma}_i^{-1}(\boldsymbol{x}-\boldsymbol{\mu}_i)-\frac{n}{2}\ln 2\pi-\frac{1}{2}\ln|\boldsymbol{\Sigma}_i|+\ln P(\omega_i) \tag{2.38}$$

可展开得

$$g_i(\boldsymbol{x})=-\frac{1}{2}\boldsymbol{x}^{\mathrm{T}}\boldsymbol{\Sigma}_i^{-1}\boldsymbol{x}+\frac{1}{2}\boldsymbol{x}^{\mathrm{T}}\boldsymbol{\Sigma}_i^{-1}\boldsymbol{\mu}_i-\frac{1}{2}\boldsymbol{\mu}_i^{\mathrm{T}}\boldsymbol{\Sigma}_i^{-1}\boldsymbol{\mu}_i+\frac{1}{2}\boldsymbol{\mu}_i^{\mathrm{T}}\boldsymbol{\Sigma}_i^{-1}\boldsymbol{x}$$
$$-\frac{n}{2}\ln 2\pi-\frac{1}{2}\ln|\boldsymbol{\Sigma}_i|+\ln P(\omega_i) \tag{2.39}$$

决策面方程为 $g_i(\boldsymbol{x})=g_j(\boldsymbol{x})$，即

$$-\frac{1}{2}\left[(\boldsymbol{x}-\boldsymbol{\mu}_i)^{\mathrm{T}}\boldsymbol{\Sigma}_i^{-1}(\boldsymbol{x}-\boldsymbol{\mu}_i)-(\boldsymbol{x}-\boldsymbol{\mu}_j)^{\mathrm{T}}\boldsymbol{\Sigma}_j^{-1}(\boldsymbol{x}-\boldsymbol{\mu}_j)\right]-\frac{1}{2}\ln\frac{|\boldsymbol{\Sigma}_i|}{|\boldsymbol{\Sigma}_j|}+\ln\frac{P(\omega_i)}{P(\omega_j)}=0 \tag{2.40}$$

下面我们分三种情况对多元正态概率下的判别函数和决策面进行讨论。

(1) 在第一种情况下，各类协方差阵相等，且每类各特征独立，方差相等，即

$$\boldsymbol{\Sigma}_i=\sigma^2\boldsymbol{I},\quad i=1, 2, \cdots, c \tag{2.41}$$

则每类的协方差矩阵可表示为

$$\boldsymbol{\Sigma}_i=\begin{bmatrix}\sigma^2 & \cdots & 0\\ \vdots & \ddots & \vdots\\ 0 & \cdots & \sigma^2\end{bmatrix} \tag{2.42}$$

则协方差矩阵 $\boldsymbol{\Sigma}_i$ 的行列式和逆矩阵可表示为

$$|\boldsymbol{\Sigma}_i|=\sigma^{2n} \tag{2.43}$$

$$\boldsymbol{\Sigma}_i^{-1}=\frac{1}{\sigma^2}\boldsymbol{I} \tag{2.44}$$

将式(2.43)和式(2.44)代入式(2.38)可得

$$g_i(\boldsymbol{x})=-\frac{(\boldsymbol{x}-\boldsymbol{\mu}_i)^{\mathrm{T}}(\boldsymbol{x}-\boldsymbol{\mu}_i)}{2\sigma^2}-\frac{n}{2}\ln 2\pi-\frac{1}{2}\ln\sigma^{2n}+\ln P(\omega_i) \tag{2.45}$$

忽略与类别 i 无关的项，可将 $g_i(x)$ 简化为

$$g_i(\boldsymbol{x})=-\frac{(\boldsymbol{x}-\boldsymbol{\mu}_i)^{\mathrm{T}}(\boldsymbol{x}-\boldsymbol{\mu}_i)}{2\sigma^2}+\ln P(\omega_i) \tag{2.46}$$

式中

$$(\boldsymbol{x}-\boldsymbol{\mu}_i)^{\mathrm{T}}(\boldsymbol{x}-\boldsymbol{\mu}_i)=\|\boldsymbol{x}-\boldsymbol{\mu}_i\|^2=\sum_{j=1}^{n}(x_j-\mu_{ij})^2,\quad i=1,2,\cdots,c \tag{2.47}$$

是 $\boldsymbol{x}$ 到类 ω_i 的均值向量 $\boldsymbol{\mu}_i$ 的欧氏距离的平方。

式(2.46)判别函数 $g_i(\boldsymbol{x})$ 可等价地表示为

$$g_i(\boldsymbol{x})=-\frac{1}{2\sigma^2}(-2\boldsymbol{\mu}_i^{\mathrm{T}}\boldsymbol{x}+\boldsymbol{\mu}_i^{\mathrm{T}}\boldsymbol{\mu}_i)+\ln P(\omega_i)=\boldsymbol{w}_i^{\mathrm{T}}\boldsymbol{x}+w_{i0} \tag{2.48}$$

其中

$$\boldsymbol{w}_i=\frac{1}{\sigma^2}\boldsymbol{\mu}_i \tag{2.49}$$

$$w_{i0}=-\frac{1}{2\sigma^2}\boldsymbol{\mu}_i^{\mathrm{T}}\boldsymbol{\mu}_i+\ln P(\omega_i) \tag{2.50}$$

由式(2.48)可以看出，判别函数 $g_i(\boldsymbol{x})$ 为 $\boldsymbol{x}$ 的线性函数，故该分类器称为线性分类器。

决策规则就是对某个待分类的 $\boldsymbol{x}$，分别计算 $g_i(\boldsymbol{x})$，$i=1, 2, \cdots, c$。若

$$g_k(\boldsymbol{x})=\max_i g_i(\boldsymbol{x}) \tag{2.51}$$

则决策 $\boldsymbol{x}\in\omega_k$。

它的决策面是一个由线性方程 $g_i(\boldsymbol{x})-g_j(\boldsymbol{x})=0$ 所确定的超平面，其中决策域 R_i 与 R_j 相毗邻。

在 $\boldsymbol{\Sigma}_i=\sigma^2\boldsymbol{I}$ 的特殊情况下，式(2.40)可改写为

$$\boldsymbol{w}^{\mathrm{T}}(\boldsymbol{x}-\boldsymbol{x}_0)=0 \tag{2.52}$$

式中

$$\boldsymbol{w}=\boldsymbol{\mu}_i-\boldsymbol{\mu}_j \tag{2.53}$$

$$\boldsymbol{x}_0=\frac{1}{2}(\boldsymbol{\mu}_i+\boldsymbol{\mu}_j)-\frac{\sigma^2}{\|\boldsymbol{\mu}_i-\boldsymbol{\mu}_j\|^2}\ln\frac{P(\omega_i)}{P(\omega_j)}(\boldsymbol{\mu}_i-\boldsymbol{\mu}_j) \tag{2.54}$$

满足式(2.52)的 $\boldsymbol{x}$ 的轨迹是 ω_i 与 ω_j 类之间的决策面，即为一个超平面。当 $P(\omega_i)=P(\omega_j)$ 时，超平面通过 $\boldsymbol{\mu}_i$ 与 $\boldsymbol{\mu}_j$ 的连线中点与连线正交。如图 2.7 所示，当 $P(\omega_i)\neq P(\omega_j)$ 时，超平面通过 $\boldsymbol{\mu}_i$ 与 $\boldsymbol{\mu}_j$ 的连线上远离先验概率大的均值点，并与连线正交。

在先验概率 $P(\omega_i)=P(\omega_j)$ 时，最优判决的规则为：将某特征向量 $\boldsymbol{x}$ 归类，通过计算每个样本 $\boldsymbol{x}$ 到 c 个均值向量中心的每一个欧氏距离，并将 $\boldsymbol{x}$ 归到为离它最近的那一类。这样的分类器称为“最小距离分类器”。

(2) 在第二种情况下，各类的协方差矩阵都相等，即

$$\boldsymbol{\Sigma}_i=\boldsymbol{\Sigma} \tag{2.55}$$

从几何上看，每一类所在区域的大小和形状都一样，其中心由该类均值 $\boldsymbol{\mu}_i$ 点决定，大小由协方差矩阵 $\boldsymbol{\Sigma}$ 决定，相当于各类样本集中于以该类均值 $\boldsymbol{\mu}_i$ 点为中心的同样大小和形状的超椭球内。

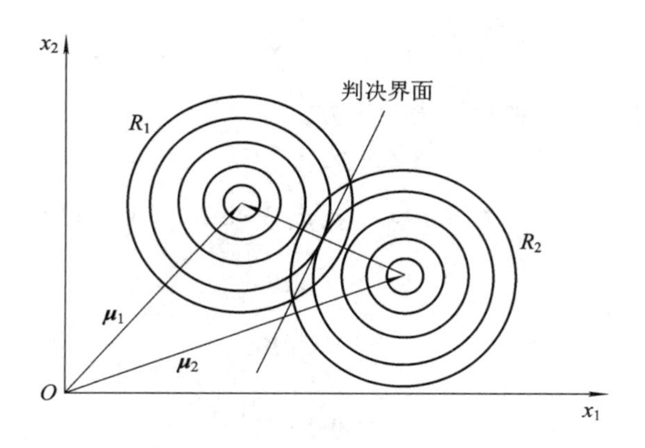

图 2.7　两类情况下的决策面

由于 $\boldsymbol{\Sigma}$ 与 i 无关，故其判别函数可简化为

$$g_i(\boldsymbol{x}) = -\frac{1}{2}(\boldsymbol{x}-\boldsymbol{\mu}_i)^{\mathrm{T}}\boldsymbol{\Sigma}^{-1}(\boldsymbol{x}-\boldsymbol{\mu}_i) + \ln P(\omega_i) \tag{2.56}$$

若 $P(\omega_i)=P(\omega_j)$，当各样本先验概率相等时，则其判别函数可进一步简化为

$$g_i(\boldsymbol{x}) = \gamma^2 = (\boldsymbol{x}-\boldsymbol{\mu}_i)^{\mathrm{T}}\boldsymbol{\Sigma}^{-1}(\boldsymbol{x}-\boldsymbol{\mu}_i) \tag{2.57}$$

该决策规则为：对于某个待分类的 $\boldsymbol{x}$，计算出 $\boldsymbol{x}$ 到每类的均值点 $\boldsymbol{\mu}_i$ 的“马氏距离”(Mahalanobis)距离平方 γ^2，最后把 $\boldsymbol{x}$ 归于为 γ^2 最小的类别。

将式(2.56)展开，可化简为

$$g_i(\boldsymbol{x}) = \boldsymbol{w}_i^{\mathrm{T}}\boldsymbol{x} + w_{i0} \tag{2.58}$$

式中

$$\boldsymbol{w}_i = \boldsymbol{\Sigma}^{-1}\boldsymbol{\mu}_i \tag{2.59}$$

$$w_{i0} = -\frac{1}{2}\boldsymbol{\mu}_i^{\mathrm{T}}\boldsymbol{\Sigma}^{-1}\boldsymbol{\mu}_i + \ln P(\omega_i) \tag{2.60}$$

由此可见，式(2.58)也是 $\boldsymbol{x}$ 的线性判别函数，即该决策面也是一个超平面。如果决策域 R_i 与 R_j 相毗邻，则决策面方程应满足 $g_i(\boldsymbol{x})-g_j(\boldsymbol{x})=0$，即

$$\boldsymbol{w}^{\mathrm{T}}(\boldsymbol{x}-\boldsymbol{x}_0) = 0 \tag{2.61}$$

式中

$$\boldsymbol{w} = \boldsymbol{\Sigma}^{-1}(\boldsymbol{\mu}_i-\boldsymbol{\mu}_j) \tag{2.62}$$

$$\boldsymbol{x}_0 = \frac{1}{2}(\boldsymbol{\mu}_i+\boldsymbol{\mu}_j) - \frac{(\boldsymbol{\mu}_i-\boldsymbol{\mu}_j)}{(\boldsymbol{\mu}_i-\boldsymbol{\mu}_j)^{\mathrm{T}}\boldsymbol{\Sigma}^{-1}(\boldsymbol{\mu}_i-\boldsymbol{\mu}_j)}\ln\frac{P(\omega_i)}{P(\omega_j)} \tag{2.63}$$

由式(2.61)可见，$\boldsymbol{w}$ 通常不在$(\boldsymbol{\mu}_i-\boldsymbol{\mu}_j)$方向上，$(\boldsymbol{x}-\boldsymbol{x}_0)$为通过 $\boldsymbol{x}_0$ 点的向量。$\boldsymbol{w}$ 与$(\boldsymbol{x}-\boldsymbol{x}_0)$的点积为零表示两者正交，所以决策面通过 $\boldsymbol{x}_0$ 点，但不与$(\boldsymbol{\mu}_i-\boldsymbol{\mu}_j)$正交。

若先验概率 $P(\omega_i)=P(\omega_j)$，则式(2.62)可化简为

$$\boldsymbol{x}_0 = \frac{1}{2}(\boldsymbol{\mu}_i + \boldsymbol{\mu}_j) \tag{2.64}$$

此时 $\boldsymbol{x}_0$ 点为 $\boldsymbol{\mu}_i$ 与 $\boldsymbol{\mu}_j$ 的连线中点，决策面通过该中点，如图 2.8 所示。

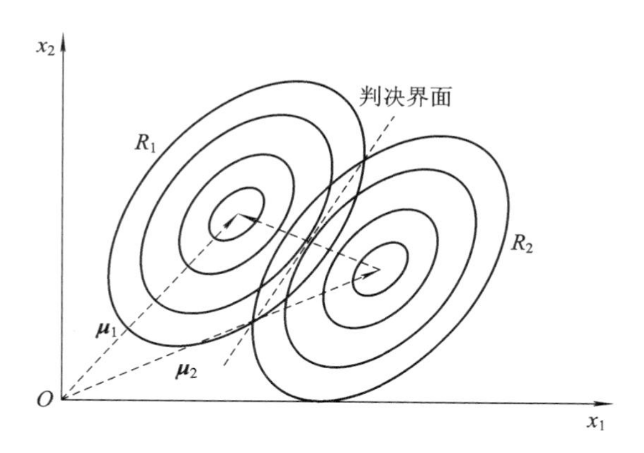

图 2.8　正态分布且 $P(\omega_i)=P(\omega_j)$，$\boldsymbol{\Sigma}_i=\boldsymbol{\Sigma}_j$ 时的决策面

若先验概率 $P(\omega_i)\neq P(\omega_j)$，$\boldsymbol{x}_0$ 点不在 $\boldsymbol{\mu}_i$ 与 $\boldsymbol{\mu}_j$ 的连线中点上，而是在连线上向先验概率小的均值点偏移，则决策面通过该点。

(3) 在第三种情况下，任意类的协方差矩阵各不相等，即

$$\boldsymbol{\Sigma}_i \neq \boldsymbol{\Sigma}_j, \quad i, j = 1, 2, \cdots, c \tag{2.65}$$

这种情况是多元正态分布的一般情况，在该情况下，式(2.39)中只有项 $\frac{n}{2}\ln 2\pi$ 与 i 无关，可简化为

$$g_i(\boldsymbol{x}) = \boldsymbol{x}^{\mathrm{T}}\boldsymbol{W}_i\boldsymbol{x} + \boldsymbol{w}_i^{\mathrm{T}}\boldsymbol{x} + w_{i0} \tag{2.66}$$

$$\boldsymbol{W}_i = -\frac{1}{2}\boldsymbol{\Sigma}_i^{-1} \tag{2.67}$$

$$\boldsymbol{w}_i = \boldsymbol{\Sigma}_i^{-1}\boldsymbol{\mu}_i \tag{2.68}$$

$$w_{i0} = -\frac{1}{2}\boldsymbol{\mu}_i^{\mathrm{T}}\boldsymbol{\Sigma}_i^{-1}\boldsymbol{\mu}_i - \frac{1}{2}\ln|\boldsymbol{\Sigma}_i| + \ln P(\omega_i) \tag{2.69}$$

这时，判别函数式(2.66)将 $g_i(\boldsymbol{x})$表示为 $\boldsymbol{x}$ 的二次型。如果决策域 R_i 与 R_j 邻近，那么决策面方程应该满足 $g_i(\boldsymbol{x})-g_j(\boldsymbol{x})=0$，即

$$\boldsymbol{x}^{\mathrm{T}}(\boldsymbol{W}_i - \boldsymbol{W}_j)\boldsymbol{x} + (\boldsymbol{w}_i - \boldsymbol{w}_j)^{\mathrm{T}}\boldsymbol{x} + w_{i0} - w_{j0} = 0 \tag{2.70}$$

由式(2.70)所决定的决策面为超二次曲面，随着 $\boldsymbol{\Sigma}_i$、$\boldsymbol{\mu}_i$、$P(\omega_i)$的不同而呈现为某种超二次曲面，即超球面、超椭球面、超抛物面、超双曲面或超平面。

习 题

1. 应用贝叶斯决策需要满足的三个前提条件是什么？

2. 假设在某个地区细胞识别中正常(ω_1)和异常(ω_2)两类的先验概率分别为 $P(\omega_1)=0.8$，$p(\omega_2)=0.2$，现有一待识别的细胞，其观测值为 $\boldsymbol{x}$，样本的类条件概率密度分别为 $p(\boldsymbol{x}|\omega_1)=0.25$，$p(\boldsymbol{x}|\omega_2)=0.6$，并且已知 $\lambda_{11}=0$，$\lambda_{12}=6$，$\lambda_{21}=1$，$\lambda_{22}=0$。

(1) 试对该细胞 $\boldsymbol{x}$ 基于最小错误率的贝叶斯决策方法进行分类；

(2) 试对该细胞 $\boldsymbol{x}$ 基于最小风险的贝叶斯决策方法进行分类。

3. 已知样本类条件概率密度 $p(\boldsymbol{x}|\omega_i)=N(\boldsymbol{\mu}_i, \boldsymbol{\Sigma}_i)$，$i=1, 2$。其中 $\boldsymbol{\mu}_1=(2, 2)^{\mathrm{T}}$，$\boldsymbol{\mu}_2=(4, 6)^{\mathrm{T}}$，$P(\omega_1)=0.7$，$P(\omega_2)=0.3$，$\boldsymbol{\Sigma}_1=\boldsymbol{\Sigma}_2=\begin{pmatrix} 6 & 1 \\ 1 & 2 \end{pmatrix}$。如果用最小错误率贝叶斯决策来进行分类器设计，那么决策面是否通过 $\boldsymbol{\mu}_1$ 和 $\boldsymbol{\mu}_2$ 连线的中点？决策面与向量 $\boldsymbol{\mu}_1-\boldsymbol{\mu}_2$ 是否正交？

参考文献

[1] 李航. 统计学习方法[M]. 北京：清华大学出版社，2012.

[2] 张学工. 模式识别[M]. 北京：清华大学出版社，2000.

[3] 李弼程，邵美珍，黄洁. 模式识别原理与应用[M]. 西安：西安电子科技大学出版社，2008.

[4] 周志华. 机器学习[M]. 北京：清华大学出版社，2016.

[5] WEBB Andrew R，COPSEY Keith D. 统计模式识别[M]. 北京：电子工业出版社，2015.

[6] SERGIOS Theodoridis，KONSTANTIONS Koutroumbas. 模式识别[M]. 北京：电子工业出版社，2016.

第3章 线性和非线性判别分析

使用贝叶斯决策理论有一个前提，即获取有关样本总体分布的信息，包括各类先验概率及类条件概率密度函数，以此来计算出样本的后验概率并进行分类。然而当样本数不足时，要获取准确的统计分布是困难的。

在这种情况下，可以通过直接设计判别函数的方式进行分类，其中若判别函数是两类或多类样本特征的线性组合，则可称这种方法为线性判别分析。对于非线性可分的类别，线性判别分析在最优设计方法下也难以取得令人满意的性能，因此需要设计非线性判别分析方法。线性判别分析根据求解准则不同，有如 Fisher 线性判别分析、感知器等代表算法；非线性判别分析代表算法有 k 近邻和决策树。

3.1 Fisher 线性判别分析

数据一般具有高维特性，而在使用统计方法处理模式识别问题时，通常是在低维空间展开研究的，因此基于统计学习方法难以求解高维数据，降维成了解决问题的突破口。

假设数据存在于 n 维空间中，在数学上，通过投影使数据映射到一条直线上，即维度从 n 维变为 1 维，这是容易实现的。但是即使数据在 n 维空间中按集群形式紧凑分布，在某些 1 维空间上也会难以区分，为了使数据在 1 维空间中也变得容易区分，需要找到适当的直线方向，使数据映射在该直线上，各类样本集群交互较少。如何找到这条直线，或者说如何找到该直线方向，这是 Fisher 线性判别需要解决的问题。

首先介绍从 n 维空间变换到 1 维空间的一般方法。

假设有 N_1 个属于 ω_1 类的 n 维样本记为子集 Ω_1，N_2 个属于 ω_2 类的 n 维样本记为 Ω_2，设二者并成一个集合，$D=\{\boldsymbol{x}_1,\boldsymbol{x}_2,\cdots,\boldsymbol{x}_m\}$，其中共包含 m 个 n 维样本，$\boldsymbol{x}_i\in\mathbf{R}^n(i=1,2,\cdots,m)$。经线性组合可得标量：

$$y_i=\boldsymbol{w}^{\mathrm{T}}\boldsymbol{x}_i \qquad i=1,2,\cdots,m \tag{3.1}$$

$Y=\{y_1, y_2, \cdots, y_m\}$是 m 个一维样本组成的集合，且当 $\|\boldsymbol{w}\|=1$ 时，y_i 是 $\boldsymbol{x}_i$ 在直线上的投影。正如上述所说，关键在于直线方向而不是 $\boldsymbol{w}$ 的绝对值，方向决定了投影后的数据可分离程度，定义 $\boldsymbol{w}^*$ 为最佳变换向量，因为问题转化成如何求出 $\boldsymbol{w}^*$。此外，相对于子集 Ω_1 和 Ω_2，定义其映射集为 ψ_1 和 ψ_2。下面介绍几个基本的参量。

1. 在 n 维 X 空间

(1) 各类样本均值向量 $\boldsymbol{\mu}_i$：

$$\boldsymbol{\mu}_i = \frac{1}{N_i}\sum_{\boldsymbol{x}_j \in \Omega_i} \boldsymbol{x}_j, \quad i=1, 2 \tag{3.2}$$

(2) 各类类内离散度矩阵 $\boldsymbol{S}_i$：

$$\boldsymbol{S}_i = \sum_{\boldsymbol{x}_j \in \Omega_i} (\boldsymbol{x}_j - \boldsymbol{\mu}_i)(\boldsymbol{x}_j - \boldsymbol{\mu}_i)^{\mathrm{T}}, \quad i=1, 2 \tag{3.3}$$

(3) 总类内离散度矩阵 $\boldsymbol{S}_w$：

$$\boldsymbol{S}_w = \boldsymbol{S}_1 + \boldsymbol{S}_2 \tag{3.4}$$

(4) 样本类间离散度矩阵 $\boldsymbol{S}_b$：

$$\boldsymbol{S}_b = (\boldsymbol{\mu}_1 - \boldsymbol{\mu}_2)(\boldsymbol{\mu}_1 - \boldsymbol{\mu}_2)^{\mathrm{T}} \tag{3.5}$$

2. 在 1 维 Y 空间

(1) 各类样本均值 $\overline{\mu_i}$：

$$\overline{\mu_i} = \frac{1}{N_i}\sum_{y_j \in \psi_i} y_j, \quad i=1, 2 \tag{3.6}$$

(2) 各类类内离散度 $\overline{S}_i^2$：

$$\overline{S}_i^2 = \sum_{y_j \in \psi_i} (y_j - \overline{\mu_i})^2, \quad i=1, 2 \tag{3.7}$$

(3) 总类内离散度 $\overline{S}_w$：

$$\overline{S}_w = \overline{S}_1^2 + \overline{S}_2^2 \tag{3.8}$$

通过投影后，期望能在 $\boldsymbol{Y}$ 空间里尽可能分开各类样本，使各类类间差异性尽可能大，即均值差($\overline{\mu_1} - \overline{\mu_2}$)尽可能大，同时类内离散度尽可能小。因此，Fisher 准则函数可以定义如下：

$$\max J_F(\boldsymbol{w}) = \frac{(\overline{\mu_1} - \overline{\mu_2})^2}{\overline{S}_1^2 + \overline{S}_2^2} \tag{3.9}$$

为求一个合适投影方向 $\boldsymbol{w}$ 使 $J_F(\boldsymbol{w})$尽可能大，首先要将 $J_F(\boldsymbol{w})$转化为包含 $\boldsymbol{w}$ 的显函数以方便分析。由式(3.6)可得

$$\overline{\mu_i} = \frac{1}{N_i}\sum_{y_j \in \psi_i} y_j = \frac{1}{N_i}\sum_{\boldsymbol{x}_j \in \Omega_i} \boldsymbol{w}^{\mathrm{T}}\boldsymbol{x}_j = \boldsymbol{w}^{\mathrm{T}}\left(\frac{1}{N_i}\sum_{\boldsymbol{x}_j \in \Omega_i} \boldsymbol{x}_j\right) = \boldsymbol{w}^{\mathrm{T}}\boldsymbol{\mu}_i \tag{3.10}$$

式(3.9)的分子可转换为

$$(\overline{\mu_1}-\overline{\mu_2})^2=(\boldsymbol{w}^{\mathrm{T}}\boldsymbol{\mu}_1-\boldsymbol{w}^{\mathrm{T}}\boldsymbol{\mu}_2)^2$$
$$=\boldsymbol{w}^{\mathrm{T}}(\boldsymbol{\mu}_1-\boldsymbol{\mu}_2)(\boldsymbol{\mu}_1-\boldsymbol{\mu}_2)^{\mathrm{T}}\boldsymbol{w}$$
$$=\boldsymbol{w}^{\mathrm{T}}\boldsymbol{S}_b\boldsymbol{w} \tag{3.11}$$

由于

$$\overline{S}_i^2=\sum_{y_j\in\psi_i}(y_j-\overline{\mu_i})^2=\sum_{\boldsymbol{x}_j\in\Omega_i}(\boldsymbol{w}^{\mathrm{T}}\boldsymbol{x}_j-\boldsymbol{w}^{\mathrm{T}}\boldsymbol{\mu}_i)^2$$
$$=\boldsymbol{w}^{\mathrm{T}}\left[\sum_{\boldsymbol{x}_j\in\Omega_i}(\boldsymbol{x}_j-\boldsymbol{\mu}_i)(\boldsymbol{x}_j-\boldsymbol{\mu}_i)^{\mathrm{T}}\right]\boldsymbol{w}$$
$$=\boldsymbol{w}^{\mathrm{T}}\boldsymbol{S}_i\boldsymbol{w} \tag{3.12}$$

因此

$$\overline{S}_1^2+\overline{S}_2^2=\boldsymbol{w}^{\mathrm{T}}(\boldsymbol{S}_1+\boldsymbol{S}_2)\boldsymbol{w}=\boldsymbol{w}^{\mathrm{T}}\boldsymbol{S}_w\boldsymbol{w} \tag{3.13}$$

将式(3.11)和式(3.13)代入式(3.9)，可得

$$\max_{w} J_F(\boldsymbol{w})=\frac{\boldsymbol{w}^{\mathrm{T}}\boldsymbol{S}_b\boldsymbol{w}}{\boldsymbol{w}^{\mathrm{T}}\boldsymbol{S}_w\boldsymbol{w}} \tag{3.14}$$

上式又被称作广义 Rayleigh 商，为求满足上式的 $\boldsymbol{w}^*$，可以引入拉格朗日乘子求解，假设分母为非零常数，即令

$$\boldsymbol{w}^{\mathrm{T}}\boldsymbol{S}_w\boldsymbol{w}=c\neq 0 \tag{3.15}$$

则可以定义拉格朗日函数为

$$L(\boldsymbol{w},\lambda)=\boldsymbol{w}^{\mathrm{T}}\boldsymbol{S}_b\boldsymbol{w}-\lambda(\boldsymbol{w}^{\mathrm{T}}\boldsymbol{S}_w\boldsymbol{w}-c) \tag{3.16}$$

式中，λ 为拉格朗日乘子。式(3.16)对 $\boldsymbol{w}$ 求偏导数，得

$$\frac{\partial L(\boldsymbol{w},\lambda)}{\partial\boldsymbol{w}}=\boldsymbol{S}_b\boldsymbol{w}-\lambda\boldsymbol{S}_w\boldsymbol{w} \tag{3.17}$$

令上式等于零，得

$$\boldsymbol{S}_b\boldsymbol{w}^*-\lambda\boldsymbol{S}_w\boldsymbol{w}^*=0 \tag{3.18}$$

即

$$\boldsymbol{S}_b\boldsymbol{w}^*=\lambda\boldsymbol{S}_w\boldsymbol{w}^* \tag{3.19}$$

其中 $\boldsymbol{w}^*$ 是 $J_F(\boldsymbol{w})$的极值解。由于 $\boldsymbol{S}_w$ 是非奇异矩阵，式(3.19)两边可以左乘 $\boldsymbol{S}_w^{-1}$，可得

$$\boldsymbol{S}_w^{-1}\boldsymbol{S}_b\boldsymbol{w}^*=\lambda\boldsymbol{w}^* \tag{3.20}$$

则 $\boldsymbol{w}^*$ 为 $\boldsymbol{S}_w^{-1}\boldsymbol{S}_b$ 的本征值，此时式(3.20)中 $\boldsymbol{S}_b\boldsymbol{w}^*$ 可以转换为

$$\boldsymbol{S}_b\boldsymbol{w}^*=(\boldsymbol{\mu}_1-\boldsymbol{\mu}_2)(\boldsymbol{\mu}_1-\boldsymbol{\mu}_2)^{\mathrm{T}}\boldsymbol{w}^*=(\boldsymbol{\mu}_1-\boldsymbol{\mu}_2)R \tag{3.21}$$

式中

$$R=(\boldsymbol{\mu}_1-\boldsymbol{\mu}_2)^{\mathrm{T}}\boldsymbol{w}^* \tag{3.22}$$

为一标量，即 $\boldsymbol{S}_b\boldsymbol{w}^*$ 方向总与向量$(\boldsymbol{\mu}_1-\boldsymbol{\mu}_2)$一致。而由于只考虑方向不考虑数值，因此不需

要考虑 $\boldsymbol{w}^*$ 的比例因子。由式(3.20)可得

$$\lambda \boldsymbol{w}^* = \boldsymbol{S}_w^{-1}(\boldsymbol{S}_b \boldsymbol{w}^*) = \boldsymbol{S}_w^{-1}(\boldsymbol{\mu}_1 - \boldsymbol{\mu}_2)R \tag{3.23}$$

进一步得

$$\boldsymbol{w}^* = \frac{R}{\lambda}\boldsymbol{S}_w^{-1}(\boldsymbol{\mu}_1 - \boldsymbol{\mu}_2) \tag{3.24}$$

忽略 R/λ，可得

$$\boldsymbol{w}^* = \boldsymbol{S}_w^{-1}(\boldsymbol{\mu}_1 - \boldsymbol{\mu}_2) \tag{3.25}$$

$\boldsymbol{w}^*$ 即满足式(3.14)的解，正如之前的一般变换方法所述，$\boldsymbol{w}^*$ 的方向是 d 维 X 空间变换到 1 维 Y 空间的最好的投影方向。

得到了投影方向最优解之后，需要在一维空间中确定一个阈值 y_0，通过比较 y_0 与每个样本的投影点 y_j 后做出分类决策。以下是几种常见的一维分类问题的 y_0 选取原则。

(1) 当维度 d 和样本数量 N 都很大时，可使用贝叶斯决策规则。

(2) 若不满足，可通过先验知识选择 y_0，例如选择

$$y_0^{(1)} = \frac{\bar{\mu}_1 + \bar{\mu}_2}{2} \tag{3.26}$$

$$y_0^{(2)} = \frac{N_1\bar{\mu}_1 + N_2\bar{\mu}_2}{N_1 + N_2} \tag{3.27}$$

$$y_0^{(3)} = \frac{\bar{\mu}_1 + \bar{\mu}_2}{2} + \frac{\ln(P(\omega_1)/P(\omega_2))}{N_1 + N_2 - 2} \tag{3.28}$$

式中，$P(\omega_1)$和 $P(\omega_2)$分别是 ω_1 类和 ω_2 类样本的先验概率。

综上，给定任意未知的样本 $\boldsymbol{x}$，首先计算它的一维投影值 y

$$y = \boldsymbol{w}^{*\mathrm{T}}\boldsymbol{x} \tag{3.29}$$

再通过决策规则

$$\boldsymbol{x} \in \begin{cases} \omega_1, & y \geqslant y_0 \\ \omega_2, & y < y_0 \end{cases} \tag{3.30}$$

即可对 $\boldsymbol{x}$ 做出分类决策。

3.2 感知器准则

3.2.1 基本概念

1. 线性可分性

假设样本集 $D=\{\boldsymbol{x}_1, \boldsymbol{x}_2, \cdots, \boldsymbol{x}_m\}$，$m$ 为样本个数，$\boldsymbol{x}_i$ 为 n 维向量，其中包含两类 ω_1 和 ω_2。如果存在一个向量 $\boldsymbol{a}$，对于任意 $\boldsymbol{x}_i \in \omega_1$，有 $\boldsymbol{a}^{\mathrm{T}}\boldsymbol{x}_i > 0$，反之对于 $\boldsymbol{x}_i \in \omega_2$，都有 $\boldsymbol{a}^{\mathrm{T}}\boldsymbol{x}_i < 0$，

则称样本集 $\boldsymbol{x}_1$，$\boldsymbol{x}_2$，…，$\boldsymbol{x}_m$ 线性可分，反之是线性不可分的。

2. 样本的规范化

由上述内容可知，对于一个线性可分的样本集 $\boldsymbol{x}_1$，$\boldsymbol{x}_2$，…，$\boldsymbol{x}_m$，则至少存在一个向量 $\boldsymbol{a}$，使得

$$\begin{cases}\boldsymbol{a}^{\mathrm{T}}\boldsymbol{x}_i > 0 & \boldsymbol{x}_i \in \omega_1 \\ \boldsymbol{a}^{\mathrm{T}}\boldsymbol{x}_i < 0 & \boldsymbol{x}_i \in \omega_2\end{cases} \tag{3.31}$$

如果令

$$\boldsymbol{x}_i' = \begin{cases}\boldsymbol{x}_i & \boldsymbol{x}_i \in \omega_1 \\ -\boldsymbol{x}_i & \boldsymbol{x}_i \in \omega_2\end{cases} \tag{3.32}$$

即对属于 ω_2 类的样本 $\boldsymbol{x}_i$ 前加个负号，令 $\boldsymbol{x}_i'=-\boldsymbol{x}_i$，其中 $\boldsymbol{x}_i\in\omega_2$，则也有 $\boldsymbol{a}^{\mathrm{T}}\boldsymbol{x}_i'>0$。因此对于全部样本 $\boldsymbol{x}_i'$，求解权向量 $\boldsymbol{a}$ 满足 $\boldsymbol{a}^{\mathrm{T}}\boldsymbol{x}_i'>0$，$i=1$，2，…，$m$ 即可。上述过程被称为样本规范化，$\boldsymbol{x}_i'$被称作规范化增广样本向量，书中仍用 $\boldsymbol{x}_i$ 表示它。

3. 解向量和解区

解向量定义如下，在线性可分情况下，满足 $\boldsymbol{a}^{\mathrm{T}}\boldsymbol{x}_i>0$，$i=1$，2，…，$m$ 的权向量称为解向量，记为 $\boldsymbol{a}^*$。$\boldsymbol{a}^{\mathrm{T}}\boldsymbol{x}_i=0$ 可以看作是一个通过权空间原点的超平面 $\hat{H}_n$，超平面的法向量即 $\boldsymbol{x}_i$。由 $\boldsymbol{a}^{\mathrm{T}}\boldsymbol{x}_i>0$ 可知，解向量只能存在于 $\hat{H}_n$ 的正侧。综上，如果存在解向量，必存在与每个超平面法向量相同方向的空间交集，而且在该交集中的任何向量都是解向量 $\boldsymbol{a}^*$，因此该交集具有无穷多个解向量，即解区。

4. 对解区的限制

对于解区中的每个向量，直观地认为越靠近解区中间，其分类可靠性越好。因此，我们引入余量 $b>0$，求解满足 $\boldsymbol{a}^{\mathrm{T}}\boldsymbol{x}_i\geqslant b$ 的解向量 $\boldsymbol{a}^*$ 来对解区进行限制。容易证明，$\boldsymbol{a}^{\mathrm{T}}\boldsymbol{x}_i>0$ 的解区一定包含 $\boldsymbol{a}^{\mathrm{T}}\boldsymbol{x}_i\geqslant b>0$的解区，二者的解区边界相距 $b/\|\boldsymbol{x}_i\|$，如图 3.1 所示。

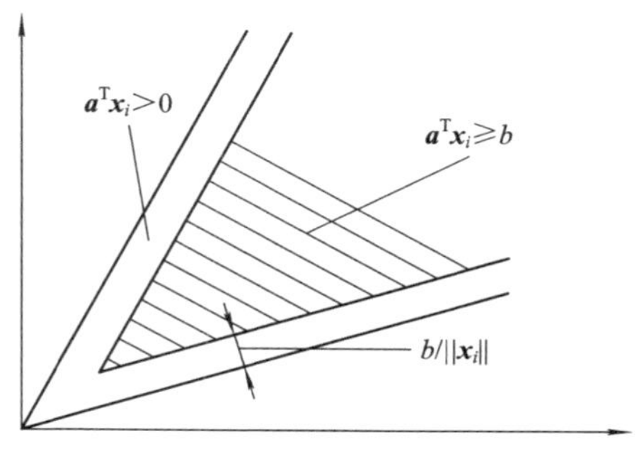

图 3.1　引入余量的解区

通过求解引入余量 $b>0$ 的 $\boldsymbol{a}^{\mathrm{T}}\boldsymbol{x}_i\geqslant b$ 的解向量，可以避免在求解 $\boldsymbol{a}^{\mathrm{T}}\boldsymbol{x}_i>0$ 中，存在解向量落在解区边界上的问题。

3.2.2　感知准则函数及其学习方法

对于线性可分样本集 $\boldsymbol{x}_1$，$\boldsymbol{x}_2$，…，$\boldsymbol{x}_m$，假设 $\boldsymbol{x}_i$ 是规范化增广样本向量，可以通过求解式(3.33)得到解向量。

$$\boldsymbol{a}^{\mathrm{T}}\boldsymbol{x}_i > 0, \quad i=1, 2, \cdots, m \tag{3.33}$$

构造如下准则函数：

$$J_P(\boldsymbol{a}) = \sum_{\boldsymbol{x}\in\psi^k}(-\boldsymbol{a}^{\mathrm{T}}\boldsymbol{x}) \tag{3.34}$$

式中，k 表示迭代次数，ψ^k 代表在权向量为 $\boldsymbol{a}$ 的情况下，被误分的样本集合。准则函数有如下解释：当错分 $\boldsymbol{x}$ 时，有 $\boldsymbol{a}^{\mathrm{T}}\boldsymbol{x}\leqslant 0$ 或 $-\boldsymbol{a}^{\mathrm{T}}\boldsymbol{x}\geqslant 0$，则 $J_P(\boldsymbol{a})$ 总是大于等于 0。而当 $\boldsymbol{a}$ 在解区边界及其内部时，所有样本都能被正确分类，此时 ψ^k 为空集

$$J_P^*(\boldsymbol{a}) = \min J_P(\boldsymbol{a}) = 0 \tag{3.35}$$

此时 $\boldsymbol{a}$ 即是解向量 $\boldsymbol{a}^*$，这一准则函数被称为感知准则函数。

感知器的学习方法是梯度下降法。为求解满足式(3.35)的解向量 $\boldsymbol{a}^*$，首先，用式(3.34)对 $\boldsymbol{a}$ 计算梯度

$$\nabla J_p(\boldsymbol{a}) = \frac{\partial J_p(\boldsymbol{a})}{\partial \boldsymbol{a}} = \sum_{\boldsymbol{x}\in\psi^k}(-\boldsymbol{x}) \tag{3.36}$$

梯度下降法的迭代公式为

$$\boldsymbol{a}(k+1) = \boldsymbol{a}(k) - \rho_k \nabla J_p(\boldsymbol{a}) \tag{3.37}$$

将式(3.36)代入式(3.37)得

$$\boldsymbol{a}(k+1) = \boldsymbol{a}(k) + \rho_k \sum_{\boldsymbol{x}\in\psi^k}\boldsymbol{x} \tag{3.38}$$

梯度下降法描述如下：求出将 $\boldsymbol{a}(k)$ 错分的样本相加，并乘以一个系数 ρ_k，在第 $k+1$ 次迭代中，权向量 $\boldsymbol{a}(k+1)$ 等于 $\boldsymbol{a}(k)$ 加上该值，其中初始权向量 $\boldsymbol{a}(1)$ 任意给定。可以证明，对于线性可分的样本集，解向量 $\boldsymbol{a}^*$ 可经过有限次迭代得到，而初始权向量和学习率 ρ_k 决定收敛速度。

下面举例说明其收敛性。若样本集是由一个重复的序列组成的，则在对其中样本逐个分类时，$\boldsymbol{a}(k)$ 把对于每个误分样本进行一次修正，因此也被称为单样本修正法。方法优化如下：首先，只需要考虑被分错的样本即可，即仅在发现分错样本时修正 $\boldsymbol{a}(k)$。其次，令 ρ_k 为一个常数，这里设 $\rho_k=1$。因此，梯度下降算法简化为

$$\begin{cases}\boldsymbol{a}(1)，任意\\ \boldsymbol{a}(k+1) = \boldsymbol{a}(k) + \boldsymbol{x}^k\end{cases} \tag{3.39}$$

其中对于 k，有 $\boldsymbol{a}(k)^{\mathrm{T}}\boldsymbol{x}^k\leqslant 0$，即 $\boldsymbol{a}(k)$ 把 $\boldsymbol{x}^k$ 错分类了。上式又被称为固定增量法。

如图 3.2 所示，对 $\boldsymbol{a}(1)=0$，$\rho_k=1$ 的情况，在二维情况下的解向量 $\boldsymbol{a}^*$ 的学习过程。

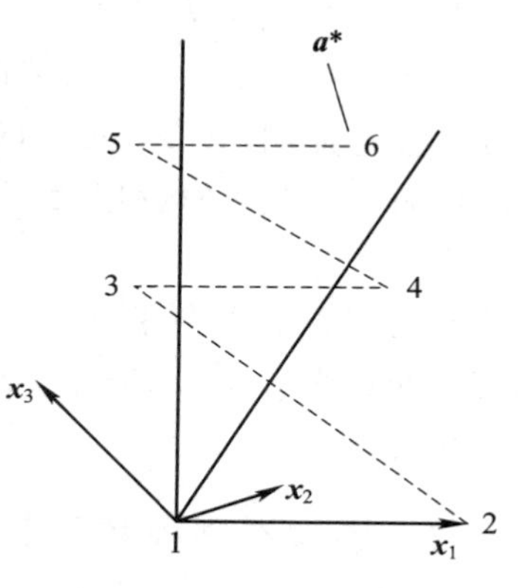

图 3.2　感知准则函数权向量学习过程举例

当 $\boldsymbol{a}(k)$ 错分时，$\boldsymbol{a}(k)$ 不满足存在由 $\boldsymbol{a}(k)^{\mathrm{T}}\boldsymbol{x}^{k}=0$ 确定的超平面正侧。在对 $\boldsymbol{a}(k)$ 修正中，把 $\boldsymbol{x}^{k}$ 与 $\boldsymbol{a}(k)$ 相加，即

$$\boldsymbol{a}(k+1)=\boldsymbol{a}(k)+\boldsymbol{x}^{k} \tag{3.40}$$

则权向量向该超平面移动，有可能穿过这个超平面。但无论如何，$\boldsymbol{a}(k)$ 都是向着有利的方向移动。

若 ρ_k 随着 k 变化，则增量可变，当 ρ_k 选择合适时，如 $\rho_k \geqslant \frac{|\boldsymbol{a}(k)^{\mathrm{T}}\boldsymbol{x}^{k}|}{\|\boldsymbol{x}^{k}\|^{2}}$，即可使修正后的权向量 $\boldsymbol{a}(k+1)$ 穿过超平面，使得 $\boldsymbol{a}(k+1)^{\mathrm{T}}\boldsymbol{x}^{k}>0$。这个算法被称作绝对修正法。

3.3 广义线性判别分析

对于非线性问题，线性判别函数难以正确分类，且设计非线性判别函数比较复杂。在这种情况下，如果将原特征空间映射到一个高维空间，将低维空间的非线性问题转化为高维空间的线性问题，则有利于模式分类的实现。

图 3.3 所示为一个两类分类问题，对于一维样本空间 D，若存在 $x<b$ 或 $x>a$，则 x 属于 ω_1 类；如果 $b<x<a$，则 x 属于 ω_2 类。然而对于线性判别函数，不存在对上述问题划分的解，事实上线性判别函数对多连通区域和非凸决策区域的划分具有一定的局限性。

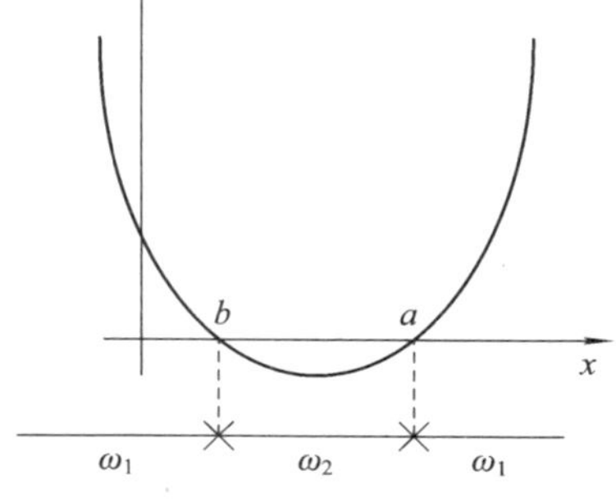

图 3.3 二次判别函数举例

从图 3.3 中可以看出，建立二次判别函数

$$g(x)=(x-a)(x-b)$$

决策规则为

$$\begin{cases} g(x)>0, & x\in\omega_1 \\ g(x)<0, & x\in\omega_2 \end{cases} \tag{3.41}$$

即可解决图 3.3 中的分类问题。

二次判别函数改写成一般形式

$$g(x)=c_0+c_1x+c_2x^2 \tag{3.42}$$

如果选择合适的 $x\rightarrow\boldsymbol{y}$ 映射，二次判别函数即可化为关于 $\boldsymbol{y}$ 的线性函数

$$g(x)=\boldsymbol{a}^{\mathrm{T}}\boldsymbol{y}=\sum_{i=1}^{3}a_iy_i \tag{3.43}$$

式中

$$\boldsymbol{y}=\begin{bmatrix} y_1 \\ y_2 \\ y_3 \end{bmatrix}=\begin{bmatrix} 1 \\ x \\ x^2 \end{bmatrix},\quad \boldsymbol{a}=\begin{bmatrix} a_1 \\ a_2 \\ a_3 \end{bmatrix}=\begin{bmatrix} c_0 \\ c_1 \\ c_2 \end{bmatrix} \tag{3.44}$$

这里 $g(x)=\boldsymbol{a}^{\mathrm{T}}\boldsymbol{y}$ 被称作广义线性判别函数，$\boldsymbol{a}$ 称作广义权向量。

一般地，通过类似式(3.43)的适当变换，任意高次判别函数 $g(x)$ 都可以化为广义线性判别函数，即转化为线性判别函数来解决。然而，这种方法会因为维数的急剧增加，容易引发"维数灾难"，但若把线性判别函数改写成如下形式，却是可用的。

$$g(x)=w_0+\sum_{i=1}^{n}w_ix_i=\sum_{i=1}^{n+1}a_iy_i=\boldsymbol{a}^{\mathrm{T}}\boldsymbol{y} \tag{3.45}$$

其中

$$\boldsymbol{y}=\begin{bmatrix}1\\x_1\\x_2\\\vdots\\x_n\end{bmatrix}=\begin{bmatrix}1\\\boldsymbol{y}'\end{bmatrix},\quad \boldsymbol{a}=\begin{bmatrix}w_0\\w_1\\w_2\\\vdots\\w_n\end{bmatrix}=\begin{bmatrix}w_0\\\boldsymbol{w}\end{bmatrix} \tag{3.46}$$

式(3.45)是广义线性判别函数中的特例，称作线性判别函数的齐次简化。$\boldsymbol{y}=[1,\ \boldsymbol{y}']^{\mathrm{T}}$ 被称作增广样本向量，$\boldsymbol{a}$ 称作增广权向量，维度 $\hat{n}=n+1$。与 $\boldsymbol{y}'$ 相比，$\boldsymbol{y}$ 增加了一维，但样本之间的欧氏距离没有改变。

3.4 k 近邻

3.4.1 k 近邻算法简介

k 近邻算法是指给定一个未知标签的样本，在已有的训练样本集中，找到与该待分类的样本距离最邻近的 k 个训练样本，随后根据这 k 个训练样本的类别，通过一定的决策规则决定该未知样本的类别。具体的流程如下所示。

设训练样本集 $D=\{(\boldsymbol{x}_1,\ y_1),\ (\boldsymbol{x}_2,\ y_2),\ \cdots,\ (\boldsymbol{x}_m,\ y_m)\}$，其中 $\boldsymbol{x}_i\in X\subseteq\mathbf{R}^n$ 为样本的特征向量，$y_i\in\gamma\subseteq\{c_1,\ c_2,\ \cdots,\ c_S\}$ 为样本标签，$i=1,\ 2,\ \cdots,\ m$，S 为类别个数。对于待分类的未知样本 $\boldsymbol{x}$，求解所属的类 y 步骤如下：

(1) 首先确定一种距离度量，计算 $\boldsymbol{x}$ 与训练样本集中每个样本 $\boldsymbol{x}_i$ 的距离，选出距离最小，即与 $\boldsymbol{x}$ 最邻近的 k 个点，这 k 个点集合记作 $N_k(\boldsymbol{x})$。

(2) 在 $N_k(\boldsymbol{x})$ 中，对每个样本的标签投票决定 $\boldsymbol{x}$ 的类别 y，例如少数服从多数：

$$y=\arg\max_j\sum_{\boldsymbol{x}_i\in N_k(\boldsymbol{x})}I(y_i=c_j)\quad i=1,\ 2,\ \cdots,\ m;\ j=1,\ 2,\ \cdots,\ S \tag{3.47}$$

式(3.47)中，I 为指示函数，即当且仅当 $y_i=c_j$ 时，$I=1$，否则 $I=0$。

当 $k=1$ 时，k 近邻法又称为最近邻算法。显然地，对于输入的待分类样本 $\boldsymbol{x}$，其类别为在训练样本集与之距离最小的训练样本类别。

k 近邻法的模型有三个要素，分别是距离度量、k 值大小和分类决策规则。

3.4.2 k 近邻算法模型

k 近邻法模型中，当给定训练样本集，且确定了距离度量、k 值大小及分类决策规则时，对于任意未知标签的样本，通过 k 近邻法模型，它的预测类别是唯一的。

k 近邻法模型根据上述要素进行建模，相当于把特征空间完备划分为一个个子空间，每个子空间都有唯一所属的类别。在特征空间中，对于每个训练样本点 $\boldsymbol{x}_i$ 都有一个单元，即相比于其他训练样本，距离当前训练样本更近的所有点组成的区域。对落入一个单元的所有样本点，其类别都会与该单元所属类别一样。

3.4.3 k 近邻算法中距离度量

两个样本的特征距离反映了彼此之间的相似程度。常见的距离度量有欧氏距离、具有一般性的 L_p 距离和曼哈顿距离等。

假设样本空间 X 属于 n 维实数向量空间 $\mathbf{R}^n$，$\boldsymbol{x}_i$，$\boldsymbol{x}_j \in X$，$\boldsymbol{x}_i=(x_i^{(1)}, x_i^{(2)}, \cdots, x_i^{(n)})^{\mathrm{T}}$，$\boldsymbol{x}_j=(x_j^{(1)}, x_j^{(2)}, \cdots, x_j^{(n)})^{\mathrm{T}}$。设 $l=1, 2, \cdots, n$，$\boldsymbol{x}_i$，$\boldsymbol{x}_j$ 的 L_p 距离定义为

$$L_p(\boldsymbol{x}_i, \boldsymbol{x}_j)=\left(\sum_{l=1}^{n}\left|x_i^{(l)}-x_j^{(l)}\right|^p\right)^{\frac{1}{p}} \tag{3.48}$$

其中，$p\geqslant 1$。当 $p=2$ 时，称为欧氏距离

$$L_2(\boldsymbol{x}_i, \boldsymbol{x}_j)=\left(\sum_{l=1}^{n}\left|x_i^{(l)}-x_j^{(l)}\right|^2\right)^{\frac{1}{2}} \tag{3.49}$$

当 $p=1$ 时，称为曼哈顿距离

$$L_1(\boldsymbol{x}_i, \boldsymbol{x}_j)=\sum_{l=1}^{n}\left|x_i^{(l)}-x_j^{(l)}\right| \tag{3.50}$$

当 $p=\infty$ 时，它代表各个坐标距离中的最大值，即

$$L_\infty(\boldsymbol{x}_i, \boldsymbol{x}_j)=\max_{l}\left|x_i^{(l)}-x_j^{(l)}\right| \tag{3.51}$$

3.4.4 k 近邻算法中 k 值的选择

k 值的选择对 k 近邻法是极其重要的，如果 k 值较小，可通过在较小的近邻域中的训练样本进行预测，因为邻域小，代表其中训练样本与未知样本的特征最为相似，而其余的训练样本对于预测不起作用，所以预测的近似误差会减小。但随之而来的问题是，若邻近的训练样本点含有噪声，并且邻域较小，难以通过其余样本矫正分类结果，则预测的估计误差会增大。换句话说，k 值越小，k 近邻法模型就越复杂，更容易产生过拟合现象。

如果 k 值较大，可通过在较大邻域中的训练样本进行预测。相比于 k 值较小，其优点是减少了预测的估计误差，缺点是增大了预测的近似误差。因为此时与未知样本较远的训练样本也参与预测，有可能产生错误预测。因此 k 值较大，k 近邻法模型会变得简单，将忽

略大量的训练样本中的有用信息。

在实际应用中，k 值一般先取的较小值，然后使用交叉验证法选取最优的 k 值。

3.4.5 k 近邻算法分类决策规则

k 近邻算法中最后一步是利用分类决策规则对未知样本进行分类。其中最常见的分类决策规则是多数表决：已知未知样本的 k 个近邻训练样本，统计其中最多的类别作为未知样本的类别，即少数服从多数。

多数表决规则有如下解释：定义样本空间到类别空间映射函数为

$$f: \mathbf{R}^n \to \{c_1, c_2, \cdots, c_S\} \tag{3.52}$$

那么错分概率为

$$P(\boldsymbol{y} \neq f(\boldsymbol{x})) = 1 - P(\boldsymbol{y} = f(\boldsymbol{x})) \tag{3.53}$$

给定未知样本 $\boldsymbol{x} \in X$，求得最近邻的 k 个训练样本集合 $N_k(\boldsymbol{x})$，如果 c_j 为样本集合 $N_k(\boldsymbol{x})$ 中样本的决策类别，则错分概率为

$$\frac{1}{k} \sum_{\boldsymbol{x}_i \in N_k(\boldsymbol{x})} I(y_i \neq c_j) = 1 - \frac{1}{k} \sum_{\boldsymbol{x}_i \in N_k(\boldsymbol{x})} I(y_i = c_j) \tag{3.54}$$

错分概率最小等同于经验风险最小，即使 $\sum_{\boldsymbol{x}_i \in N_k(\boldsymbol{x})} I(y_i = c_j)$ 最大，从这个角度上讲，多数表决规则等价于经验风险最小化。

3.5 决　策　树

决策树分类算法是一种多级决策系统，在分类过程中，直到满足终止条件才完成分类。相比于其他的分类方法，决策树算法具有可读性和速度快的优点。

通过构建类似树的树枝路径式决策序列，对相应特征向量进行多级分类，找到该特征向量所属的特征空间区域。一种构建决策树的方法将特征空间看作一个超矩形，超矩形的边代表一个特征，且与轴平行，将特征向量放入决策序列中，对“特征 $\boldsymbol{x}_i^{(l)} \leqslant \beta$?”进行判断，其中 β 是某个特征维度上的阈值，这种决策树被称作普通二进制分类树，也有将特征空间比作其他类型，如凸多面体单元或者几个球面的树。

图 3.4 中是构建普通二进制分类树的一个例子，通过该例说明对特征空间的分割，并对每个区域分配相应的类别标签。图 3.5 给出另一种具有树枝节点和叶节点的二进制树形式。

在构造高维空间的普通二进制决策树时，应考虑以下几点：

(1) 在每个节点，都应有一组需要解决的问题，即一个问题集，其中每个问题对应两个子节点，即对当前节点二叉分支。每个节点 t 与训练集 D 的一个特定子集 D_t 相关，节点把子集 D_t 拆分为两个交为空集的子集 D_{tY} 和 D_{tN}。树的根节点代表训练集 D。对于每次分支，

都应满足

$$
\begin{aligned}
D_{tY} \cap D_{tN} &= \varnothing \\
D_{tY} \cup D_{tN} &= D_t
\end{aligned} \tag{3.55}
$$

（2）在每个节点的候选问题集中选择最佳分类的问题，应采用分支准则。

（3）停止树的生长，即停止分叉，应对节点设置停止分支准则。

（4）确定每个叶节点的类别，应对每个叶节点内的样本确定类别决策规则。

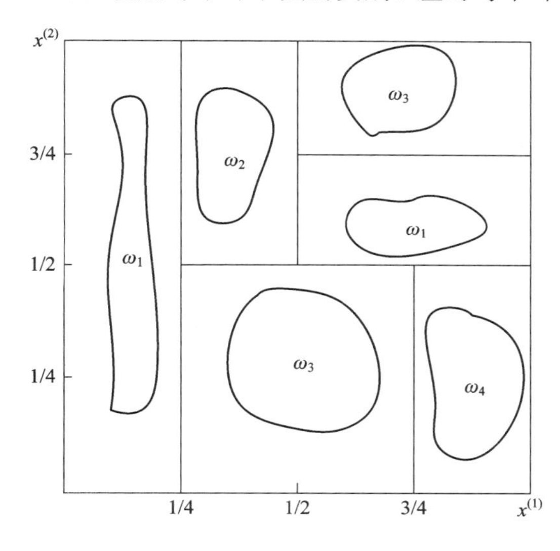

图 3.4　决策树划分

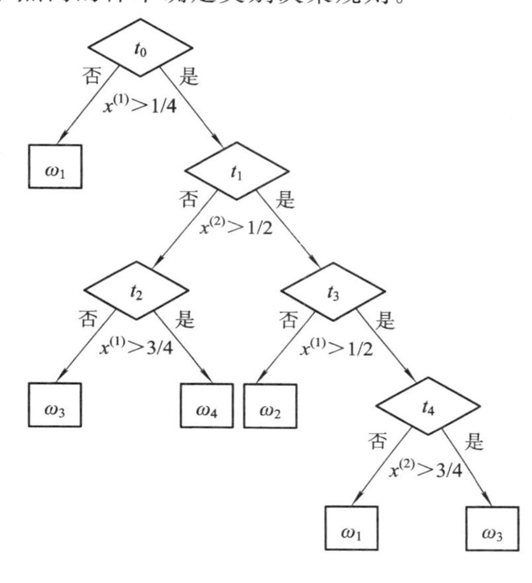

图 3.5　决策树分类

3.5.1　问题集

在普通二进制分类树类型中，问题往往是“$x_i^{(l)} \leqslant \beta$?”的形式，对特征向量的每个维度，即一个特征，对其划分的阈值 β 的定义子集 D_t 的一种特定的分支。理论上，如果 α 是在区间 $Y_\beta \subseteq \mathbf{R}$ 中的任一个可能值，那么问题具有无穷个。而实际上，每个节点只考虑元素有限的问题集，因此 β 选择是有限的。选择其中一个阈值，并以此在当前节点 t 中进行二叉分支，该选择应该使相关子集 D_t 获得由分支准则决定的最佳分支。

3.5.2　决策树分支准则

节点 t 根据对问题回答的不同，会产生具有两个子节点的二叉分支，节点 t 被称作父节点，两个子节点 t_Y 和 t_N 对应“是”或“否”回答。树的生长并不是任意的，为了使树从根节点到叶节点的每个节点的生长都有意义，每个父节点的集合 D_t 产生的分支，都必须产生比其更“类均匀”的子集，这意味着两个新子集中，样本的特征向量能够更适应于特定的类，而

来自 D_t 的数据也能够更均匀地分布在这些类中。例和，对于一个四类问题，设子集 D_t 中每类含有相同个数样本，即等概率分布，对节点二叉分支，D_{tY}子集中包含 ω_1 和 ω_2 类，D_{tN} 子集包含 ω_3 和 ω_4 类，可以看出，任一个子集都比 D_t 更均匀，或者按决策树的术语说“更纯”。因此，在分支过程中需要一种量度标准，用于量化每个节点的不纯度，按子节点的不纯度比父节点的不纯度减少进行节点分支。

令 $P(\omega_i|t)$表示在节点 t 中子集 D_t 输入属于 $\omega_i(i=1,2,\cdots,S)$的概率，一个常见的节点不纯度 $I(t)$的定义如下

$$I(t)=-\sum_{i=1}^{S}P(\omega_i\mid t)\mathrm{lb}P(\omega_i\mid t) \tag{3.56}$$

其中，lb 是以 2 为底的对数，由香农信息论可以得出，这是与子集 D_t 相关的熵。不难证明，如果 D_t 内所有类别等概率分布，即所有概率都等于 $1/S$，则 $I(t)$为最大值，即最高不纯度。如果 D_t 内只有某一类的数据，也就是说，只有一个类别 ω_i 满足 $P(\omega_i|t)=1$，那么$I(t)$为零，即最小不纯度。

假设 N_t^i 是 D_t 中属于类ω_i 样本数量，计算 N_t^i/N_t 来作为 D_t 属于ω_i 类的概率值。对该节点进行二叉分支，得到两个子集 D_{tY}和 D_{tN}，两个子集分别含有 N_{tY}和 N_{tN} 个样本节点。节点不纯度的相对减少量为

$$\Delta I(t)=I(t)-\frac{N_{tY}}{N_t}I(t_Y)-\frac{N_{tN}}{N_t}I(t_N) \tag{3.57}$$

其中，定义 t_Y 节点和 t_N 节点的不纯度分别是 $I(t_Y)$和 $I(t_N)$。分支的目标是，在候选问题集中，选择一个分支后，不纯度的相对减少量将成为最大的问题。式(3.57)也被称为信息增益。

除了使用香农熵作为不纯度的度量标准外，还有其他的一些方法，如方差不纯度

$$I(t)=1-\sum_{i=1}^{S}P^2(\omega_i\mid t) \tag{3.58}$$

另外，除了信息增益外，也有人提出用信息增益率代替信息增益，作为新的分支准则。

3.5.3 停止分支准则

通过设置停止分支准则，完成数的生长，其最终无法划分的节点定义为叶节点。停止分支的准则有很多，下面是常见的两种。

(1) 假设有阈值 T，当 $\Delta I(T)$在所有可能的分支中，其最大值小于 T 时，则停止分支。

(2) 如果子集 X_t 包含的样本足够纯，比如其中所有样本都属于同一类，则停止分支。

3.5.4 类分配规则

若某个节点是叶节点，则其必须有一个相对应的类别标签。赋予标签最常使用的类分配规则是多数投票规则，即

$$j = \arg\max_i P(\omega_i \mid t) \tag{3.59}$$

因此，统计叶节点中样本数量最多的类，可作为该节点的类标签。

二叉决策树基本的生长算法步骤总结如下：

(1) 从根节点开始，也就是 $D_t = D$。

(2) 对于每个新节点 t，循环执行(3)至(9)步。

(3) 对于每个特征向量 $\boldsymbol{x}^{(k)}$，$k=1, 2, \cdots, l$，循环执行(4)至(7)步。

(4) 对于每个值 $x_i^{(k)}$，$i=1, 2, \cdots, N_{tk}$，循环执行(5)至(6)步。

(5) 根据对问题 $x_i^{(k)} \leqslant x_j^{(k)}$，$j=1, 2, \cdots, N_t$ 的答案，产生 X_{tY} 和 X_{tN}。

(6) 计算不纯度的减少量。

(7) 选择 $x_{l_0}^{(k)}$，使 $\boldsymbol{x}^{(k)}$ 产生最大减少量。

(8) 选择 $\boldsymbol{x}^{(k_0)}$ 和相关的 $x_{l_0}^{(k_0)}$，使不纯度的减少量最大。

(9) 如果满足停止分支准则，可将节点 t 声明为叶子，并为其指定类标记。

(10) 如果不满足停止分支准则，根据对问题 $x_i^{(k_0)} \leqslant x_{l_0}^{(k_0)}$ 的回答，产生两个子节点 t_Y 和 t_N，相关的子集是 D_{tY} 和 D_{tN}。

3.5.5 过拟合与决策树的剪枝

与其他模式识别的算法一样，决策树算法是指对未知样本正确分类，而在训练以及测试的过程中，可能会出现在训练集上的训练精度很好，而在测试未知样本时精度比较低，这就是我们常说的过拟合现象。过拟合现象也称过学习，顾名思义，它是因为过度拟合或学习训练集样本分布，训练集中存在偶然采样或噪声等样本，决策树的训练过程中学习到这些样本分布，最终测试集中的分类性能往往大不如训练集。

在决策树算法中，对决策树进行剪枝可以有效抑制过拟合的现象，剪枝即减小决策树的规模，分为先剪枝和后剪枝两种情况。

1. 先剪枝

先剪枝是在决策树生长过程中，通过设置合适的分支决策准则，使满足该准则的树枝停止生长。下面介绍三种常见的停止分支准则。

(1) 数据划分法。该方法将数据分为用于决策树生长的训练样本和测试分类错误率的测试样本，在树生长结束中，在检测分类错误率最小时停止生长。此方法往往结合交叉验证的方法，以避免只利用了一部分样本的信息。

(2) 阈值法。假设有阈值 T，当 $\Delta I(t)$ 在所有可能的分支中时，其最大值小于 T 值，则停止分支。

(3) 信息增益的统计显著性分析。该方法统计已有节点信息增益的分布，如果当前生长获得的信息增益相比该分布的信息增益不显著，则停止树的生长，通常使用卡方检验检来测显著性。

2. 后剪枝

后剪枝是指在树完全生长结束后对其进行剪枝。其主要思想是对含有相同父节点的叶节点合并后，把该父节点作为叶节点，并计算不纯度，若错误率不明显增加则执行上述操作，否则不合并。通过从叶节点向上追溯，直到不满足条件为止。常见的后剪枝操作有如下三种。

(1) 减少分类错误修建法。通过对独立的剪枝集合并叶节点，检测变化前后剪枝集的分类错误率，若错误率不明显增加，则进行剪枝。

(2) 最小代价与复杂性的折中。通过折中考虑剪枝前后的错误率增加量与复杂性减少量，建立决定是否剪枝的综合性指标。

(3) 最小描述长度准则。该方法通过对决策树编码，通过剪枝得到编码最短的决策树。

先剪枝与后剪枝各有利弊，相比后剪枝，先剪枝更直接，但停止分支准则只在当前考虑，忽略了全局信息，可能导致决策树提前停止生长。相比于先剪枝，后剪枝充分利用了所有信息，但在数据量多的时候计算代价很大。在实际应用中，应根据实际情况选择，或者两者结合使用。

习　题

1. 简述 Fisher 线性判别分析的降维和分类过程，以及公式推导。
2. 简述 k 近邻方法分类的步骤。
3. 简述决策树分支过程和决策过程，并举例说明有哪些剪枝方法。
4. 给定正样本 $\boldsymbol{x}_1=(2, 3)^{\mathrm{T}}$，$\boldsymbol{x}_2=(3, 3)^{\mathrm{T}}$，负样本 $\boldsymbol{x}_3=(0,1)^{\mathrm{T}}$，试用感知器准则进行分类。

参考文献

[1] 张学工. 模式识别[M]. 北京：清华大学出版社，2010.

[2] 李航. 统计学习方法[M]. 北京：清华大学出版社，2012.

[3] (希腊)西奥多里蒂斯. 模式识别[M]. 北京：电子工业出版社，2010.

[4] 周志华. 机器学习[M]. 北京：清华大学出版社，2016.

第4章 无监督模式识别

在模式识别中，训练模型的过程中使用类别标签的方法我们称之为监督模式识别，对机器学习来说，也就是监督学习(Supervised Learning)。无监督学习(Unsupervised Learning)是另一种应用广泛的模式识别方法，它与监督模式识别的不同之处在于事先没有任何带有标签的训练样本，也不知道样本总共有多少类别，而需要直接对数据进行建模，进一步将其划分成若干个类别，也叫作聚类(Clusting)。

无监督学习方法可以分为两大类，一类是基于样本概率分布模型的聚类方法，另一类是基于样本间相似性度量的聚类方法。本章将分别介绍这两种方法。

4.1 高斯混合模型

统计学习模型可以分为两类两种，一类是概率模型，另一类是非概率模型。概率模型的形式是 $P(\boldsymbol{Y}|\boldsymbol{X})$。如果输入是 $\boldsymbol{X}$，输出是 $\boldsymbol{Y}$，训练后模型得到的输出就不是一个具体的值，而是一系列的概率值。对于聚类问题来说，就是输入 $\boldsymbol{X}$ 对应于各个不同聚类簇 $\boldsymbol{Y}$ 的概率，称作软聚类。而非概率模型，是指训练的模型是一个决策函数 $\boldsymbol{Y}=f(\boldsymbol{X})$，输入数据 $\boldsymbol{X}$ 后就可以通过模型映射得到唯一的判决结果 $\boldsymbol{Y}$，在无监督学习中称作硬聚类。

高斯混合模型(Gussian Mixture Model，GMM)是一种典型的概率模型，假设所有数据点都是由具有未知参数的有限个高斯分布混合产生的。我们可以把高斯混合模型看作是广义的 K 均值聚类，它包含了关于数据协方差结构和隐含的高斯中心的信息。作为一种基于概率模型的软聚类算法，高斯混合模型采用高斯分布作为参数模型，并使用期望最大化(Expectation Maximization，EM)算法来求解模型参数。

高斯混合模型是用于估计样本的概率密度分布的方法，其采用的模型是几个在训练前就已经建立好的高斯模型的加权和。这里模型的数目是一个超参数，在模型建立前给定，每个聚类簇都对应一个高斯分布。对样本中的数据在给定的几个高斯模型上分别进行投影，就会得到样本对应在各个聚类簇上的概率。从中心极限定理的观点来看，随机变量序列的分布相对于高斯分布是渐近的，因此将混合模型假设为高斯分布的加权和是合理的。除了高斯混合模型之外，还可以根据实际数据定义任何分布的混合模型，但是定义高斯分布更有利于计算。理论上，高斯混合模型可用于近似任何概率分布。

4.1.1 单高斯模型

高斯分布是关于自然界中随机变量的一般统计规律，例如学校中学生身高和考试成绩的分布。高斯分布具有各阶导数，其分布完全由均值 μ、标准差 σ 决定，使得单高斯模型在许多领域都有广泛的应用。单高斯模型是指通过单个高斯分布对数据进行建模的方法。

单高斯模型的基本定义是：若随机变量 $\boldsymbol{X}$ 服从一个数学期望为 μ、方差为 σ^2 的高斯分布，则该分布记为 $N(\mu, \sigma^2)$。在统计学中，μ 为样本均值，σ 为标准差。一维情况下，高斯分布的概率密度函数为

$$N(x; \mu, \sigma) = \frac{1}{\sqrt{2\pi}\sigma}\exp\left[-\frac{(x-\mu)^2}{2\sigma^2}\right] \tag{4.1}$$

高维情况下的高斯分布模型的概率密度函数为

$$N(\boldsymbol{x}; \boldsymbol{\mu}, \boldsymbol{\Sigma}) = \frac{1}{\sqrt{2\pi}|\boldsymbol{\Sigma}|}\exp\left[-\frac{1}{2}(\boldsymbol{x}-\boldsymbol{\mu})^{\mathrm{T}}\boldsymbol{\Sigma}^{-1}(\boldsymbol{x}-\boldsymbol{\mu})\right] \tag{4.2}$$

其中，$\boldsymbol{x}$ 是 n 维的列向量，$\boldsymbol{\mu}$ 是模型的期望，$\boldsymbol{\Sigma}$ 是模型的方差。这里，用样本均值来代替模型的期望 $\boldsymbol{\mu}$，用样本方差来代替模型方差 $\boldsymbol{\Sigma}$。使用单高斯模型，可以简单地确定样本 $\boldsymbol{x}$ 是否属于类别 C。因为每个类别都有自己的均值 $\boldsymbol{\mu}$ 和方差 $\boldsymbol{\Sigma}$，把样本 $\boldsymbol{x}$ 代入式(4.1)中，当概率大于某个阈值时，我们就认为样本 $\boldsymbol{x}$ 属于 C 类。

单高斯分布模型可以拟合数据接近高斯分布的情况，但实际应用中，数据的分布情况往往不满足高斯分布，这就引入了高斯混合模型。

4.1.2 高斯混合模型

高斯混合模型假定样本数据分布服从几个高斯分布的加权和的形式，即

$$P(\boldsymbol{x}) = \sum_{k=1}^{K}\pi_k N(\boldsymbol{x}; \boldsymbol{\mu}_k, \boldsymbol{\Sigma}_k) \tag{4.3}$$

其中的任意一个高斯分布 $N(\boldsymbol{x}; \boldsymbol{\mu}_k, \boldsymbol{\Sigma}_k)$称作这个模型的一个分量。如图 4.1 中的例子，从图中可以看出，数据明显的分为两簇，用单个高斯模型无法拟合这些数据，因此可以用两个二维高斯分布来表示，如图 4.2 所示。这里分量数 $K=2$，π_k 是混合系数且满足

$$\sum_{k=1}^{K}\pi_k = 1, \quad 0 \leqslant \pi_k \leqslant 1$$

π_k 是每个分量 $N(\boldsymbol{x}; \boldsymbol{\mu}_k, \boldsymbol{\Sigma}_k)$的权重。

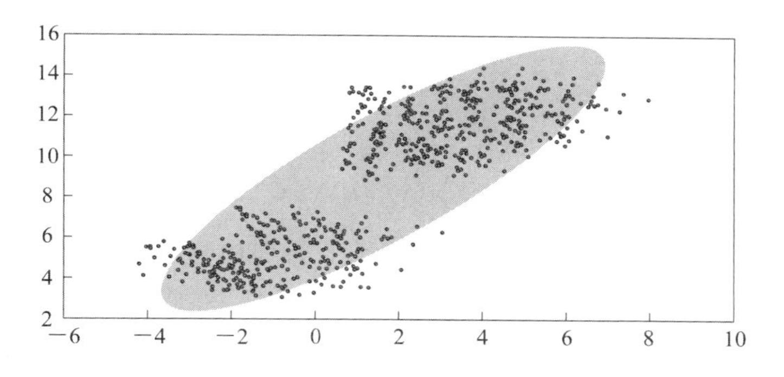

图 4.1　单个高斯分布下的高斯混合模型

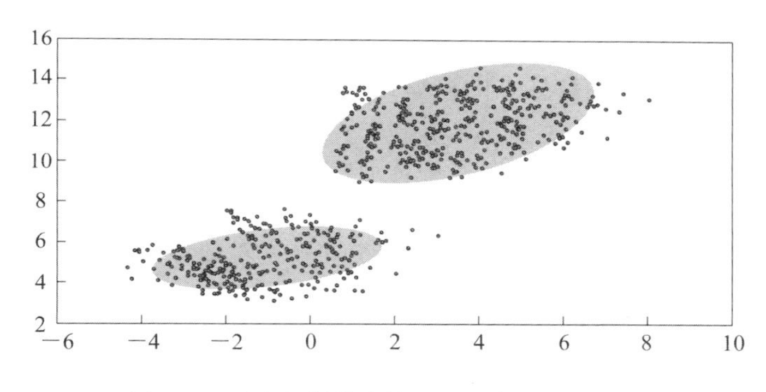

图 4.2　两个高斯分布情况下的高斯混合模型

将高斯混合模型用于聚类时，假设数据服从混合高斯分布，那么只要根据数据推出高斯混合模型的概率分布就可以进一步求出各个样本属于每个聚类类别的概率。高斯混合模型的 K 个高斯模型实际上对应 K 个聚类簇。高斯混合模型参数的求解，就是在只有样本数据，而不知道样本分类的情况下，计算出模型的隐含参数 π_k、$\boldsymbol{\mu}$ 和 $\boldsymbol{\Sigma}$。这里的参数可以使用 EM 算法来求解。求解出模型参数以后，就可以用训练好的模型去验证测试样本所属的类别，具体步骤如下：

（1）以 π_k 为概率随机选择 K 个高斯分布分量中的一个；

（2）把样本数据代入(1)中选择的高斯分布，判断输出概率是否大于阈值，如果不大于阈值，则返回(1)重新选择。

根据样本分类是否已知的情况，可以把高斯混合模型的求解问题分为两大类。

1. 样本分类已知情况下的高斯混合模型

当每个样本所属分类已知时，高斯混合模型的求解是一个有监督学习过程。此时高斯混合模型的参数可以使用最大似然估计(Maximum Likelihood)求解。具体模型参数按照以下公式求解：

$$\pi_k = \frac{m_k}{m} \tag{4.4}$$

$$\boldsymbol{\mu}_k = \frac{1}{m_k} \sum_{\boldsymbol{x} \in L(k)} \boldsymbol{x} \tag{4.5}$$

$$\boldsymbol{\Sigma}_k = \frac{1}{m_k} \sum_{\boldsymbol{x} \in L(k)} (\boldsymbol{x} - \boldsymbol{\mu}_k)(\boldsymbol{x} - \boldsymbol{\mu}_k)^{\mathrm{T}} \tag{4.6}$$

其中，m 为样本容量，即样本的数量，属于每个类别的样本数量分别是 m_1，m_2，…，$m_k \cdots m_K$；K 为类别数目；$L(k)$表示属于第 k 个类别的样本的集合。

2. 样本分类未知情况下的高斯混合模型

对于没有样本的类别标签的情况，模型的求解是一个无监督学习的过程。类似与有监督的情况，假设有 m 个数据点，其服从某种分布 $P(\boldsymbol{x};\boldsymbol{\theta})$，我们的目标是找到一组这种分布的参数 $\boldsymbol{\theta}$，使得在这种分布下生成的数据点的概率最大。即寻找一组 $\boldsymbol{\theta}$，使得 $\prod_{i=1}^{m} P(\boldsymbol{x}_i;\boldsymbol{\theta})$ 最大。$\prod_{i=1}^{m} P(\boldsymbol{x}_i;\boldsymbol{\theta})$ 称为似然函数。在实际应用中，常常单个点分布的概率都很小，为了便于求解，这里对似然函数取对数，得到 $\sum_{i=1}^{m} \ln P(\boldsymbol{x}_i;\boldsymbol{\theta})$，称为对数似然函数。

对高斯混合模型求对数似然函数：

$$\sum_{i=1}^{m} \ln\left\{ \sum_{k=1}^{K} \pi_k N(\boldsymbol{x}_i;\boldsymbol{\mu}_k,\boldsymbol{\Sigma}_k) \right\} \tag{4.7}$$

我们的目标是要找到一组最佳的模型参数，使得式(4.7)中的期望最大。

4.1.3 EM 算法求解高斯混合模型

在统计模型中，EM 算法是一种求参数的最大似然或最大后验概率估计的迭代方法，其模型依赖于未观测到的隐含变量。

EM 算法迭代地交替执行期望(E)步和最大化(M)步，前者为使用参数的当前估计计算的对数似然的期望值创建函数，后者计算最大化在 E 步上找到的期望对数似然的参数。然后用这些参数估计来确定下一步中隐含变量的分布。

使用 EM 求解问题的一般形式为

$$\boldsymbol{\theta}^* = \arg\max_{\boldsymbol{\theta}} \prod_{j=1}^{|\boldsymbol{X}|} \sum_{\boldsymbol{y}_i \in \boldsymbol{Y}} P(\boldsymbol{X} = \boldsymbol{x}_j, \boldsymbol{Y} = y_i;\boldsymbol{\theta})$$

其中，$\boldsymbol{Y}$ 是隐含变量。

如果已知数据点的分类标签 $\boldsymbol{Y}$，则可以使用最大似然估计直接求解模型参数。EM 算法的基本思路是：随机初始化一组模型参数 $\boldsymbol{\theta}^{(0)}$，并根据后验概率 $P(\boldsymbol{Y}|\boldsymbol{X};\boldsymbol{\theta})$更新 $\boldsymbol{Y}$ 的期望

E($\boldsymbol{Y}$)，然后用 E($\boldsymbol{Y}$)代替 $\boldsymbol{Y}$ 求出新的模型参数 $\boldsymbol{\theta}^{(1)}$。如此迭代直到 $\boldsymbol{\theta}$ 趋于稳定。

用于求解高斯混合模型的 EM 算法的具体步骤如下：

(1) 定义分量数目 K，对每个分量 k 设置 π_k，$\boldsymbol{\mu}_k$ 和 $\boldsymbol{\Sigma}_k$ 的初始值，然后计算式(4.7)的对数似然函数。

(2) E 步：假设模型参数已知，引入隐含变量 γ。分别取 y_1，y_2，…的期望，即 y_1，y_2，…的概率，在高斯混合模型中求数据点由各个分量生成的概率：

$$\gamma(i, k) = \alpha_k \cdot P(y_k \mid \boldsymbol{x}_i; \pi_k, \boldsymbol{\mu}_k, \boldsymbol{\Sigma}_k) \tag{4.8}$$

注意，我们将 γ 的后验概率乘以加权因子 α_k，加权因子 α_k 表示数据点属于训练集中的类别 y_k 的频率，在高斯混合模型中它就是 π_k。

$$\gamma(i, k) = \frac{\pi_k N(\boldsymbol{x}_n \mid \boldsymbol{\mu}_k, \boldsymbol{\Sigma}_k)}{\sum_{j=1}^{K} \pi_j N(\boldsymbol{x}_n \mid \boldsymbol{\mu}_j, \boldsymbol{\Sigma}_j)} \tag{4.9}$$

(3) M 步：通过最大似然估计来求解模型参数。现在我们认为上一步求出的 $\gamma(i, k)$ 就是“数据点 $\boldsymbol{x}_i$ 由分量 k 生成的概率”。根据式(4.4)、式(4.5)和式(4.6)可以推出：

$$m_k = \sum_{i=1}^{m} \gamma(i, k) \tag{4.10}$$

$$\boldsymbol{\mu}_k = \frac{1}{m_k} \sum_{i=1}^{m} \gamma(i, k) \boldsymbol{x}_i \tag{4.11}$$

$$\boldsymbol{\Sigma}_k = \frac{1}{m_k} \sum_{i=1}^{m} \gamma(i, k) (\boldsymbol{x}_i - \boldsymbol{\mu}_k) (\boldsymbol{x}_i - \boldsymbol{\mu}_k)^{\mathrm{T}} \tag{4.12}$$

$$\pi_k = \frac{m_k}{m} \tag{4.13}$$

(4) 计算式(4.7)对数似然函数，可得

$$\sum_{i=1}^{m} \ln\left\{ \sum_{k=1}^{K} \pi_k N(\boldsymbol{x}; \boldsymbol{\mu}_k, \boldsymbol{\Sigma}_k) \right\}$$

(5) 检查参数是否收敛或对数似然函数是否收敛，若不收敛，则返回第(2)步。

4.2 动态聚类算法

除了基于样本概率分布模型的聚类方法外，基于样本间相似性度量的聚类方法也是非监督学习的重要组成部分。一般来说，聚类准则是根据样本之间的距离或相似程度来定义的。例如以“类内的差异尽量小，类间的差异尽量大”为聚类准则，也就是将相似或相近的样本分成一组，不同的或相距较远的样本聚集在其他组中。这种基于相似性度量的方法在实际应用中十分普遍，具体又可以分为动态聚类法和层次聚类法。

动态聚类方法的关键点如下：

(1) 选取一定的距离度量方法作为样本间的相似性度量准则。

(2) 确定样本的合理初始划分，包括代表点的选择，初始分类方法的选择等。

(3) 确定评价聚类结果质量的准则函数，对初始分类进行调整，使其达到该准则函数的极值。

4.2.1 K 均值算法

K 均值聚类算法是应用最广泛的基于划分的聚类算法之一，适用于处理大样本数据。它是一种典型的基于相似性度量的方法，目标是根据输入参数 K 将数据集划分为 K 簇。由于初始值、相似度、聚类均值计算策略的不同，因而有很多种 K 均值算法的变种。在数据分布接近球体的情况下，K 均值算法具有较好的聚类效果。

如图 4.3 所示，K 均值算法采用迭代更新的方法：在每一轮中，K 参考点将其周围的点分成 K 簇，并将每个簇的质心作为下一次迭代的参考点。在连续迭代之后，所选择的参考点越来越接近真实的聚类中心，聚类效果越来越好。对于重新划分后的新簇，如果两个相邻的簇中心没有变化，则误差准则函数已达到最小值，我们认为聚类准则函数已收敛，算法结束。

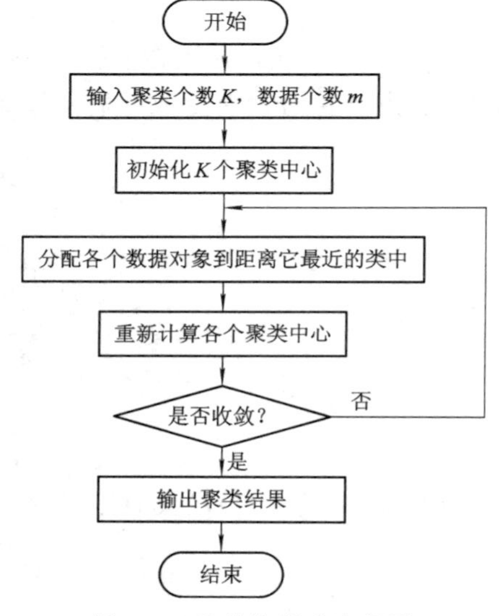

图 4.3 K 均值算法流程图

K 均值算法步骤如下：

(1) 选取 K 个初始聚类中心，$\boldsymbol{z}_1(1)$，$\boldsymbol{z}_2(1)$，…，$\boldsymbol{z}_K(1)$，其中括号内的序号为寻找聚类中心的迭代运算的次序号。聚类中心的向量值可任意设定，例如，可选开始的 K 个模式样本的向量值作为初始聚类中心。

(2) 根据最小距离标准将要分类的模式样本 $\boldsymbol{X}=\{\boldsymbol{x}\}$分配给 K 个簇中心中的某一个$\boldsymbol{z}_j(1)$，则 $\boldsymbol{x}$ 与各聚类中心的最小距离

$$D_i(t) = \min\{\|\boldsymbol{x}-\boldsymbol{z}_j(t)\|, \quad j=1, 2, \cdots, K\} \tag{4.14}$$

则 $\boldsymbol{x}\in S_j(t)$，其中 t 表示迭代次数，S_j 表示第 j 个聚类簇，因此其聚类中心是 $\boldsymbol{z}_j$。

(3) 计算各个聚类中心的新的向量值，$\boldsymbol{z}_j(t+1)$，$j=1, 2, \cdots, K$，并计算各聚类簇中样本数据的均值向量：

$$\boldsymbol{z}_j(t+1) = \frac{1}{m_j}\sum_{\boldsymbol{x}\in S_j(t)}\boldsymbol{x}, \quad j=1, 2, \cdots, K \tag{4.15}$$

其中，m_j 为第 j 个聚类簇 S_j 的样本数目。最终的聚类准则函数为

$$J_j = \sum_{x \in S_j(t)} \| \boldsymbol{x} - \boldsymbol{z}_j(t+1) \|^2, \quad j = 1, 2, \cdots, K \tag{4.16}$$

在该步骤中，k 个簇中的样本均值向量是单独计算的，因此该方法被称为 K 均值算法。

(4) 若 $\boldsymbol{z}_j(t+1) \neq \boldsymbol{z}_j(t)$，$j=1, 2, \cdots, K$，则返回第(2)步，逐个重新分类模式样本，重复迭代操作；若 $\boldsymbol{z}_j(t+1) = \boldsymbol{z}_j(t)$，$j=1, 2, \cdots, K$，则算法收敛，计算结束。

例 4.1 已知有 20 个样本，每个样本有 2 个特征，如下表：

样本序号	$\boldsymbol{x}_1$	$\boldsymbol{x}_2$	$\boldsymbol{x}_3$	$\boldsymbol{x}_4$	$\boldsymbol{x}_5$	$\boldsymbol{x}_6$	$\boldsymbol{x}_7$	$\boldsymbol{x}_8$	$\boldsymbol{x}_9$	$\boldsymbol{x}_{10}$
特征 1	0	1	0	1	2	1	2	3	6	7
特征 2	0	0	1	1	1	2	2	2	6	6
样本序号	$\boldsymbol{x}_{11}$	$\boldsymbol{x}_{12}$	$\boldsymbol{x}_{13}$	$\boldsymbol{x}_{14}$	$\boldsymbol{x}_{15}$	$\boldsymbol{x}_{16}$	$\boldsymbol{x}_{17}$	$\boldsymbol{x}_{18}$	$\boldsymbol{x}_{19}$	$\boldsymbol{x}_{20}$
特征 1	8	6	7	8	9	7	8	9	8	9
特征 2	6	7	7	7	7	8	8	8	9	9

数据的分布情况如图 4.4 所示。

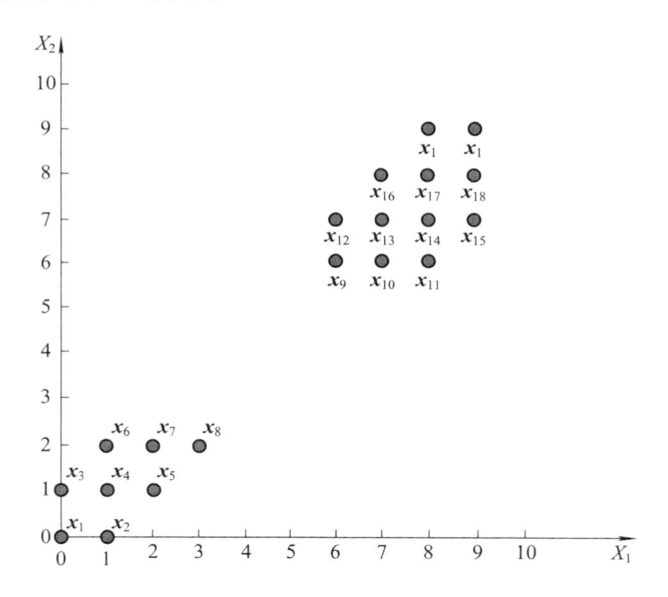

图 4.4 数据的分布情况

使用 K 均值算法对其进行聚类，步骤如下：

(1) 令 $K=2$，选取初始聚类中心为

$$\boldsymbol{z}_1(1) = \boldsymbol{x}_1 = (0, 0)^{\mathrm{T}}$$

$$z_2(1) = x_2 = (1, 0)^T$$

(2) 计算所有样本点到聚类中心的距离：

$$\| x_1 - z_1(1) \| = \left\| \begin{pmatrix} 0 \\ 0 \end{pmatrix} - \begin{pmatrix} 0 \\ 0 \end{pmatrix} \right\| = 0$$

$$\| x_1 - z_2(1) \| = \left\| \begin{pmatrix} 0 \\ 0 \end{pmatrix} - \begin{pmatrix} 1 \\ 0 \end{pmatrix} \right\| = 1$$

因为 $\| x_1 - z_1(1) \| < \| x_1 - z_2(1) \|$，所以 $x_1 \in C_1(1)$类，从而有

$$\| x_2 - z_1(1) \| = \left\| \begin{pmatrix} 1 \\ 0 \end{pmatrix} - \begin{pmatrix} 0 \\ 0 \end{pmatrix} \right\| = 1$$

$$\| x_2 - z_2(1) \| = \left\| \begin{pmatrix} 1 \\ 0 \end{pmatrix} - \begin{pmatrix} 1 \\ 0 \end{pmatrix} \right\| = 0$$

因为 $\| x_2 - z_1(1) \| > \| x_2 - z_2(1) \|$，所以 $x_2 \in C_2(1)$。

同理，把所有其余点 x_3，x_4，…，x_{20} 与两个聚类中心的距离计算出来，并判断其聚类归属。最终得到第一次迭代的聚类结果：

第一类：$C_1(1) = (x_1, x_3)$，$m_1 = 2$；

第二类：$C_2(1) = (x_2, x_4, x_5, \cdots, x_{20})$，$m_2 = 18$。

(3) 基于两个新类别更新聚类中心：

$$z_1(2) = \frac{1}{m_1} \sum_{x \in C_1(1)} x = \frac{1}{2}(x_1 + x_3) = \frac{1}{2}\left[\begin{pmatrix} 0 \\ 0 \end{pmatrix} + \begin{pmatrix} 0 \\ 1 \end{pmatrix} \right] = \frac{1}{2}\begin{pmatrix} 0 \\ 1 \end{pmatrix} = (0, 0.5)^T$$

$$z_2(2) = \frac{1}{m_2} \sum_{x \in C_2(2)} x = \frac{1}{18}(x_2 + x_4 + x_5 + \cdots + x_{20}) = (5.67, 5.33)^T$$

(4) 判断算法是否终止，由于 $z_j(2) \neq z_j(1)$，$j = 1, 2$，新旧中心不相等，因而不满足终止条件。

(5) 重新计算所有数据点到两个聚类中心的距离，将它们归为最近聚类中心，重新分为两个簇，得到第二次迭代的聚类结果：

第一类：$C_1(2) = (x_1, x_2, \cdots, x_8)$，$m_1 = 8$；

第二类：$C_2(2) = (x_9, x_{10}, \cdots, x_{20})$，$m_2 = 12$。

(6) 更新聚类中心：

$$z_1(3) = \frac{1}{m_1} \sum_{x \in C_1(2)} x = \frac{1}{8}(x_1 + x_2 + x_3 + \cdots + x_8) = (1.25, 1.13)^T$$

$$z_2(3) = \frac{1}{m_2} \sum_{x \in C_2(2)} x = \frac{1}{12}(x_9 + x_{10} + \cdots + x_{20}) = (7.67, 7.33)^T$$

(7) 判断算法是否终止，由于 $z_j(3) \neq z_j(2)$，$j = 1, 2$，新旧中心不相等，因而不满足终

止条件。

(8) 重新计算所有数据点到两个聚类中心的距离，将它们划分到最近的聚类中心，重新分为两个簇，并获得第三次迭代的聚类结果：

第一类：$C_1(3)=(\boldsymbol{x}_1, \boldsymbol{x}_2, \cdots, \boldsymbol{x}_8)$，$m_1=8$；

第二类：$C_2(3)=(\boldsymbol{x}_9, \boldsymbol{x}_{10}, \cdots, \boldsymbol{x}_{20})$，$m_2=12$。

(9) 再次更新聚类中心：

$$\boldsymbol{z}_1(4)=\boldsymbol{z}_1(3)=(1.25, 1.13)^{\mathrm{T}}$$

$$\boldsymbol{z}_2(4)=\boldsymbol{z}_2(3)=(7.67, 7.33)^{\mathrm{T}}$$

(10) 判断算法是否终止，由于新旧中心相等，因而满足终止条件，算法结束。

K 均值算法的优点是简单易用，不需要确定距离矩阵。对于大数据集，该算法的计算复杂度为 $O(mKt)$，其中 m 为样本数，K 为聚类数，t 是迭代次数。因此该算法具有良好的可扩展性和高效性。

K 均值算法的主要缺点如下：

(1) 需要预先确定 K 均值算法中的簇数 K。

(2) 聚类中心初始值的选择对聚类结果有很大影响。

(3) K 均值算法对噪声点和孤立点较为敏感。

4.2.2 模糊聚类算法

K 均值算法属于硬聚类算法，它把数据点划分到确切的某一聚类中。而在模糊聚类亦称软聚类中，数据点则可能归属于不止一个聚类中，并且这些聚类与数据点通过一个成员水平(实际上类似于模糊集合中隶属度的概念)联系起来。成员水平显示了数据点与某一聚类之间的联系很密切。模糊聚类就是计算这些成员水平，按照成员水平来决定数据点属于哪一个或哪些聚类的过程。模糊 C 均值算法(Fuzzy C-Means，FCM)是模糊聚类算法中使用最广泛的算法之一。

下面介绍隶属度函数的概念。隶属度函数是描述样本 $\boldsymbol{x}$ 隶属于集合 A 的程度的函数，记做 $\mu_A(\boldsymbol{x})$，其自变量范围是所有样本点，值域范围为[0, 1]，即 $0\leqslant\mu_A(\boldsymbol{x})\leqslant1$。在 $\mu_A(\boldsymbol{x})=1$ 时，样本 $\boldsymbol{x}$ 完全隶属于集合 A，这种情况相当于硬聚类集合概念中的 $\boldsymbol{x}\in A$。我们用定义在样本空间 $\boldsymbol{X}=\{\boldsymbol{x}\}$ 上的隶属度函数表示一个模糊集合 A，或者叫作定义在论域 $\boldsymbol{X}=\{\boldsymbol{x}\}$ 上的一个模糊子集。对于有限个对象 $\boldsymbol{x}_1, \boldsymbol{x}_2, \cdots, \boldsymbol{x}_m$ 模糊集合可以表示为

$$A=\{(\mu_A(\boldsymbol{x}_i), \mid \boldsymbol{x}_i\in\boldsymbol{X})\}$$

利用模糊集的概念，一个样本隶属于哪一个聚类就不再是硬性的。该样本属于每个聚类的隶属度是区间[0, 1]中的值。

FCM 的目标函数是把 m 个样本$\{\boldsymbol{x}_i,\ i=1,\ 2,\ \cdots,\ m\}$分为 c 个模糊集合，并给出每组的聚类中心，使得代价函数的值为最小。这里使用非相似性指标作为代价函数。FCM 加上归一化约束以后，样本数据属于所有类的隶属度的和总应等于 1：

$$\sum_{j=1}^{c} u_{ij} = 1, \quad \forall\, i = 1,\ \cdots,\ m \tag{4.17}$$

FCM 的目标函数为

$$J(\boldsymbol{U},\ \boldsymbol{z}_1,\ \cdots,\ \boldsymbol{z}_c) = \sum_{j=1}^{c} J_j = \sum_{j=1}^{c}\sum_{i=1}^{m} u_{ij}^{\alpha} d_{ij}^{2} \tag{4.18}$$

这里 u_{ij} 介于 0，1 之间；$\boldsymbol{z}_j$ 为模糊集合 j 的聚类中心；$d_{ij} = \| \boldsymbol{c}_j - \boldsymbol{x}_i \|$ 为第 i 个数据点与第 j 个聚类中心之间的欧氏距离，这里作为一个加权指数；$\boldsymbol{U}$ 为隶属矩阵。

构建一个新的目标函数，也就是式(4.18)达到最小值的必要条件如下：

$$\begin{aligned} \overline{J}(\boldsymbol{U},\ \boldsymbol{z}_1,\ \cdots,\ \boldsymbol{z}_c,\ \lambda_1,\ \cdots,\ \lambda_m) &= J(\boldsymbol{U},\ \boldsymbol{z}_1,\ \cdots,\ \boldsymbol{z}_c) + \sum_{i=1}^{m}\lambda_j\left(\sum_{j=1}^{c} u_{ij} - 1\right) \\ &= \sum_{j=1}^{c}\sum_{i=1}^{m} u_{ij}^{\alpha} d_{ij}^{2} + \sum_{i=1}^{m}\lambda_j\left(\sum_{j=1}^{c} u_{ij} - 1\right) \end{aligned} \tag{4.19}$$

其中，$\sum_{i=1}^{m}\lambda_j\left(\sum_{j=1}^{c} u_{ij} - 1\right)$ 是式(4.17)的 m 个约束式的拉格朗日乘数。

这里对输入参量求导，从而得到目标函数达到最小值的条件：

$$\boldsymbol{z}_j = \frac{\sum_{i=1}^{m} u_{ij}^{\alpha}\boldsymbol{x}_i}{\sum_{i=1}^{m} u_{ij}^{\alpha}} \tag{4.20}$$

$$u_{ij} = \frac{1}{\sum_{k=1}^{c}\left(\dfrac{d_{ij}}{d_{ki}}\right)^{\frac{2}{\alpha-1}}} \tag{4.21}$$

其中，α 为柔性参数，由上述两个条件可以看出，FCM 算法是一种简单的迭代算法。实践中，采用 FCM 确定聚类中心 $\boldsymbol{z}_j$ 和隶属矩阵 $\boldsymbol{U}$ 的步骤如下：

(1) 对隶属矩阵 $\boldsymbol{U}$ 使用(0，1)之间进行均匀分布的初始化，使其满足式(4.17)中的约束。

(2) 根据式(4.20)计算 c 个聚类中心 $\boldsymbol{z}_j$，$j=1,\ \cdots,\ c$。

(3) 根据式(4.18)计算代价函数。如果其结果小于某个阈值，或者与上一个成本函数值的变化小于某个阈值，则算法停止。

(4) 根据式(4.21)计算新的矩阵 $\boldsymbol{U}$。返回步骤(2)。

上述算法也可以先初始化聚类中心，然后再执行迭代过程。FCM 算法的性能同样依赖于初始聚类中心的选择，因此不能保证收敛于一个最优解。为了解决这个问题，一种思路是使用其他的快速算法来确定初始聚类中心，另一种思路是每次都随机使用不同的初始聚类中心启动算法，并多次运行 FCM 来求得最佳的结果。

FCM 算法有两个参数，一个是簇的数量 c，另一个是柔性参数 α。通常，c 远小于样本的总数，并且要保证 $c>1$。α 是控制算法的柔性的参数。如果 α 值过大，将导致算法难以收敛到最优解，聚类效果不佳。而如果 α 值过小，则会使算法失去模糊效果，甚至性能会接近 K 均值算法。

算法的输出是 c 个簇的中心点矢量和 $c\times m$ 的模糊划分矩阵，这个矩阵表示的是每个样本点属于每个类的隶属度，其中 m 为样本数量。根据该模糊矩阵，按照模糊集中哪个类别的隶属度最大，就将该样本划分到那个类别的原则，可对所有样本点进行划分。聚类簇的中心代表了每个簇的平均特征，因此聚类中心可以视为此聚类簇的一个代表点。

由算法的推导过程可以看出，算法对于满足正态分布的数据聚类效果很好。此外，模糊聚类算法类似于 K 均值算法，该算法对孤立点是敏感的。

4.3 层次聚类算法

虽然基于划分的聚类算法可以将数据集划分为指定数量的聚类簇，但在某些情况下，数据集需要在不同的级别进行划分。例如，作为公司的人力资源经理，可以将所有员工组织成较大的团队(如主管、经理和员工)，然后将他们再分成更小的组。例如，员工分组可以进一步分为几组：高级工作人员、一般工作人员和实习生。所有这些组织方法形成一个层次结构，从中可以轻松地汇总或表征每个级别的数据。

此外，使用基于划分的聚类算法(如 K 均值算法)需要指定聚类的数目 K，然而，在实际应用中，往往不能预先确定簇的数目，有时根据数据的不同特点，所需的 K 值也可能会发生变化。

例如，对于分布如图 4.5 的数据。

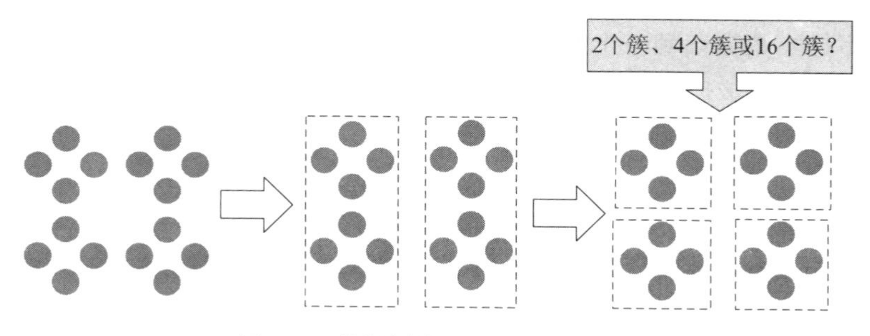

图 4.5　数据划分为 2 个簇、4 个簇

直观地，将图 4.5 中所示的数据划分为 2 个簇、4 个簇或 16 个簇都是合理的。因此，特定数据集应该聚成多少个簇通常取决于研究该数据集的尺度。

层次聚类(Hierarchical Clustering，HC)算法是可以在不同的尺度上(层次)展示数据集的聚类情况的一类聚类算法。这种方法源自于社会科学和生物学分类，其不仅可以生成样本的不同聚类，而且可以生成一个完整的样本分级分类体系。层次聚类的结果通常以如图 4.6 所示的树形图表示。

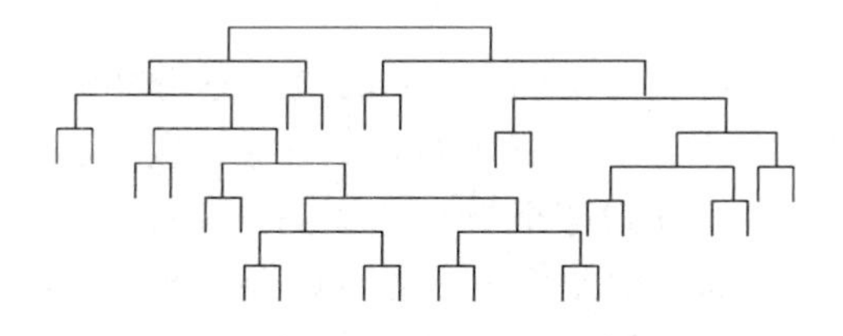

图 4.6 层次聚类结果示例

层次聚类算法主要分为分裂方法和凝聚方法，具体取决于其层次结构是“自上而下”还是“自下而上”的。

(1) 分裂方法即自上而下。首先把所有样本数据归为同一个聚类簇，这个聚类簇可以看作层次结构的根。然后，将这个聚类簇划分为多个较小的子聚类簇，并且递归地把这些子聚类簇划分成更小的聚类簇，直到每一个样本都能单独作为一个聚类簇，或满足某个终止条件。常见的基于分裂方法的算法有层次 K 均值算法。

(2) 凝聚方法即自下而上。数据集中的每个样本首先被视为一个聚类簇，然后迭代地将这些较小的簇合并为更大的聚类簇，最后所有样本被归为一个大聚类簇，或满足某个终止条件。

4.3.1 自上而下的算法

层次 K 均值算法是一种典型的“自上而下”的层次聚类算法，它采用了基于划分的动态聚类算法：K 均值算法，具体算法步骤如下：

(1) 把所有样本数据归到一个簇 C 中，这个簇就是层次结构的根。

(2) 使用 K 均值算法把簇 C 划分成指定的 K 个子簇 c_j，$j=1, 2, \cdots, K$，形成一个新的层。

(3) 使用 K 均值算法将在步骤(2)中生成的 K 个簇递归地划分为更小的子簇，直到无法再划分(每个群集中只包含一个样本)，或满足终止条件。

例 4.2 如图 4.7 所示，展示了一组数据经过两次层次 K 均值算法迭代的过程。

具体地，首先对一组数据进行 $K=2$ 的 K 均值聚类，得到两组数据。再对这两组数据分别进行 $K=2$ 的 K 均值聚类，此时数据被划分为四组。之后再进一步对数据进行划分，就可以得出自上而下的聚类结果。

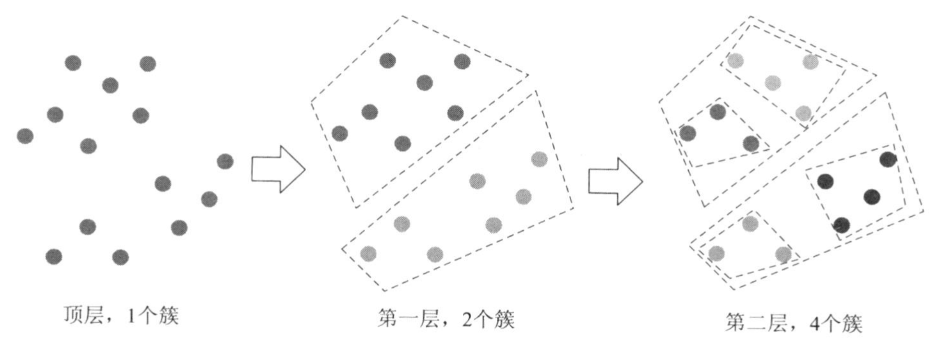

图 4.7　层次 K 均值算法示例

一旦两个样本在开始时被分成不同的簇，即使两点之间的距离非常接近，它们也不会在以后的聚类过程中聚在一起。

如图 4.8 所示，将椭圆虚线中的物体聚类成一个簇，这可能是一个较好的聚类结果，由于椭圆虚线中上面三个样本和下面三个样本在第一次划分时就聚类成不同的簇，因此，在之后的划分中它们也不会再聚类到同一个簇中。

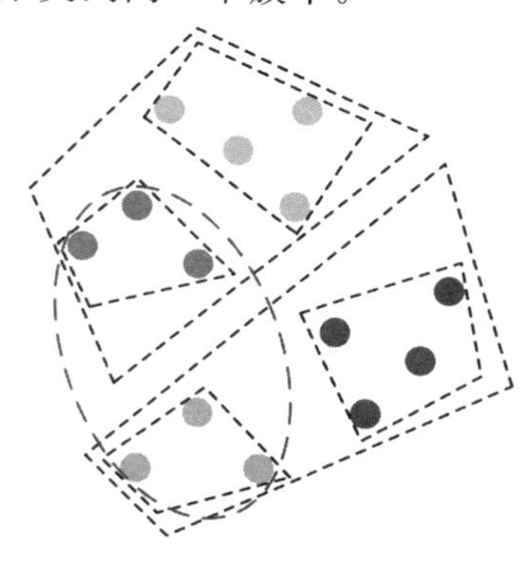

图 4.8　将物体聚类成一个簇

4.3.2　自下而上的算法

与层次 K 均值算法相比，凝聚聚类算法采用了“自下而上”聚类的思想，这可以确保距离近的样本可以被分到相同的簇。对于样本数据集 $D=\{\boldsymbol{x}_1,\boldsymbol{x}_2,\cdots,\boldsymbol{x}_m\}$，凝聚聚类算法的思路如下：

(1) 将数据集中的每个样本单独看成一个簇，得到最底层簇的集合 $C=\{c_1,c_2,\cdots,c_m\}$，其中每个簇只含有一个样本 $c_i=\{\boldsymbol{x}_i\}$。

(2) 重复以下步骤，直到所有样本被聚类到同一个簇或者满足特定的停止条件：

① 从 C 中找到两个“距离”最近的簇 $\min D(c_i, c_j)$；

② 合并簇 c_i 和 c_j，形成新的簇 $c(i+j)$；

③ 从 C 中删除簇 c_i 和 c_j，添加簇 $c(i+j)$。

在上面描述的算法中涉及计算两个簇之间的距离，即聚类簇间的相似性，也称作簇间连接(Linkage)。对于簇 c_1 和 c_2，计算 $D(c_1, c_2)$，有以下几种计算方式：

① 单连锁(Single Link)。如图 4.9 所示。将两个簇中相距最近的两个点之间的距离作为簇间距离，即

$$D(c_1, c_2)=\min_{\boldsymbol{x}_1 \in c_1, \boldsymbol{x}_2 \in c_2} D(\boldsymbol{x}_1, \boldsymbol{x}_2) \tag{4.22}$$

② 全连锁(Complete Link)。如图 4.10 所示，将两个簇中相距最远的两个点的距离作为簇间距离，即

$$D(c_1, c_2)=\max_{\boldsymbol{x}_1 \in c_1, \boldsymbol{x}_2 \in c_2} D(\boldsymbol{x}_1, \boldsymbol{x}_2) \tag{4.23}$$

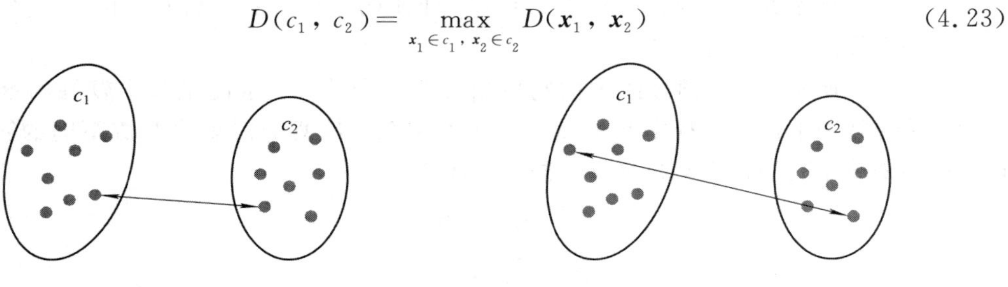

图 4.9 单连锁　　　　图 4.10 全连锁

③ 平均连锁(Average Link)。如图 4.11 所示，将两个簇之间两两点之间距离的平均值作为簇之间的距离，即

$$D(c_1, c_2)=\frac{1}{|c_1|}\frac{1}{|c_2|}\sum_{\boldsymbol{x}_1 \in c_1}\sum_{\boldsymbol{x}_2 \in c_2} D(\boldsymbol{x}_1, \boldsymbol{x}_2) \tag{4.24}$$

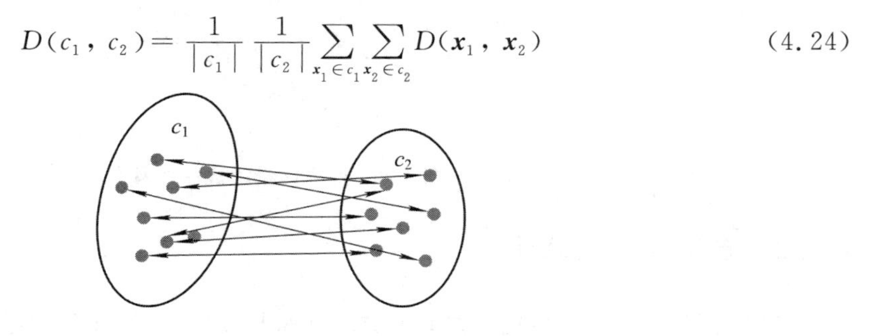

图 4.11 平均连锁

例 4.3 使用凝聚聚类算法对于如图 4.12 所示的数据进行聚类：

(1) 将 A 到 F 六个点都单独看成一个簇。

(2) 找出当前距离最近的两个簇，这里也就是数据集中相距最近的两个元素，如果采用单连锁计算距离，发现簇{A}和簇{B}之间的距离最短，因此将簇{A}和簇{B}合并为一个新的簇，此时簇集合 C 中包含五个簇{A、B}、{C}、{D}、{E}、{F}，如图 4.13 所示。

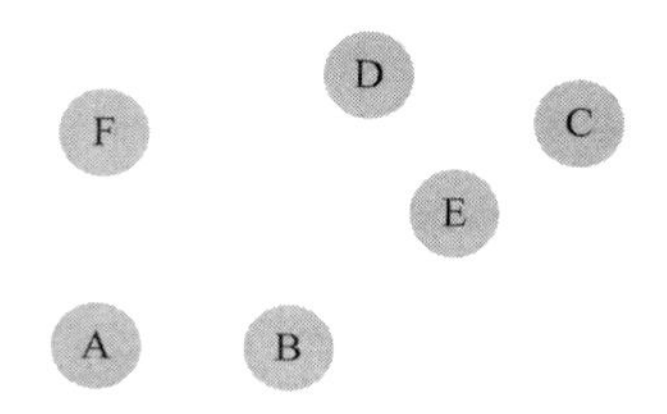

图 4.12　例 4.3 数据

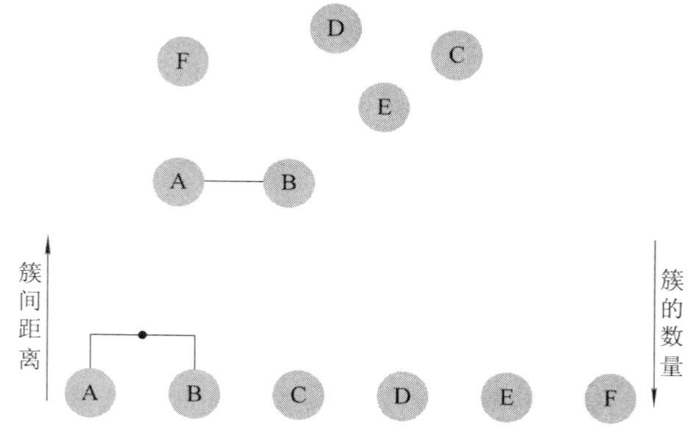

图 4.13　第一次迭代结果

(3) 重复步骤(2)，找出当前距离最近的两个簇。经计算发现簇{C}和簇{D}之间的距离最短，于是将它们合并为一个新簇，加入簇集合 C，然后是簇{C，D}和簇{E}距离最短，也将它们合并后加入 C。依次类推，直到最后 C 中只剩下一个簇，就得到了如图 4.14 所示的层次聚类图。

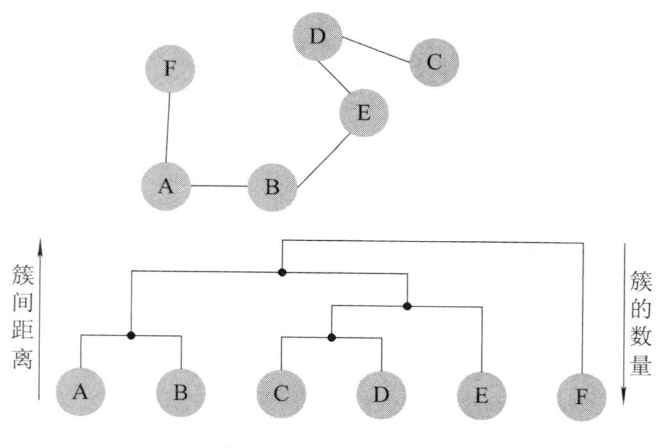

图 4.14　层次聚类图

(4) 此时，原始数据的聚类关系是按照层次来组织的，如果设定一个簇间距离的阈值把层次图截断，就可以得到一个聚类结果，例如，在图 4.15 所示的虚线的阈值下，数据被分成 {A，B，C，D，E}和{F} 两个聚类簇。

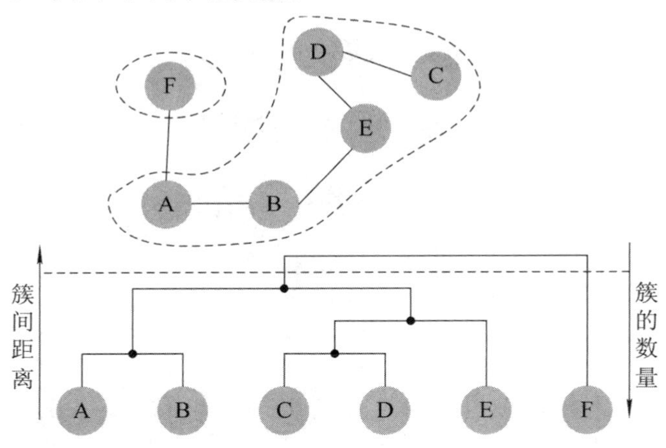

图 4.15 给定阈值时的聚类划分

模式识别

习　题

1. 试分析高斯混合模型和 K 均值算法的异同。

2. 试分析 K 均值算法能否找到最小化式(4.16)的最优解。

3. 现有样本：$\boldsymbol{x}_1=(0,1,3,1,3,4)^{\mathrm{T}}$，$\boldsymbol{x}_2=(0,0,1,0,1,0)^{\mathrm{T}}$，$\boldsymbol{x}_3=(2,1,0,2,2,1)^{\mathrm{T}}$，$\boldsymbol{x}_4=(1,0,0,0,1,1)^{\mathrm{T}}$，$\boldsymbol{x}_5=(3,3,3,1,2,1)^{\mathrm{T}}$，使用凝聚聚类算法对其聚类。

参 考 文 献

[1] 杨淑莹. 模式识别与智能计算：Matlab 技术实现[M]. 北京：电子工业出版社，2008.

[2] 齐敏，李大健，郝重阳. 模式识别导论[M]. 北京：清华大学出版社，2009.

[3] 张学工. 模式识别[M]. 北京：清华大学出版社，2010.

[4] 李航. 统计学习方法[M]. 北京：清华大学出版社，2012.

[5] WEBB Andrew R. 统计模式识别[M]. 北京：电子工业出版社，2004.

[6] 周志华. 机器学习[M]. 北京：清华大学出版社，2016.

[7] 刘华文. 模糊模式识别的基础——相似度量[J]. 模式识别人工智能，2004，17(02)：141－145.

[8] 段明秀. 层次聚类算法的研究及应用[D]. 长沙：中南大学，2009.

第5章 特征选择

特征选择在模式识别领域中扮演着一个极其重要的角色。一方面，用大量特征来设计分类器将导致计算开销巨大；另一方面，特征数量和分类器性能之间并不存在正比关系，当特征数量超过一定限度时，分类器性能反而会下降。因此对特征维度进行约减是有必要的，我们希望在保证分类任务效果的同时，使用尽可能少的特征完成分类。模式识别中的特征选择是指通过计算的方式，从一组特征集选择相对重要的特征子集，尽可能地保留辨别信息，并完成分类。

本章主要内容有如下几方面：首先介绍了特征选择的基本概念；其次介绍特征评价准则——类别可分离性判据，随后介绍特征子集的搜索策略，最后介绍基于随机搜索的特征选择方法。

5.1 基本概念

一般地，针对研究对象，使用相应的设备或传感器采集对象信息，并将这些信息转换为数字量输入到计算机中。由此，做一些常用的有关名词的说明。

模式 客观事物存在形式的客观表达，由人确定研究对象和具体问题。

模式空间 所有可能的模式构成了一个模式空间。模式空间通常具有很大的维数，难以直接显示出对象事物的本质。

特征空间 综合分析模式空间中的元素，只留下最能表达对象属性的观测量并依此为主要特征，这些主要特征构成了特征空间。

特征选择 从一组特征中挑选出一些最有效的特征以达到降低特征空间维数的目的，这个过程叫特征选择。

特征提取　原始特征的数量可能很大，或者说样本是处于一个高维空间中，通过映射(或变换)的方法可以用低维空间来表示样本，这个过程叫特征提取。映射后的特征叫二次特征，它们是原始特征的某种组合。所谓特征提取在广义上就是指一种变换。

我们首先介绍特征选择方法，特征提取将在下一章中介绍。

欲从初始的特征集合中选取一个包含了所有重要信息的特征子集以完成样本从模式空间到特征空间的转换，若没有任何领域知识作为先验假设，那就只好遍历所有可能的子集了；然而这在计算上却是不可行的，因为这样做会遭遇组合爆炸，特征个数稍多就无法进行。可行的做法是产生一个“候选子集”，评价出它的好坏，然后产生下一个候选子集，再对其进行评价，……这个过程持续进行下去，直至无法找到更好的候选子集为止。显然，这里涉及两个关键环节：如何评价候选特征子集的有效性？如何获取下一个候选特征子集？本章剩余内容将从特征子集的有效性判别和候选特征子集的搜索策略两个方面介绍特征选择方法。

5.2　类别可分离性判据

如何判断特征的有效性呢？一个自然的想法是将分类器的错误概率作为度量的标准，即可用分类器错误概率最小的那组特征。理论上是正确的，但是在实际操作中却存在很大的困难。原因在于即使在类条件分布密度已知的情况下，错误概率的计算相对复杂，并且实际问题中这一分布往往未知。直接采用错误概率作为标准去评价特征的有效性比较困难。

另外一种想法是考虑依据某种类别可分离性判据来评价。下面介绍几种类别可分离性判据。

5.2.1　基于距离的可分离性判据

各类样本可以分开的原因是，它们位于特征空间的不同区域，显然这些区域之间距离越大，类别可分性就越大。下面介绍特征向量样本分布之间的关系，首先定义下列矩阵：

(1) 类内散布矩阵：

$$\boldsymbol{S}_w = \sum_{i=1}^{c} P(\omega_i)\boldsymbol{S}_i \tag{5.1}$$

其中，$\boldsymbol{S}_i$ 是 ω_i 类的协方差矩阵，即

$$\boldsymbol{S}_i = E[(\boldsymbol{x}-\boldsymbol{\mu}_i)(\boldsymbol{x}-\boldsymbol{\mu}_i)^{\mathrm{T}}] \tag{5.2}$$

$P(\omega_i)$是 ω_i 类的先验概率，即 $P(\omega_i)\approx n_i/m$，n_i 是在 m 个总样本中属于 ω_i 类的样本数。c 为类别数，$\boldsymbol{x}$ 为特征向量，$E(\cdot)$表示期望。显然$\mathrm{tr}\{\boldsymbol{S}_w\}$是所有类的特征方差的平均测度。

（2）类间散布矩阵：

$$\boldsymbol{S}_b=\sum_{i=1}^{c}P(\omega_i)(\boldsymbol{\mu}_i-\boldsymbol{\mu}_0)(\boldsymbol{\mu}_i-\boldsymbol{\mu}_0)^{\mathrm{T}} \tag{5.3}$$

其中，$\boldsymbol{\mu}_0$ 是全局平均向量，即

$$\boldsymbol{\mu}_0=\sum_{i=1}^{c}P(\omega_i)\boldsymbol{\mu}_i \tag{5.4}$$

$\mathrm{tr}\{S_b\}$是每一类的均值和全局均值之间的平均距离测度。

（3）混合散布矩阵：

$$\boldsymbol{S}_m=E[(\boldsymbol{x}-\boldsymbol{\mu}_0)(\boldsymbol{x}-\boldsymbol{\mu}_0)^{\mathrm{T}}] \tag{5.5}$$

即 $\boldsymbol{S}_m$ 是全局均值向量的协方差矩阵。可以证明

$$\boldsymbol{S}_m=\boldsymbol{S}_w+\boldsymbol{S}_b \tag{5.6}$$

$\mathrm{tr}\{\boldsymbol{S}_m\}$是特征值关于全局均值的方差和。从以上定义可以直接得到准则

$$J_1=\frac{\mathrm{tr}\{\boldsymbol{S}_m\}}{\mathrm{tr}\{\boldsymbol{S}_w\}} \tag{5.7}$$

在 l 维空间中，每一类的样本都能很好地聚集在聚类均值周围，而且不同类在完全分离时，则该式计算值较大。有时用 $\boldsymbol{S}_b$ 代替 $\boldsymbol{S}_m$。如果用行列式代替迹，则会是另一个标准。可以证明散布矩阵是对称正定的，因此它们的本征值是正的。当行列式和它们的乘积相等时，则迹等于本征值之和。因此，J_1 值越大，相应的准则值 J_2 也越大，即

$$J_2=\frac{|\boldsymbol{S}_m|}{|\boldsymbol{S}_w|}=|\boldsymbol{S}_w^{-1}\boldsymbol{S}_m| \tag{5.8}$$

实际中，经常将 J_2 改为

$$J_3=\mathrm{tr}\{\boldsymbol{S}_w^{-1}\boldsymbol{S}_m\} \tag{5.9}$$

J_2 和 J_3 在线性变换中具有不变性，利用这个优点用优化方法可以推导出特征，例如通过在“迹”或“行列式”中使用 $\boldsymbol{S}_w$、$\boldsymbol{S}_b$ 和 $\boldsymbol{S}_m$ 的各种组合。

这些标准在一维的两类问题中是一种特殊形式。对于每一类的先验概率均相等的情况，可以看出：$|S_w|$ 与 $\sigma_1^2+\sigma_2^2$ 成正比，$|S_b|$ 与 $(\mu_1-\mu_2)^2$ 成正比。合并 S_b 和 S_w，就是 Fisher 判别率：

$$\mathrm{FDR}=\frac{(\mu_1-\mu_2)^2}{\sigma_1^2+\sigma_2^2} \tag{5.10}$$

有时用 FDR 来定量描述单个特征的可分类能力。对于多类的情况，可使用 FDR 的均值形式：

$$\mathrm{FDR}_j=\sum_{i}^{c}\sum_{j\neq i}^{c}\frac{(\mu_i-\mu_j)^2}{\sigma_i^2+\sigma_j^2} \tag{5.11}$$

基于类内类间距离的可分离性判据是一种常用的判据，它实际上是各类向量之间的平均距离。具体而言，即 $J(\boldsymbol{x})$ 表示各类特征向量之间的平均距离，我们通常认为 $J(\boldsymbol{x})$ 越大，可分离性越好。这种判据的优点是计算简单；缺点是当类间距离较小，类内距离较大时，判据仍有可能取得较大的值，而此时的可分离性并不显著。

5.2.2　基于概率分布的可分离性判据

上面介绍的距离准则是直接从各类样本间的距离考虑的，没有考虑各类的概率分布，不能确切表明各类交叠的情况，因此与错误概率没有直接联系。下面介绍一些基于概率分布的可分性判据。

1. 发散性

在贝叶斯准则中，给定两个类 ω_1 和 ω_2，$\boldsymbol{x}$ 为特征向量，如果

$$P(\omega_1 \mid \boldsymbol{x}) > P(\omega_2 \mid \boldsymbol{x}) \tag{5.12}$$

则选择 ω_1。其中，分类错误概率取决于较小值。比率 $\dfrac{P(\omega_1 \mid \boldsymbol{x})}{P(\omega_2 \mid \boldsymbol{x})}$ 反映了 $\boldsymbol{x}$ 关于 ω_1 和 ω_2 辨别力方面的信息。另外对于给定 $P(\omega_1)$ 和 $P(\omega_2)$ 的值，在 $\ln \dfrac{p(\boldsymbol{x} \mid \omega_1)}{p(\boldsymbol{x} \mid \omega_2)} \equiv D_{12}(\boldsymbol{x})$ 中也具有相同的信息，可用做相对于 ω_2 类和 ω_1 类的辨别信息。很明显，对于完全覆盖的类，有 $D_{12}(\boldsymbol{x})=0$ 或 $D_{21}(\boldsymbol{x})=0$。由于 $\boldsymbol{x}$ 具有不同值，因此要考虑 ω_1 类的均值，即

$$D_{12}(\boldsymbol{x}) = \int_{-\infty}^{+\infty} p(\boldsymbol{x} \mid \omega_1) \ln \frac{p(\boldsymbol{x} \mid \omega_1)}{p(\boldsymbol{x} \mid \omega_2)} \mathrm{d}\boldsymbol{x} \tag{5.13}$$

对于 ω_2 有相似的讨论。定义

$$D_{21}(\boldsymbol{x}) = \int_{-\infty}^{+\infty} p(\boldsymbol{x} \mid \omega_2) \ln \frac{p(\boldsymbol{x} \mid \omega_2)}{p(\boldsymbol{x} \mid \omega_1)} \mathrm{d}\boldsymbol{x} \tag{5.14}$$

求和得

$$d_{12} = D_{12} + D_{21} \tag{5.15}$$

这就是所谓的“发散性”，可用做 ω_1 类对于 ω_2 类的可分性测量。对于多类问题，计算每两个类 ω_1，ω_2 之间的发散性，可得

$$d_{ij} = D_{ij} + D_{ji} = \int_{-\infty}^{+\infty} (p(\boldsymbol{x} \mid \omega_i) - p(\boldsymbol{x} \mid \omega_j)) \ln \frac{p(\boldsymbol{x} \mid \omega_i)}{p(\boldsymbol{x} \mid \omega_j)} \mathrm{d}\boldsymbol{x} \tag{5.16}$$

用平均发散性可计算平均的类可分性，得

$$d = \sum_{i=1}^{c} \sum_{j=1}^{c} P(\omega_i) P(\omega_j) d_{ij} \tag{5.17}$$

发散性具有下列性质：

$$\begin{cases} d_{ij} \geqslant 0 \\ d_{ij} = 0,\ i = j \\ d_{ij} = d_{ji} \end{cases} \tag{5.18}$$

如果特征向量的元素是统计独立的，则可证明

$$d_{ij}(x_1,\ x_2,\ \cdots,\ x_l) = \sum_{r=1}^{l} d_{ij}(x_r) \tag{5.19}$$

假设密度函数分别是高斯函数 $N(\boldsymbol{\mu}_i,\ \boldsymbol{\Sigma}_i)$ 和 $N(\boldsymbol{\mu}_j,\ \boldsymbol{\Sigma}_j)$，容易证明发散性计算如下：

$$d_{ij} = \frac{1}{2}\mathrm{tr}\{\boldsymbol{\Sigma}_i^{-1}\boldsymbol{\Sigma}_j + \boldsymbol{\Sigma}_j^{-1}\boldsymbol{\Sigma}_i - 2\boldsymbol{I}\} + \frac{1}{2}(\boldsymbol{\mu}_i - \boldsymbol{\mu}_j)^{\mathrm{T}}(\boldsymbol{\Sigma}_i^{-1} + \boldsymbol{\Sigma}_j^{-1})(\boldsymbol{\mu}_i - \boldsymbol{\mu}_j) \tag{5.20}$$

其中，$\boldsymbol{I}$ 表示单位矩阵。在一维情况下，上式可变为

$$d_{ij} = \frac{1}{2}\left(\frac{\sigma_j^2}{\sigma_i^2} + \frac{\sigma_i^2}{\sigma_j^2} - 2\right) + \frac{1}{2}(\mu_i - \mu_j)^2\left(\frac{1}{\sigma_i^2} + \frac{1}{\sigma_j^2}\right) \tag{5.21}$$

如前所述，类的可分性测量不仅取决于均值的可分性，还必须考虑方差。而且，如果方差显著不同，即使具有相同的均值，d_{ij} 也可能会很大。同时也说明了具有相同的均值，仍然可以区分类，该问题之后讨论。

若两个高斯分布具有相同的协方差矩阵，即 $\boldsymbol{\Sigma}_i = \boldsymbol{\Sigma}_j = \boldsymbol{\Sigma}$，那么发散性可优化为

$$d_{ij} = (\boldsymbol{\mu}_i - \boldsymbol{\mu}_j)^{\mathrm{T}}\boldsymbol{\Sigma}^{-1}(\boldsymbol{\mu}_i - \boldsymbol{\mu}_j) \tag{5.22}$$

这正是均值间的 Mahalanobis 距离。

2. Chernoff 界和 Bhattacharyya 距离

对于两类 ω_1 和 ω_2 的情况，贝叶斯分类器的最小分类误差为

$$P_e = \int_{-\infty}^{\infty} \min[P(\omega_i)p(\boldsymbol{x} \mid \omega_i),\ P(\omega_j)p(\boldsymbol{x} \mid \omega_j)]\mathrm{d}\boldsymbol{x} \tag{5.23}$$

在一般情况下，这个积分难以直接计算。然而该积分的一个上界是可以推导出的。推导过程依据不等式

$$\min[a,\ b] \leqslant a^s b^{1-s},\quad a,\ b \geqslant 0 \text{ 和 } 0 \leqslant s \leqslant 1 \tag{5.24}$$

由式(5.23)和式(5.24)得

$$P_e \leqslant P(\omega_i)^s P(\omega_j)^{1-s}\int_{-\infty}^{\infty} p(\boldsymbol{x} \mid \omega_i)^s p(\boldsymbol{x} \mid \omega_j)^{1-s}\mathrm{d}\boldsymbol{x} \equiv \varepsilon_{CB} \tag{5.25}$$

其中，ε_{CB} 称为 Chernoff 界，通过最小化 ε_{CB} 可计算出上界。令 $s=1/2$，可得到一个特殊形式

$$P_e \leqslant \varepsilon_{CB} = \sqrt{P(\omega_i)P(\omega_j)}\int_{-\infty}^{\infty}\sqrt{p(\boldsymbol{x} \mid \omega_i)p(\boldsymbol{x} \mid \omega_j)}\mathrm{d}\boldsymbol{x} \tag{5.26}$$

对于高斯分布 $N(\boldsymbol{\mu}_i,\ \boldsymbol{\Sigma}_i)$ 和 $N(\boldsymbol{\mu}_j,\ \boldsymbol{\Sigma}_j)$，经过代数运算，可得

$$\varepsilon_{CB} = \sqrt{P(\omega_i)P(\omega_j)}\exp(-B) \tag{5.27}$$

其中

$$B = \frac{1}{8}(\boldsymbol{\mu}_i - \boldsymbol{\mu}_j)^{\mathrm{T}}\left(\frac{\boldsymbol{\Sigma}_i + \boldsymbol{\Sigma}_j}{2}\right)^{-1}(\boldsymbol{\mu}_i - \boldsymbol{\mu}_j) + \frac{1}{2}\ln\frac{\left|\frac{\boldsymbol{\Sigma}_i + \boldsymbol{\Sigma}_j}{2}\right|}{\sqrt{|\boldsymbol{\Sigma}_i||\boldsymbol{\Sigma}_j|}} \tag{5.28}$$

$|\cdot|$表示矩阵的行列式。B 称为 Bhattacharyya 距离，是一种类分离性测量。可以证明当 $\boldsymbol{\Sigma}_i = \boldsymbol{\Sigma}_j$ 时，能够得到最优 Chernoff 界。在这种情况下，均值间的 Bhattacharyya 距离与 Mahalanobis 距离成正比。

5.2.3 基于熵的可分性判据

在信息论中，熵(Entropy)表示不确定性，熵越大不确定性越大，对于随机变量来说，也就是其包含的信息量越大。可以借用熵的概念来描述各类的可分性。如果将熵的概念应用在特征选择中，便能够帮助人们寻找到含有最多信息的特征，并能得到一个良好的全局测度。下面介绍两种特殊情况下的最佳分类器的错误率。

(1) 假设有 c 个类别，以某一个样本 $\boldsymbol{x}$ 为例，各类后验概率是相等的，也就是

$$P(\omega_i \mid \boldsymbol{x}) = \frac{1}{c} \quad i = 1, 2, \cdots, c \tag{5.29}$$

此时的分类错误率为

$$P(e \mid \boldsymbol{x}) = 1 - \frac{1}{c} = \frac{c-1}{c} \tag{5.30}$$

(2) 假设 $\boldsymbol{x}$ 对于某一类的后验概率为 1，也就是

$$P(\omega_j \mid \boldsymbol{x}) = 1,\ P(\omega_i \mid \boldsymbol{x}) = 0 \qquad i \neq j,\ i = 1, 2, \cdots, c \tag{5.31}$$

此时的分类错误率为

$$P(e \mid \boldsymbol{x}) = 0 \tag{5.32}$$

可见，后验概率越集中，错误概率就越小。后验概率分布越平缓(接近均匀分布)，则分类错误概率就越大。

接下来介绍熵的概念。我们想知道的是：给定某一特征向量 $\boldsymbol{x}$ 后，从观察得到的结果中得到了多少信息？或者说样本类别 ω 的不确定性减少了多少？从特征提取的角度来看，显然用具有最小不确定性的那些特征进行分类是有利的。在信息论中用“熵”作为不确定性的度量。常用的熵函数有广义熵、Shannon 熵和平方熵。

(1) 广义熵：

$$J_c^{\alpha}[P(\omega_1 \mid \boldsymbol{x}), P(\omega_2 \mid \boldsymbol{x}), \cdots, P(\omega_c \mid \boldsymbol{x})] = \frac{\sum_{i=1}^{c}\left[P^{\alpha}(\omega_i \mid \boldsymbol{x}) - \frac{1}{c}\right]}{2^{1-\alpha} - 1} \tag{5.33}$$

其中，α 为大于 1 的正数。

（2）Shannon 熵：

$$J_c^1[P(\omega_1 \mid \boldsymbol{x}),\ P(\omega_2 \mid \boldsymbol{x}),\ \cdots,\ P(\omega_c \mid \boldsymbol{x})] = \lim_{\alpha \to 1} \frac{\sum_{i=1}^{c}\left[P^{\alpha}(\omega_i \mid \boldsymbol{x}) - \frac{1}{c}\right]}{2^{1-\alpha} - 1}$$

$$= -\sum_{i=1}^{c} P(\omega_i \mid \boldsymbol{x}) \ln P(\omega_i \mid \boldsymbol{x}) \tag{5.34}$$

（3）平方熵：

$$J_c^2[P(\omega_1 \mid \boldsymbol{x}),\ P(\omega_2 \mid \boldsymbol{x}),\ \cdots,\ P(\omega_c \mid \boldsymbol{x})] = 2\left[\sum_{i=1}^{c} P^2(\omega_i \mid \boldsymbol{x}) - 1\right] \tag{5.35}$$

为了对所提取的特征进行评价，需要计算空间每一点的熵函数。在熵函数取值较大的那一部分空间里，不同类的样本必然在较大的程度上互相重叠。因此熵函数的期望值为

$$J = E\{J_c^{\alpha}[P(\omega_1 \mid \boldsymbol{x}),\ P(\omega_2 \mid \boldsymbol{x}),\ \cdots,\ P(\omega_c \mid \boldsymbol{x})]\} \tag{5.36}$$

该值可以表征类别的分离程度，可用来作为所提取特征的分类性能的准则函数。

5.2.4 基于最小冗余最大相关性判据

实际应用中，单独的某几个特征对学习器的性能可能有很好的表现，但由于特征之间存在冗余，将这些特征组合在一起反而难以达到预期的效果。因此，在对特征进行评价时，除了考虑已选择的特征对学习器性能的影响外，还应考虑特征之间的冗余。这就是最小冗余最大相关性(Minimum Redundancy Maximum Relevance，MRMR)的由来。这里给出互信息的定义：对于两个概率密度函数分别为$p(x)$，$p(y)$的连续随机变量 x 和 y，若它们的联合概率密度为 $p(x,\ y)$，则 x 和 y 之间的互信息定义为

$$I(x;\ y) = \iint_{x\ y} p(x,\ y) \ln \frac{p(x,\ y)}{p(x)p(y)} \mathrm{d}x\mathrm{d}y \tag{5.37}$$

如果 x、y 是离散随机变量，$p(x)$和 $p(y)$是 x 和 y 的边缘概率分布函数，那么 x 和 y 之间的互信息定义为

$$I(x;\ y) = \sum_{x} \sum_{y} p(x,\ y) \ln \frac{p(x,\ y)}{p(x)p(y)} \tag{5.38}$$

互信息描述了两个随机变量的联合分布 $p(x,\ y)$和其分布的乘积 $p(x)p(y)$的相似程度，可用来评价两个随机变量之间的相关性。

MRMR 算法就是找出一个特征子集，使得其与类别标签之间的关联最大，与特征之间的关联最小。对于离散变量，其最大相关性可表示为

$$\max D,\ D = \frac{1}{|S|} \sum_{\boldsymbol{x}_i \in S} I(\boldsymbol{x}_i;\ c) \tag{5.39}$$

其中，$\boldsymbol{x}_i$ 表示第 i 个特征，S 表示特征子集，c 是类别变量。

最小冗余可表示为

$$\min R,\ R = \frac{1}{|S|^2} \sum_{\boldsymbol{x}_i,\ \boldsymbol{x}_j \in S} I(\boldsymbol{x}_i;\ \boldsymbol{x}_j) \tag{5.40}$$

而对于连续变量，其最大相关性可表示为

$$\max D_F,\ D_F = \frac{1}{|S|} \sum_{\boldsymbol{x}_i \in S} F(\boldsymbol{x}_i;\ c) \tag{5.41}$$

其中，$F(\boldsymbol{x}_i;\ c)$为 F 统计量。

最小冗余可表示为

$$\min R,\ R = \frac{1}{|S|^2} \sum_{\boldsymbol{x}_i,\ \boldsymbol{x}_j \in S} c(\boldsymbol{x}_i;\ \boldsymbol{x}_j) \tag{5.42}$$

其中，$c(\boldsymbol{x}_i;\ \boldsymbol{x}_j)$表示相关函数。

下面将相关性和冗余性整合到一起，作为 MRMR 的最终目标函数 Φ。这里使用加法或乘法整合。

加法整合：

$$\max \Phi,\ \Phi = D - R \tag{5.43}$$

乘法整合：

$$\max \Phi,\ \Phi = \frac{D}{R} \tag{5.44}$$

5.3 特征子集的选择

在对特征的分类效果采用一系列准则来测量后，接下来讨论一个关键问题，即如何从 n 个原始特征中选择 n' 个特征作为子集。

5.3.1 单独最优特征选择

采用任一种类别可分离判据单独衡量特征。每一个特征得到一个准则值 $J(k)$，$k=1$，2，…，n，然后对 $J(k)$降序排列，其中 n' 个最好 $J(k)$值对应的特征组合成特征子集。

对于多类问题，可以用均值或总和来计算 $J(k)$。然而，也可以对两两类别之间的一维发散性 d_{ij} 进行计算可得

$$J(k) = \min_{i,\ j} d_{ij} \tag{5.45}$$

也就是说，用总类别中的最小发散性值代替均值。

单独衡量特征的主要优点是计算简单。然而，这种方法没有考虑特征之间的相互关系，下面介绍一种考虑已选择特征的特征选择方法。

设 $x_i^{(k)}$，$i=1, 2, \cdots, m$，$k=1, 2, \cdots, n$ 是第 i 个样本的第 k 个特征，则任意两个特征之间的互相关系数为

$$\rho_{kl} = \frac{\sum_{i=1}^{m} x_i^{(k)} x_i^{(l)}}{\sqrt{\sum_{i=1}^{m} (x_i^{(k)})^2 \sum_{i=1}^{m} (x_i^{(l)})^2}} \tag{5.46}$$

可以证明 $|\rho_{kl}| \leqslant 1$。这个选择过程包含以下步骤：

(1) 确定一个类可分性准则 J，计算每个特征 $\boldsymbol{x}_k$，$k=1, 2, \cdots, n$ 的值并降序排序，选择具有最好 J 值的特征，并设为 $\boldsymbol{x}_{i_1}$。

(2) 在 $\boldsymbol{x}_{i_1}$ 与每一个剩余的 $n-1$ 个特征之间，计算式(5.46)定义的互相关系数，即 $\rho_{i_1 l}$，$l \neq i_1$。

(3) 将满足下列条件的特征作为 $\boldsymbol{x}_{i_2}$：

$$i_2 = \arg\max_{l} \{\alpha_1 J(j) - \alpha_2 |\rho_{i_1 l}|\}, \quad l \neq i_1 \tag{5.47}$$

其中，α_1，α_2 是衡量两项相对重要性的加权系数。在接下来的特征选择时，不仅要考虑类可分性测量 J，还要考虑与所有已选择特征之间的相关性。

(4) 选择 $\boldsymbol{x}_{i_k}$，$k=3, \cdots, n'$，当 $l \neq i_r$，$r=1, 2, \cdots, k-1$ 时，有

$$i_k = \arg\max_{l} \left\{\alpha_1 J(l) - \frac{\alpha_2}{k-1} \sum_{r=1}^{k-1} |\rho_{lr}|\right\} \tag{5.48}$$

从上式可以看出，在选择新的特征时，考虑了与所有已选择特征的平均相关性。

5.3.2 顺序后向选择

单独最优特征选择计算简单，但对于高相关性的特征和复杂的问题效果较差。现在集中讨论特征向量可分类性测量技术，计算的高复杂度是这一方法最主要的限制因素。若利用"最优性"原则，则要搜索 n 个总特征中的所有可能的 n' 个特征组合。对每一种组合使用一种可分性准则，选择表现最好的特征子集。可能组合数为

$$\mathrm{C}_n^{n'} = \frac{n'!}{n'!(n-n')!} \tag{5.49}$$

顺序后向选择是一种自顶向下的方法。举例说明，设 $n=4$，$n'=2$，即从原始可用特征为 $\boldsymbol{x}^{(1)}$，$\boldsymbol{x}^{(2)}$，$\boldsymbol{x}^{(3)}$，$\boldsymbol{x}^{(4)}$ 选择两个特征，选择过程包含以下步骤：

(1) 确定一个类可分性准则 J，计算特征向量 $\boldsymbol{x}=[\boldsymbol{x}^{(1)}, \boldsymbol{x}^{(2)}, \boldsymbol{x}^{(3)}, \boldsymbol{x}^{(4)}]^{\mathrm{T}}$ 的 J 值。

(2) 循环剔除一个特征，即 $[\boldsymbol{x}^{(1)}, \boldsymbol{x}^{(2)}, \boldsymbol{x}^{(3)}]^{\mathrm{T}}$，$[\boldsymbol{x}^{(1)}, \boldsymbol{x}^{(2)}, \boldsymbol{x}^{(4)}]^{\mathrm{T}}$，$[\boldsymbol{x}^{(1)}, \boldsymbol{x}^{(3)}, \boldsymbol{x}^{(4)}]^{\mathrm{T}}$，$[\boldsymbol{x}^{(2)}, \boldsymbol{x}^{(3)}, \boldsymbol{x}^{(4)}]^{\mathrm{T}}$，对这四个组合分别计算相应的准则值，选择表现最好的组合，例如 $[\boldsymbol{x}^{(1)}, \boldsymbol{x}^{(2)}, \boldsymbol{x}^{(3)}]^{\mathrm{T}}$。

(3) 从上一步所选择的三维特征组合中循环剔除一个特征，即 $[\boldsymbol{x}^{(1)}, \boldsymbol{x}^{(2)}]^{\mathrm{T}}$，$[\boldsymbol{x}^{(1)}, \boldsymbol{x}^{(3)}]^{\mathrm{T}}$，$[\boldsymbol{x}^{(2)}, \boldsymbol{x}^{(3)}]^{\mathrm{T}}$，对这三个组合分别计算相应的准则值，并选择表现最好的组合。

因此，从总特征数量 n 开始，在每一步中都从上一步准则值最好组合中剔除一个特征，直到得到满足具有 n' 维特征向量。以上示例就是一个次优搜索过程，因为最优二维向量可能来自于除最优三维向量外的其他三维特征子集。因此，用这种方法得到的组合数为 $1+1/2((n+1)n-n'(n'+1))$。

5.3.3 顺序前向选择

顺序前向选择是顺序后向选择的逆过程：

(1) 确定一个类可分性准则 J，计算每一个特征的准则值，选择表现最好的特征，如 $\boldsymbol{x}^{(1)}$。

(2) 组合所有包含已选择特征的二维向量，即 $[\boldsymbol{x}^{(1)}, \boldsymbol{x}^{(2)}]^{\mathrm{T}}$，$[\boldsymbol{x}^{(1)}, \boldsymbol{x}^{(3)}]^{\mathrm{T}}$，$[\boldsymbol{x}^{(1)}, \boldsymbol{x}^{(4)}]^{\mathrm{T}}$。计算每一个组合的准则值并选择表现最好的二维向量，如 $[\boldsymbol{x}^{(1)}, \boldsymbol{x}^{(2)}]^{\mathrm{T}}$。

如果 $n'=3$，那么这个过程必须继续。即对于已选择的二维向量，建立包含其所有三维向量，即 $[\boldsymbol{x}^{(1)}, \boldsymbol{x}^{(3)}, \boldsymbol{x}^{(2)}]^{\mathrm{T}}$，$[\boldsymbol{x}^{(1)}, \boldsymbol{x}^{(3)}, \boldsymbol{x}^{(4)}]^{\mathrm{T}}$，并计算相应的准则值，然后选择最好的组合，得到这一过程的组合数为 $n'n-n'(n'-1)/2$。

广义顺序前向选择算法依据某种评估准则，一次性向当前最优特征集合中加入多个特征，即每次从备选特征子集中选择一个小规模的特征子集加入到当前已选特征子集中。该方法在统计相关性上优于顺序前进方法，但是增加了计算量。类似地，广义顺序后向选择算法是依据评估准则在算法执行过程中，每次删除一定数目贡献较小的特征。该算法速度快，性能好，但是存在容易删除一些重要特征的问题。

5.3.4 增 l 减 r 选择

顺序后向选择和顺序前向选择都存在一个问题，在后向搜索方法中剔除的特征，后续步骤不再考虑，前向搜索过程中选择的特征，在后续步骤中无法剔除，这就是嵌套效应问题。通过在特征选择过程中增加局部回溯功能可以解决此问题。在特征选择过程中可以先用顺序前向算法增加 l 个特征，然后再用顺序后向算法提剔除 r 个特征，这种算法称为增 l 减 r 法。假设当前已经选择 k 个特征，得到最优的特征子集 X_k，特征的全集为 X_n，则算法具有如下步骤：

(1) 使用顺序前向方法依据一定的标准从备选的特征集合 X_n-X_k 中挑选出 l 个特征，得到一个新的特征集合 X_{k+l}，同时变换入选的特征个数 $k=k+l$ 和 $X_k=X_{k+l}$。

(2) 使用顺序后向方法依据一定的标准从被选的特征子集 X_k 中剔除 r 个最差的特征，

得到一个新的特征子集 X_{k-r}，置 $k=k-r$，$X_k=X_{k-r}$。如果 $k=n'$，则算法中止，转向步骤(1)。

需要注意的是，当 $l>r$ 时，该算法是一种自下而上的算法，即先执行步骤(1)再执行步骤(2)，初始状态 $k=0$，$X_0=\varnothing$。在 $l<r$ 时，该算法是一种自上而下的算法，即先执行步骤(2)，再执行步骤(1)，初始状态 $k=n$，$X_0=\{\boldsymbol{x}^{(1)}, \boldsymbol{x}^{(2)}, \cdots, \boldsymbol{x}^{(n)}\}$。此外，用广义顺序前向和后向算法代替顺序前向和后向算法时，增 l 减 r 法就变成了广义增 l 减 r 法。

5.3.5 浮动搜索

为解决嵌套效应问题提出浮动搜索方法，这种技术有两种实现方法，一种是前向选择方法，另一种是后向选择方法，下面只主要讨论前者。考虑具有 n 个特征的集合，寻找其中最好的 n' 个特征子集 $X_{n'}=\{\boldsymbol{x}^{(1)}, \boldsymbol{x}^{(2)}, \cdots, \boldsymbol{x}^{(n')}\}$，$k=1, 2, \cdots, n'$，使代价准则 J 最优，Y_{n-k} 是其余 $n-k$ 个特征的集合。计算并保留所有 k 维以下 1 维以上所有维度的最好子集，即分别对应于 2，3，…，$k-1$ 个特征向量的 X_2，X_3，…，X_{k-1} 子集。这种方法的核心是：在下一步中，通过从 Y_{n-k} 中选择一个特征来形成第 $k+1$ 维最好的子集 X_{k+1}，计算准则值；然后，在以前选择的 X_2，X_3，…，X_{k-1} 子集中，检验加入新特征后是否改进了准则 J，如果是，则用新特征替代以前选择的特征。通过以下步骤可以计算最大 J 值。

1）内含项

$\boldsymbol{x}^{(k+1)}=\underset{y\in Y_{n-k}}{\arg\max} J(\{X_k, y\})$ 表示从 Y_{n-k} 中选择一个表现最好的 $k+1$ 维特征向量，该特征与 X_k 组合形成 $X_{k+1}=\{X_k, \boldsymbol{x}^{(k+1)}\}$。

2）检验

(1) $\boldsymbol{x}^{(r)}=\underset{y\in X_{k+1}}{\arg\max} J(X_{k+1}-\{y\})$ 表示：将 $\{y\}$ 从 X_{k+1} 中去掉时，对准则值损失最小。

(2) 如果 $r=k+1$，令 $k=k+1$，并转向第(1)步。

(3) 如果 $r\neq k+1$ 且 $J(X_{k+1}-\{\boldsymbol{x}^{(r)}\})<J(X_k)$，则转向第(1)步，表示如果移走 $\boldsymbol{x}^{(r)}$ 并不能提高原组合的准则值，就不需要再进行后向搜索了。

(4) 如果 $k=2$，令 $X_k=X_{k+1}-\{\boldsymbol{x}^{(r)}\}$，$J(X_k)=J(X_{k+1}-\{\boldsymbol{x}^{(r)}\})$，则转到第(1)步。

3）排除

(1) $X'_k=X_{k+1}-\{\boldsymbol{x}^{(r)}\}$，即剔除 $\boldsymbol{x}^{(r)}$。

(2) $\boldsymbol{x}^{(s)}=\underset{y\in X'_k}{\arg\max} J(X'_k-\{y\})$ 表示在新集合中找到最不重要的特征。

(3) 如果 $J(X'_k-\{\boldsymbol{x}^{(s)}\})<J(X_{k-1})$，则 $X_k=X'_k$ 并转向第(1)步，不再进行后向搜索。

(4) 令 $X'_{k-1}=X'_k-\{\boldsymbol{x}^{(s)}\}$，并且 $k=k-1$。

(5) 如果 $k=2$，令 $X_k=X'_k$，并且 $J(X_k)=J(X'_k)$，则转到第(1)步。

(6) 转到第(3)步。

通过执行顺序前向算法建立 X_2 来进行算法初始化，算法在找到 n'维特征向量后结束。与顺序前向算法相比较，该算法以增加计算复杂度为代价，大大提高了性能。后向浮动搜索算法原理与该算法相同，是以相反的方向来执行的，在此不再赘述。

5.3.6 分支定界搜索

分支定界法是一种不需要穷举所有的特征组合，但仍能取得最优解的方法。这是一种自上而下方法，即从包含所有候选特征的子集开始，逐步去掉不被选中的特征，但该算法具有回溯功能，能够考虑到所有可能的特征组合。使用该类算法有个前提，即分离准则单调，具体地，如果有互相包含的特征组的序列

$$X_1 \supset X_2 \supset \cdots X_i \tag{5.50}$$

则

$$J(X_1) \geqslant J(X_2) \geqslant \cdots \geqslant J(X_i) \tag{5.51}$$

从 $n=6$ 个特征中选取 $n'=2$ 个特征为例描述该算法进行特征选择的步骤。

整个搜索过程可用树表示出来，如图 5.1 所示，第 0 级为树的根节点，其包含了所有特征，每个节点包含的特征集合中，去掉一个特征作为下级的节点，每级都以该方式向下延展，所以 n'个特征数目集合需要 $n-l$ 级达到，最高级的每个节点作为一种可能的特征选择组合。在整个过程中，不出现相同组合的数值和叶子节点。

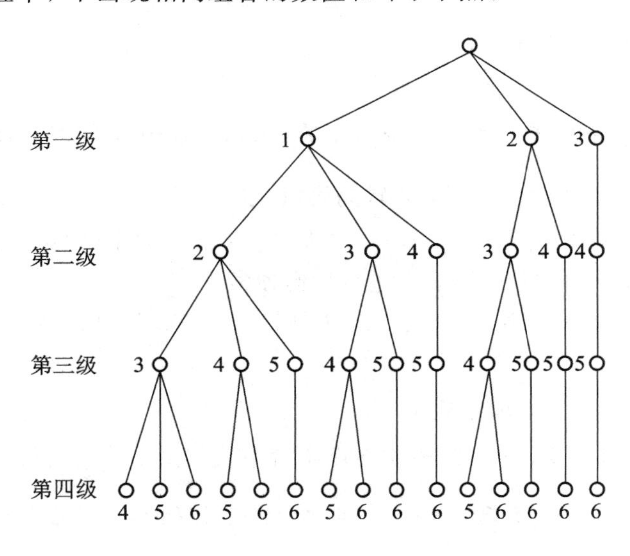

图 5.1 特征选择的分支定界法示意

树的生长即特征选择过程，对于第 s 级节点 t，假定该节点包含 D 个候选特征，在第 s 级中，对各个节点所包含的特征组合计算准则函数值并进行排序，相对上一级连接节点中，如果去掉某个特征后，准则函数的损失最大，则把该特征放在最左侧，即代表该特征是最重要的，左侧第二个节点为损失第二大的特征，如图 5.1 所示，其中假设所有特征重要性排序为 1，2，3，4，5，6。

对第 $s+1$ 层的节点展开时，应按自右向左的顺序开始。对某个展开时，其同层中左侧出现的特征将不再舍弃。在向下生长过程中，当到达叶节点即特征个数 l 时，计算当前达到的准则函数值，记为界限 B。

到达叶节点后算法开始向上回溯，每向上回溯一步即回到上层相应节点状态，在最近的包含分支的节点停止，从该节点的左侧分支按照上述规则向下搜索，如果在其中的某一个节点准则函数值小于 B 值，则说明最优解已不可能出现在该节点下，即停止该树枝搜索，重新向上回溯。如果搜索到新的叶子节点，则记录该节点特征组合，并更新 B 值，重新向上回溯。在回溯过程中，若遇到根节点，而且满足准则函数值不如 B 值条件，即无法继续搜索其他树枝，则算法停止，记录的最后一次特征组合就是最优结果。

通常在树全部生长完前会找到最优解，也就是在回溯过程中满足停止条件。这种搜索策略考虑到所有可能组合结果，并且得到的组合是所有可能组合中最优的。

5.4 基于随机搜索的特征选择

近些年来，人们发展了另外一类搜索策略，即随机搜索，对所有可能的解进行多次随机抽样。随机搜索由随机产生的某个候选特征子集开始，依照一定的规则逐步逼近全局最优解，例如：遗传算法(Genetic Algorithm，GA)、模拟退火算法(Simulated Annealing，SA)、粒子群算法(Particl Swarm Optimization，PSO)和免疫算法(Immune Algorithm，IA)等，遗传算法是其中的代表作。遗传算法主要启发于达尔文的生物进化论，生物经过遗传和变异，按照“物竞天择，适者生存”原则，逐步进化到适合当前环境的状态。而用于优化的遗传算法利用这一思想发展。下面介绍一些在遗传算法中常使用的术语。

1. 基因链码

遗传基因决定了生物的性状，在遗传算法中，需要把解的状态编码成一个基因链码，经过一系列操作后通过对基因链码解码得到解的新状态。用最简单的二进制编码举例说明，假设整数 1552 是问题的一个可能解，则可用 1552 的二进制形式 11000010000 来表示对应的基因链码。

2. 群体

每个解作为一个个体，若干个体的集合组成一个群体，因此一个群体就是问题的一些可能解的集合。例如，集合 $P_1=\{\boldsymbol{x}_1, \boldsymbol{x}_2, \cdots, \boldsymbol{x}_{30}\}$就表示一个含有 30 个个体的群体。

3. 交叉

选取两个个体作为子代的双亲，对双亲之间的基因链码做交叉，从而产生两个新个体即子代，一种简单的交叉方法是：在基因链码中随机地选取一个截断位置，将双亲基因链码在截断位置断开，彼此交换后一部分，经过组合形成两个新的个体。如图 5.2 所示。

	双亲			后代	
$\boldsymbol{x}_1$	1000 |	10011110	$\boldsymbol{x}_1$	1000	11000110
$\boldsymbol{x}_2$	0110 |	11000110	$\boldsymbol{x}_2$	0110	10011110

图 5.2　交叉示意图

4. 变异

基因突变式生物进化的方式之一，在遗传算法中，变异沿用这一概念。其方法是对于一个个体的基因链码，随机选取某一位置的基因，即链码中某一位，改变该基因数值。如图 5.3 所示。

1000110　0　0110 ——→ 1000110　1　0110
　　　　　↑　　　　　　　　　　　↑

图 5.3　变异示意图

5. 适应度

选择一个函数指标作为衡量每个个体对当前问题的适应度，性能越好，代表越能适应当前环境，根据适应度选择高质量个体，通过迭代选出相对最优的解。

根据达尔文进化论，自然界中的每个个体通过不断对环境学习和适应，然后通过交叉产生新的子代，即基因的遗传。遗传使得子代继承双亲的优良特性，并继续对环境学习和适应，突变出现在交叉之后，突变增加了群体多样性，变异有好有坏，通过自然选择能够保留好的变异，去除坏的变异。从进化的角度看，新的一代群体对环境的平均适应程度比上一代要高。

下面给出遗传算法的基本框架：

(1) 初始代数 $t=0$。

(2) 给出初始化群体 $P(t)$，并令 $\boldsymbol{x}_g$ 为其中任意一个个体。

(3) 对 $P(t)$中每个个体估值，并将群体中最优解 $\boldsymbol{x}'$与 $\boldsymbol{x}_g$ 比较，如果 $\boldsymbol{x}'$的性能优于 $\boldsymbol{x}_g$，则 $\boldsymbol{x}_g=\boldsymbol{x}'$。

(4) 如果满足终止条件，则算法结束，$\boldsymbol{x}_g$ 为最后算法结果。否则，转到步骤(5)。

(5) 从 $P(t)$选择个体并进行交叉和变异操作，得到新一代个体 $P(t+1)$，令 $t=t+1$，转到步骤(3)。

在用遗传算法进行特征选择时，首先把每个可能的解编码成基因链码。可以采用如下的简单编码方式：如果问题要求从 n 个特征中选出 n' 个特征组合，可用一个 m 位的 0 或 1 构成的字符串作为基因链码，其表示一种特征组合，其中被选中的特征对应位为 1，相反地，没有被选中的特征对应位为 0。很明显，对任何一种特征组合，存在唯一的一个字符串与之对应，而适应度函数可以用类可分性准则代替。

习　题

1. 已知两组一维正态分布，其期望和方差如下：

第一组：$\mu_1=0$，$\mu_2=0$，$\sigma_1^2=4$，$\sigma_2^2=0.25$

第二组：$\mu_1=0$，$\mu_2=0$，$\sigma_1^2=1$，$\sigma_2^2=1$

分别求两组的 Bhattacharyya 距离和散度。

2. 利用基于遗传算法的特征选择方法处理手写体 Minst 特征选择问题，试列出具体的处理步骤。

参考文献

[1] 毛勇，周晓波，夏铮. 特征选择算法研究综述[J]. 模式识别与人工智能，2007(2)：71－78.

[2] 陈根社，陈新海. 遗传算法的研究与进展[J]. 信息与控制，1994(04)：215－222.

[3] (希腊)西奥多里蒂斯著. 模式识别[M]. 北京：电子工业出版社，2010.

[4] 边肇祺. 模式识别[M]. 北京：清华大学出版社，1988.

[5] 周志华. 机器学习[M]. 北京：清华大学出版社，2016.

[6] 姚明海，王娜，齐妙. 改进的最大相关最小冗余特征选择方法研究[J]. 计算机工程与应用，2014，(9)：120－126.

第6章 特征提取

在模式识别中，特征提取尤为重要。特征提取的基本思想是将处于高维空间中的原始样本特征描述映射或变换为低维特征描述。低维特征描述是否有效，直接影响到后续模型性能的好坏。因此，研究样本的特征模式，提取有效特征，成为模式识别任务中的核心之一。

本章介绍一些用于特征提取的经典方法，如主成分分析(Principal Component Analysis，PCA)、核化主成分分析(Kernel Principal Component Analysis，KPCA)、多维缩放(Multiple Dimensional Scaling，MDS)、线性判别分析(Linear Discriminant Analysis，LDA)、等度量映射(Isometric Mapping，Isomap)、局部线性嵌入(Locally Linear Embedding，LLE)等。

6.1 主成分分析

主成分分析(Principal Component Analysis，PCA)是一种重要的、被广泛使用的无监督线性降维方法。通常为了使原始数据的样本得到更好的表达，需要降低数据维度上的冗余性，即希望数据各个维度之间的信息不相关，因此使用PCA实现对样本的重新表达。

1. PCA概述

PCA可从冗余的特征中提取主要成分，在保证模型质量的情况下，提升模型的训练速度。假设数据集有 m 个 n 维样本($\boldsymbol{x}_1$，$\boldsymbol{x}_2$，…，$\boldsymbol{x}_m$)，我们希望将这 m 个样本的维度从 n 维降到 n' 维，同时希望这 m 个 n' 维样本尽可能地代表原始数据集。从 n 维降到 n' 维会有损失，若希望损失尽可能小，想用一个超平面(直线的高维推广)对所有的样本进行恰当表达，那么它应具有这样的性质：第一，样本点到超平面的距离足够近；第二，样本点在这个超平面上的投影尽可能分开。

根据超平面的这两种性质，分别进行相应的推导。

1）依据样本点到这个超平面的距离足够近进行推导

假设 m 个样本($\boldsymbol{x}_1$，$\boldsymbol{x}_2$，…，$\boldsymbol{x}_m$)都已经进行了中心化，即 $\sum_{i=1}^{m}\boldsymbol{x}_i=0$。经过投影变换后得到的新的坐标系为$\{\boldsymbol{w}_1, \boldsymbol{w}_2, \cdots, \boldsymbol{w}_n\}$，其中 $\boldsymbol{w}_i$ 是标准正交基向量，即 $\|\boldsymbol{w}_i\|_2=1$，$\boldsymbol{w}_i^{\mathrm{T}}\boldsymbol{w}_j=0(i\neq j)$。若将数据降维，从 n 维降到 n' 维，则丢弃新坐标系中的部分坐标，样本点 $\boldsymbol{x}_i$ 在 n' 维坐标系中的投影为：$\boldsymbol{z}_i=(z_{i1}; z_{i2}; \cdots; z_{in'})$，其中，$z_{ij}=\boldsymbol{w}_j^{\mathrm{T}}\boldsymbol{x}_i$ 是 $\boldsymbol{x}_i$ 在低维坐标系里第 j 维的坐标。若用 $\boldsymbol{z}_i$ 来恢复原始数据 $\boldsymbol{x}_i$，则得到的恢复数据 $\hat{\boldsymbol{x}}_i=\sum_{j=1}^{n'}z_{ij}\boldsymbol{w}_j$。

考虑整个训练集，原样本点 $\boldsymbol{x}_i$ 与基于投影重构的样本点$\hat{\boldsymbol{x}}_i$ 之间的距离为

$$\sum_{i=1}^{m}\left\|\sum_{j=1}^{n'}z_{ij}\boldsymbol{w}_j-\boldsymbol{x}_i\right\|_2^2=\sum_{i=1}^{m}\boldsymbol{z}_i^{\mathrm{T}}\boldsymbol{z}_i-2\sum_{i=1}^{m}\boldsymbol{z}_i^{\mathrm{T}}\boldsymbol{W}^{\mathrm{T}}\boldsymbol{x}_i+\text{const}$$
$$\propto-\operatorname{tr}\left(\boldsymbol{W}^{\mathrm{T}}\left(\sum_{i=1}^{m}\boldsymbol{x}_i\boldsymbol{x}_i^{\mathrm{T}}\right)\boldsymbol{W}\right) \tag{6.1}$$

其中，$\boldsymbol{W}=(\boldsymbol{w}_1, \boldsymbol{w}_2, \cdots, \boldsymbol{w}_n)$，const 表示常数。由于样本点到这个超平面有足够近的距离，考虑到 $\boldsymbol{w}_j$ 是标准正交基，$\frac{1}{m-1}\sum_{i=1}^{m}\boldsymbol{x}_i\boldsymbol{x}_i^{\mathrm{T}}$ 是协方差矩阵，由于常数项对协方差矩阵不产生影响，故记 $\sum_{i=1}^{m}\boldsymbol{x}_i\boldsymbol{x}_i^{\mathrm{T}}$ 是协方差矩阵，因此有

$$\begin{cases}\min\limits_{\boldsymbol{W}} & -\operatorname{tr}(\boldsymbol{W}^{\mathrm{T}}\boldsymbol{X}\boldsymbol{X}^{\mathrm{T}}\boldsymbol{W})\\ \text{s. t.} & \boldsymbol{W}^{\mathrm{T}}\boldsymbol{W}=\boldsymbol{I}\end{cases} \tag{6.2}$$

这便是主成分分析的优化目标。

2）依据样本点在这个超平面上的投影尽可能分开进行推导

使样本点在这个超平面上的投影尽可能分开，即应该使投影后样本点的方差最大化。

投影后样本点的方差是 $\boldsymbol{W}^{\mathrm{T}}\boldsymbol{X}\boldsymbol{X}^{\mathrm{T}}\boldsymbol{W}$，于是优化目标可写为

$$\begin{cases}\max\limits_{W} & \operatorname{tr}(\boldsymbol{W}^{\mathrm{T}}\boldsymbol{X}\boldsymbol{X}^{\mathrm{T}}\boldsymbol{W})\\ \text{s. t.} & \boldsymbol{W}^{\mathrm{T}}\boldsymbol{W}=\boldsymbol{I}\end{cases} \tag{6.3}$$

对式(6.2)或式(6.3)使用拉格朗日乘子法可得

$$\boldsymbol{X}\boldsymbol{X}^{\mathrm{T}}\boldsymbol{w}_i=\lambda_i\boldsymbol{w}_i \tag{6.4}$$

于是对协方差矩阵 $\boldsymbol{X}\boldsymbol{X}^{\mathrm{T}}$ 进行特征值分解，将求得的特征值排序：$\lambda_1\geqslant\lambda_2\geqslant\cdots\geqslant\lambda_n$，再取前 n'个特征值对应的特征向量构成 $\boldsymbol{W}^*=(\boldsymbol{w}_1, \boldsymbol{w}_2, \cdots, \boldsymbol{w}_{n'})$，即得到主成分分析的解。

2. PCA 算法

PCA 算法可描述为图 6.1 所示。

输入：样本集 $D=\{\boldsymbol{x}_1, \boldsymbol{x}_2, \cdots, \boldsymbol{x}_m\}$，低维空间维数 n'

过程：(1) 对所有样本进行中心化

(2) 计算样本的协方差矩阵 $\boldsymbol{X}\boldsymbol{X}^{\mathrm{T}}$

(3) 对协方差矩阵 $\boldsymbol{X}\boldsymbol{X}^{\mathrm{T}}$ 做特征值分解

(4) 取最大的 n'个特征值对应的特征向量 $\boldsymbol{w}_1, \boldsymbol{w}_2, \cdots, \boldsymbol{w}_{n'}$

输出：投影矩阵 $\boldsymbol{W}^* = (\boldsymbol{w}_1, \boldsymbol{w}_2, \cdots, \boldsymbol{w}_{n'})$

图 6.1　PCA 算法

降维后得到的低维空间的维数 n'通常是事先指定的，或通过在 n'值不同的低维空间中对分类器进行交叉验证来选取较好的 n'值。对于 PCA，还可以从重构的角度设置一个重构阈值，例如 $t=95\%$，然后选取使式(6.5)成立的最小 n'值：

$$\frac{\sum_{i=1}^{n'}\lambda_i}{\sum_{i=1}^{n}\lambda_i} \geqslant t \tag{6.5}$$

6.2　核主成分分析

主成分分析是一种线性降维方法，前提是假设从高维空间引入到低维空间的函数映射是线性的。而在一些问题中，则需要非线性映射才能找到合适的低维嵌入。本节将介绍一种非线性降维方式——核主成分分析(Kernel Principle Component Analysis，KPCA)，即通过引入核函数，对数据进行非线性降维。

KPCA 是基于核技巧对线性降维方法进行“核化”，将原样本通过核映射后，再在核空间基础上做 PCA 降维。KPCA 可实现非线性特征提取，但是需要提前指定选定核函数的类型。不同的核函数类型反映了对数据分布的不同假设，这也可看作是对数据引入的一种非线性距离的度量。

考虑高维空间中的数据，将其投影到由 $\boldsymbol{W}=(\boldsymbol{w}_1, \boldsymbol{w}_2, \cdots, \boldsymbol{w}_n)$确定的超平面上，那么对于 $\boldsymbol{w}_j$ 有

$$\left(\sum_{i=1}^{m}\boldsymbol{z}_i\boldsymbol{z}_i^{\mathrm{T}}\right)\boldsymbol{w}_j = \lambda_j\boldsymbol{w}_j \tag{6.6}$$

其中，$\boldsymbol{z}_i$ 是样本点 $\boldsymbol{x}_i$ 在高维特征空间中的像，则可知

$$\boldsymbol{w}_j = \frac{1}{\lambda_j}\left(\sum_{i=1}^{m}\boldsymbol{z}_i\boldsymbol{z}_i^{\mathrm{T}}\right)\boldsymbol{w}_j = \sum_{i=1}^{m}\boldsymbol{z}_i\frac{\boldsymbol{z}_i^{\mathrm{T}}\boldsymbol{w}_j}{\lambda_j} = \sum_{i=1}^{m}\boldsymbol{z}_i\alpha_i^j \tag{6.7}$$

其中，$\alpha_i^j = \frac{1}{\lambda_j}\boldsymbol{z}_i^{\mathrm{T}}\boldsymbol{w}_j$ 是 $\boldsymbol{\alpha}_i$ 的第 j 个分量。假如 $\boldsymbol{z}_i$ 是由原始属性空间中的样本点 $\boldsymbol{x}_i$ 通过映射 ϕ

产生的，即 $z_i=\phi(\boldsymbol{x}_i)$，$i=1, 2, \cdots, m$。若 ϕ 能被表达出来，则可通过它将样本映射到高维特征空间，再在特征空间中实施 PCA 即可。

式(6.6)可变换为

$$\left(\sum_{i=1}^{m}\phi(\boldsymbol{x}_i)\phi(\boldsymbol{x}_i)^{\mathrm{T}}\right)\boldsymbol{w}_j=\lambda_j\boldsymbol{w}_j \tag{6.8}$$

式(6.7)可变换为

$$\boldsymbol{w}_j=\sum_{i=1}^{m}\phi(\boldsymbol{x}_i)\alpha_i^j \tag{6.9}$$

由于不清楚 ϕ 的具体形式，于是引入核函数

$$\kappa(\boldsymbol{x}_i, \boldsymbol{x}_j)=\phi(\boldsymbol{x}_i)^{\mathrm{T}}\phi(\boldsymbol{x}_j) \tag{6.10}$$

将式(6.9)和式(6.10)代入式(6.8)，化简可得

$$\boldsymbol{K}\boldsymbol{\alpha}^j=\lambda_j\boldsymbol{\alpha}^j \tag{6.11}$$

其中，$\boldsymbol{K}$ 为 κ 对应的核矩阵，有 $(\boldsymbol{K})_{ij}=\kappa(\boldsymbol{x}_i, \boldsymbol{x}_j)$，$\boldsymbol{\alpha}^j=(\alpha_1^j; \alpha_2^j; \cdots; \alpha_m^j)$。式(6.11)是特征值分解问题，取 $\boldsymbol{K}$ 最大的 n' 个特征值对应的特征向量即可。

对新样本 $\boldsymbol{x}$，其投影后的第 $j(j=1, 2, \cdots, n')$ 维坐标为

$$z_j=\boldsymbol{w}_j^{\mathrm{T}}\phi(x)=\sum_{i=1}^{m}\alpha_i^j\phi(\boldsymbol{x}_i)^{\mathrm{T}}\phi(\boldsymbol{x})=\sum_{i=1}^{m}\alpha_i^j\kappa(\boldsymbol{x}_i, \boldsymbol{x}) \tag{6.12}$$

其中，$\boldsymbol{\alpha}_i$ 已经经过规范化。为获得投影后的坐标，KPCA 需要对所有样本求和，这样计算开销明显增大。

6.3　线性判别分析

线性判别分析(Linear Discriminant Analysis，LDA)是一种有监督的线性降维方法。它将高维的数据样本投影到最佳判别的矢量空间，以保证样本数据在该空间中有最佳的可分离性。LDA 也称为 Fisher 线性判别，1936 年由 Ronald Fisher 首先提出，1996 年由 Belhumeur 引入模式识别和人工智能领域。

LDA 的基本思想：给定训练集，将样本投影到一条直线上，使得同类样本的投影点尽可能接近，非同类样本的投影点尽可能远离。在对新样本进行分类时，将其投影到同样的这条线上，再根据投影点的位置来确定新样本的类别。

给定数据集 $D=\{(\boldsymbol{x}_1, y_1), (\boldsymbol{x}_2, y_2), \cdots, (\boldsymbol{x}_m, y_m)\}$，$y_i\in\{0, 1\}$，令 $\boldsymbol{X}_i$，$\boldsymbol{\mu}_i$，$\boldsymbol{\Sigma}_i$ 分别表示第 $i\in\{0, 1\}$ 类示例的集合、均值向量、协方差矩阵。将数据投影到直线 $\boldsymbol{w}$ 上，则两类样本的中心在直线上的投影分别为 $\boldsymbol{w}^{\mathrm{T}}\boldsymbol{\mu}_0$ 和 $\boldsymbol{w}^{\mathrm{T}}\boldsymbol{\mu}_1$，若将样本点都投影到直线上，则两类样本的协方差分别为 $\boldsymbol{w}^{\mathrm{T}}\boldsymbol{\Sigma}_0\boldsymbol{w}$ 和 $\boldsymbol{w}^{\mathrm{T}}\boldsymbol{\Sigma}_1\boldsymbol{w}$。

要使同类样本的投影点尽可能接近，则可让同类样本的投影点的协方差尽可能小，即

$\boldsymbol{w}^{\mathrm{T}}\boldsymbol{\Sigma}_0\boldsymbol{w}+\boldsymbol{w}^{\mathrm{T}}\boldsymbol{\Sigma}_1\boldsymbol{w}$ 尽可能小，要让不同类样本的投影点尽可能远离，使得类中心之间的距离尽可能大，即 $\|\boldsymbol{w}^{\mathrm{T}}\boldsymbol{\mu}_0-\boldsymbol{w}^{\mathrm{T}}\boldsymbol{\mu}_1\|_2^2$ 尽可能大。同时考虑类间和类内，即可得到最大化目标为

$$J=\frac{\|\boldsymbol{w}^{\mathrm{T}}\boldsymbol{\mu}_0-\boldsymbol{w}^{\mathrm{T}}\boldsymbol{\mu}_1\|_2^2}{\boldsymbol{w}^{\mathrm{T}}\boldsymbol{\Sigma}_0\boldsymbol{w}+\boldsymbol{w}^{\mathrm{T}}\boldsymbol{\Sigma}_1\boldsymbol{w}}=\frac{\boldsymbol{w}^{\mathrm{T}}(\boldsymbol{\mu}_0-\boldsymbol{\mu}_1)(\boldsymbol{\mu}_0-\boldsymbol{\mu}_1)^{\mathrm{T}}\boldsymbol{w}}{\boldsymbol{w}^{\mathrm{T}}(\boldsymbol{\Sigma}_0+\boldsymbol{\Sigma}_1)\boldsymbol{w}} \tag{6.13}$$

定义“类内离散度矩阵”为

$$\boldsymbol{S}_w=\boldsymbol{\Sigma}_0+\boldsymbol{\Sigma}_1=\sum_{\boldsymbol{x}\in X_0}(\boldsymbol{x}-\boldsymbol{\mu}_0)(\boldsymbol{x}-\boldsymbol{\mu}_0)^{\mathrm{T}}+\sum_{\boldsymbol{x}\in X_1}(\boldsymbol{x}-\boldsymbol{\mu}_1)(\boldsymbol{x}-\boldsymbol{\mu}_1)^{\mathrm{T}} \tag{6.14}$$

以及“类间离散度矩阵”为

$$\boldsymbol{S}_b=(\boldsymbol{\mu}_0-\boldsymbol{\mu}_1)(\boldsymbol{\mu}_0-\boldsymbol{\mu}_1)^{\mathrm{T}} \tag{6.15}$$

则式(6.13)可重写为

$$J=\frac{\boldsymbol{w}^{\mathrm{T}}\boldsymbol{S}_b\boldsymbol{w}}{\boldsymbol{w}^{\mathrm{T}}\boldsymbol{S}_w\boldsymbol{w}} \tag{6.16}$$

这就是 LDA 想要最大化的目标。

为确定 $\boldsymbol{w}$，可令 $\boldsymbol{w}^{\mathrm{T}}\boldsymbol{S}_w\boldsymbol{w}=1$，则式(6.16)等价于

$$\begin{cases}\min\limits_{\boldsymbol{w}}-\boldsymbol{w}^{\mathrm{T}}\boldsymbol{S}_b\boldsymbol{w}\\ \text{s.t.}\ \ \boldsymbol{w}^{\mathrm{T}}\boldsymbol{S}_w\boldsymbol{w}=1\end{cases} \tag{6.17}$$

由拉格朗日乘子法可得，式(6.17)等价于

$$\boldsymbol{S}_b\boldsymbol{w}=\lambda\boldsymbol{S}_w\boldsymbol{w} \tag{6.18}$$

其中，λ 是拉格朗日乘子，而 $\boldsymbol{S}_b\boldsymbol{w}$ 的方向恒为 $\boldsymbol{\mu}_0-\boldsymbol{\mu}_1$，不妨令

$$\boldsymbol{S}_b\boldsymbol{w}=\lambda(\boldsymbol{\mu}_0-\boldsymbol{\mu}_1) \tag{6.19}$$

代入式(6.18)，则有

$$\boldsymbol{w}=\boldsymbol{S}_w^{-1}(\boldsymbol{\mu}_0-\boldsymbol{\mu}_1) \tag{6.20}$$

将 LDA 推广到多类时，假定存在 c 个类，且第 i 个类样本的数目为 m_i，则可定义全局散度矩阵

$$\boldsymbol{S}_t=\boldsymbol{S}_b+\boldsymbol{S}_w=\sum_{i=1}^{m}(\boldsymbol{x}_i-\boldsymbol{\mu})(\boldsymbol{x}_i-\boldsymbol{\mu})^{\mathrm{T}} \tag{6.21}$$

其中，$\boldsymbol{\mu}$ 是所有样本的均值向量，类内散度矩阵 $\boldsymbol{S}_w$ 定义为每个类别的散度矩阵之和，即

$$\boldsymbol{S}_w=\sum_{i=1}^{c}\boldsymbol{S}_{w_i} \tag{6.22}$$

其中

$$\boldsymbol{S}_{w_i}=\sum_{\boldsymbol{x}\in X_i}(\boldsymbol{x}-\boldsymbol{\mu}_i)(\boldsymbol{x}-\boldsymbol{\mu}_i)^{\mathrm{T}} \tag{6.23}$$

根据全局散度矩阵与类间、类内散度矩阵的关系有

$$\boldsymbol{S}_b=\boldsymbol{S}_t-\boldsymbol{S}_w=\sum_{i=1}^{c}m_i(\boldsymbol{\mu}_i-\boldsymbol{\mu})(\boldsymbol{\mu}_i-\boldsymbol{\mu})^{\mathrm{T}} \tag{6.24}$$

通常，只需要获知 $\boldsymbol{S}_t$，$\boldsymbol{S}_b$，$\boldsymbol{S}_w$ 三者中任意两个即可。常用的一种优化目标可表示为

$$\max_{\boldsymbol{W}} \frac{\mathrm{tr}(\boldsymbol{W}^{\mathrm{T}}\boldsymbol{S}_b\boldsymbol{W})}{\mathrm{tr}(\boldsymbol{W}^{\mathrm{T}}\boldsymbol{S}_w\boldsymbol{W})} \tag{6.25}$$

式(6.25)可通过下面的广义特征值求解：

$$\boldsymbol{S}_b\boldsymbol{W} = \lambda\boldsymbol{S}_w\boldsymbol{W} \tag{6.26}$$

$\boldsymbol{W}$ 的闭式解是 $\boldsymbol{S}_w^{-1}\boldsymbol{S}_b$ 的 n' 个最大非零广义特征值所对应的特征向量组成的矩阵。

若将 $\boldsymbol{W}$ 视为一个投影矩阵，则多分类 LDA 样本投影到 n' 维空间，n' 通常远小于数据原有的属性数 n，于是，可通过这个投影来减少样本点的维数，且投影过程中使用了类别信息，因此 LDA 也被视为一种经典的监督降维方法。

6.4 多维缩放

PCA 是把观察的数据用较少的维数去表达，而多维缩放(Multiple Dimensional Scaling，MDS)是针对样本间的相似性，利用这个信息去构建合适的低维空间，即根据样本之间的距离关系或不相似度关系在低维空间里生成对样本的一种表示。若要求原始空间中样本之间的距离在低维空间中得以保持，那么便得到一种经典的降维方法——MDS。同时，它属于无监督非线性降维方法。下面对 MDS 展开介绍。

假定 m 个样本在原始空间的距离矩阵为 $\boldsymbol{D}\in\mathbf{R}^{m\times m}$，其中第 i 行 j 列的元素表示为 d_{ij}，表示样本 $\boldsymbol{x}_i$ 到 $\boldsymbol{x}_j$ 的距离。为了得到样本在 n' 维空间的表示 $\boldsymbol{Z}\in\mathbf{R}^{n'\times m}$，并且任意两个样本在 n' 维空间中的欧氏距离等于原始空间中的距离，即 $\|\boldsymbol{z}_i-\boldsymbol{z}_j\|=d_{ij}$。

令 $\boldsymbol{B}=\boldsymbol{Z}^{\mathrm{T}}\boldsymbol{Z}\in\mathbf{R}^{m\times m}$，其中，$\boldsymbol{B}$ 为降维后样本的内积矩阵，$b_{ij}=\boldsymbol{z}_i^{\mathrm{T}}\boldsymbol{z}_j$，则有

$$d_{ij}^2 = \|\boldsymbol{z}_i\|^2 + \|\boldsymbol{z}_j\|^2 - 2\boldsymbol{z}_i^{\mathrm{T}}\boldsymbol{z}_j = b_{ii} + b_{jj} - 2b_{ij} \tag{6.27}$$

中心化降维后的样本为 $\boldsymbol{z}$，即 $\sum_{i=1}^{m}\boldsymbol{z}_i = 0$，显然，矩阵 $\boldsymbol{B}$ 的行与列之和均为 0，即

$$\sum_{i=1}^{m} b_{ij} = \sum_{j=1}^{m} b_{ij} = 0$$

则有

$$\sum_{i=1}^{m} d_{ij}^2 = \mathrm{tr}(\boldsymbol{B}) + mb_{jj} \tag{6.28}$$

$$\sum_{j=1}^{m} d_{ij}^2 = \mathrm{tr}(\boldsymbol{B}) + mb_{ii} \tag{6.29}$$

$$\sum_{i=1}^{m}\sum_{j=1}^{m} d_{ij}^2 = 2m\mathrm{tr}(\boldsymbol{B}) \tag{6.30}$$

其中，$\mathrm{tr}(\boldsymbol{B}) = \sum_{i=1}^{m}\|\boldsymbol{z}_i\|^2$，令

$$d_{i.}^2 = \frac{1}{m}\sum_{j=1}^{m} d_{ij}^2 \tag{6.31}$$

$$d_{.j}^2 = \frac{1}{m}\sum_{i=1}^{m} d_{ij}^2 \tag{6.32}$$

$$d_{..}^2 = \frac{1}{m^2}\sum_{i=1}^{m}\sum_{j=1}^{m} d_{ij}^2 \tag{6.33}$$

由式(6.27)和式(6.28)～式(6.33)可得

$$b_{ij} = -\frac{1}{2}(d_{ij}^2 - d_{i.}^2 - d_{.j}^2 + d_{..}^2) \tag{6.34}$$

由此即可通过降维前后保持不变的距离矩阵 $\boldsymbol{D}$ 求取内积矩阵 $\boldsymbol{B}$。

对矩阵 $\boldsymbol{B}$ 做特征值分解，$\boldsymbol{B}=\boldsymbol{V\Lambda V}^{\mathrm{T}}$，其中 $\boldsymbol{\Lambda}=\mathrm{diag}(\lambda_1, \lambda_2, \cdots, \lambda_n)$ 为特征向量矩阵，假定其中有 n^* 个非零特征值，它们构成对角矩阵 $\boldsymbol{\Lambda}_*=\mathrm{diag}(\lambda_1, \lambda_2, \cdots, \lambda_{n^*})$，令 $\boldsymbol{V}_*$ 为相应的特征向量矩阵，则 $\boldsymbol{Z}$ 可表达为

$$\boldsymbol{Z} = \boldsymbol{\Lambda}_*^{1/2}\boldsymbol{V}_*^{\mathrm{T}} \in \mathbf{R}^{n^* \times m} \tag{6.35}$$

实际应用中的有效降维，需要使得降维后的距离与原始空间中的距离尽可能接近，而并不要求相等。这时可取 $n'\ll n$ 个最大特征值构成对角矩阵 $\widetilde{\boldsymbol{\Lambda}}=\mathrm{diag}(\lambda_1, \lambda_2, \cdots, \lambda_{n'})$，令 $\widetilde{\boldsymbol{V}}$ 表示相应的特征向量矩阵，则 $\boldsymbol{Z}$ 可表达为

$$\boldsymbol{Z} = \widetilde{\boldsymbol{\Lambda}}^{1/2}\widetilde{\boldsymbol{V}}^{\mathrm{T}} \in \mathbf{R}^{n' \times m} \tag{6.36}$$

MDS 算法的介绍如图 6.2 所示。

输入：距离矩阵 $\boldsymbol{D}\in \mathbf{R}^{m\times m}$，其元素 d_{ij} 为样本$\boldsymbol{x}_i$到$\boldsymbol{x}_j$的距离，低维空间维数 n'

过程：(1) 由式(6.31)～式(6.33)计算 $d_{i.}^2$，$d_{.j}^2$，d_{ii}^2

(2) 由式(6.34)计算矩阵 $\boldsymbol{B}$

(3) 对矩阵 $\boldsymbol{B}$ 做特征值分解

(4) $\widetilde{\boldsymbol{\Lambda}}$ 为 n'个最大特征值所构成的对角矩阵，$\widetilde{\boldsymbol{V}}$ 为相应的特征向量矩阵

输出：矩阵 $\widetilde{\boldsymbol{V}}\boldsymbol{\Lambda}^{1/2}\in \mathbf{R}^{m\times n'}$，每行是一个样本的低维坐标

图 6.2　MDS 算法

6.5　流形学习

流形(Manifold)的概念最早是在 1854 年由 Riemann 提出的，现代使用的流形的定义则是由 Hermann Weyl 在 1913 年给出的。流形，一般可以认为是局部具有欧氏空间性质的空间。流形学习是指将观察到的数据由一个低维流形映射到一个高维空间上。由于数据内

部特征的限制，一些高维空间的数据会产生维度上的冗余，因此用比较低的维度便可唯一地表示高维上的数据。下面介绍一些典型的流形学习的方法，如等度量映射和局部线性嵌入方法。

6.5.1 等度量映射

当样本在高维空间中按照某种复杂结构分布时，如果直接计算两个样本点之间的欧氏距离，就损失了样本分布的结构信息。如果样本分布比较密集，则可以假定样本集的复杂结构在每个小的局部都可以用欧氏空间来近似，然后计算每个样本与相邻样本之间的欧氏距离。对于两个不相邻的样本，寻找一系列两两相邻的样本构成连接这两个样本的路径，用两个样本间最短路径上的局部距离之和作为两个样本间的距离，这种距离称之为测地线距离。

考虑到低维流形嵌入到高维空间后，在高维空间中计算直线距离具有误导性，高维空间中的直线距离在低维嵌入流形上不可达。测地线距离是指低维嵌入流形上两点间的距离，即两点之间的本真距离，如图 6.3(a)中的实线。在图 6.3(c)中，基于近邻距离逼近，可获得低维流形上测地线距离的近似。

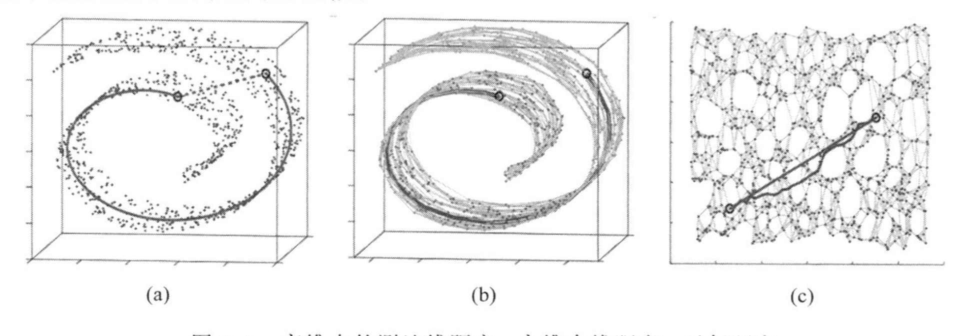

图 6.3 高维中的测地线距离，高维直线距离，近邻距离

测地线距离可利用流形在局部上与欧氏空间同胚的性质，对每个点基于欧氏距离找出近邻点建立一个近邻连接图。计算近邻连接图实际上是计算近邻连接图上两点之间的最短路径。

构建近邻图通常有两种方法：一是指定近邻点的个数；二是指定距离阈值，小于阈值的点被认为是近邻点。但这两种方法都有一些不足之处，当近邻范围太大时，距离远的点可能会被误认为是近邻，就会出现“短路”问题，近邻范围指定得较小，就可能出现“断路”问题，即有些样本点不可达，整个被划分为互不可达的小部分。

下面介绍 Isomap 算法：在近邻连接图上计算两点间的最短路径，可用 Dijkstra 算法或 Floyd 算法，在得到任意两点的距离之后，可通过 MDS 算法来获得样本点在低维空间中的坐标。下面给出 Isomap 算法的具体流程介绍。

Isomap 算法的步骤如图 6.4 所示。

输入：样本集 $D=\{\boldsymbol{x}_1, \boldsymbol{x}_2, \cdots, \boldsymbol{x}_m\}$；近邻参数 k；低维空间维数 n'

过程：(1) **for** $i=1, 2, \cdots, m$ **do**

(2) 确定 $\boldsymbol{x}_i$ 的 k 近邻

(3) $\boldsymbol{x}_i$ 与 k 近邻点之间的距离设置为欧氏距离，与其他点的距离设置为无穷大

(4) **end for**

(5) 调用最短路径计算任意两样本点之间的距离 $d(\boldsymbol{x}_i, \boldsymbol{x}_j)$

(6) 将 $d(\boldsymbol{x}_i, \boldsymbol{x}_j)$ 作为 MDS 算法的输入

(7) **return** MDS 算法的输出

输出：样本集 D 在低维空间的投影 $\boldsymbol{Z}=\{\boldsymbol{z}_1, \boldsymbol{z}_2, \cdots, \boldsymbol{z}_m\}$

图 6.4　Isomap 算法

这种方法的计算结果仅仅可以得到训练样本在低维空间中的坐标，而对于新样本而言，通常的解决方案是将训练样本的高维空间坐标作为输入，低维空间坐标作为输出，训练一个回归学习器，从而预测出新样本的低维空间坐标。

6.5.2　局部线性嵌入

与 Isomap 试图保持近邻样本间距离不同的是，局部线性嵌入(Locally Linear Embedding，LLE)试图保持邻域内样本之间的线性关系，由于 LLE 在降维时保持了样本的局部特征，因此它广泛用于图像识别、高维数据可视化等领域。图 6.5 为高维空间中的数据样本表示。

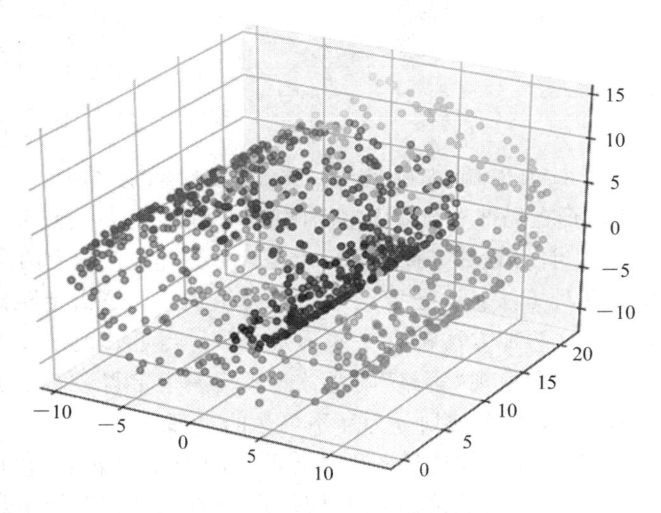

图 6.5　高维空间中的数据样本

假定样本点 $\boldsymbol{x}_i$ 的坐标与它的邻域样本 $\boldsymbol{x}_j$，$\boldsymbol{x}_k$，$\boldsymbol{x}_l$ 的坐标通过线性组合而重构出来，即

$$\boldsymbol{x}_i = w_{ij}\boldsymbol{x}_i + w_{ik}\boldsymbol{x}_k + w_{il}\boldsymbol{x}_l \tag{6.37}$$

LLE 希望线性组合的关系在低维空间中得到保持。

LLE 为每个样本 $\boldsymbol{x}_i$ 找到与其近邻的下标集合 Q_i，接着计算基于 Q_i 中的样本点对 $\boldsymbol{x}_i$ 进行线性重构的系数 $\boldsymbol{w}_i$，有

$$\begin{cases}\min\limits_{w_1, w_2, \cdots, w_m} \sum\limits_{i=1}^{m} \left\| \boldsymbol{x}_i - \sum\limits_{j\in Q_i} w_{ij}\boldsymbol{x}_j \right\|_2^2 \\ \text{s.t.} \quad \sum\limits_{j\in Q_i} w_{ij} = 1\end{cases} \tag{6.38}$$

其中，$\boldsymbol{x}_i$ 和 $\boldsymbol{x}_j$ 为已知，令 $C_{jk}=(\boldsymbol{x}_i-\boldsymbol{x}_j)^{\mathrm{T}}(\boldsymbol{x}_i-\boldsymbol{x}_k)$，$\boldsymbol{w}_{ij}$ 有闭式解，则有

$$w_{ij} = \frac{\sum\limits_{k\in Q_i} C_{jk}^{-1}}{\sum\limits_{l, s\in Q_i} C_{ls}^{-1}} \tag{6.39}$$

LLE 在低维空间中保持 $\boldsymbol{w}_i$ 不变，于是 $\boldsymbol{x}_i$ 对应的低维空间坐标 $\boldsymbol{z}_i$ 可通过式(6.40)求解

$$\min_{z_1, z_2, \cdots, z_m} \sum_{i=1}^{m} \left\| \boldsymbol{z}_i - \sum_{j\in Q_i} w_{ij}\boldsymbol{z}_j \right\|_2^2 \tag{6.40}$$

令 $\boldsymbol{Z}=(\boldsymbol{z}_1, \boldsymbol{z}_2, \cdots, \boldsymbol{z}_m)\in \mathbf{R}^{n'\times m}$，$(\boldsymbol{W})_{ij}=w_{ij}$，有

$$\boldsymbol{M} = (\boldsymbol{I}-\boldsymbol{W})^{\mathrm{T}}(\boldsymbol{I}-\boldsymbol{W}) \tag{6.41}$$

则式(6.38)可重新写为

$$\begin{cases}\min\limits_{\boldsymbol{Z}} \mathrm{tr}(\boldsymbol{zMz}^{\mathrm{T}}) \\ \text{s.t.} \quad \boldsymbol{ZZ}^{\mathrm{T}} = \boldsymbol{I}\end{cases} \tag{6.42}$$

式(6.42)可通过特征值分解求解：$\boldsymbol{M}$ 最小的 n' 个特征值对应的特征向量组成的矩阵即为 $\boldsymbol{Z}^{\mathrm{T}}$。

LLE 算法的流程总结如图 6.6 所示。

输入：样本集 $D=\{\boldsymbol{x}_1, \boldsymbol{x}_2, \cdots, \boldsymbol{x}_m\}$，近邻参数 k，低维空间维数 n'

过程：(1) **for** $i=1, 2, \cdots, m$ **do**

(2) 确定 $\boldsymbol{x}_i$ 的 k 近邻

(3) 由式(6.38)求得 w_{ij}，$j\in Q_i$

(4) 对 $j\notin Q_i$，令 $w_{ij}=0$

(5) **end for**

(6) 由式(6.41)得到 $\boldsymbol{M}$

(7) 对 $\boldsymbol{M}$ 进行特征值分解

(8) **return** $\boldsymbol{M}$ 的最小 n' 个特征值对应的特征向量

输出：样本集 D 在低维空间的投影 $\boldsymbol{Z}=\{\boldsymbol{z}_1, \boldsymbol{z}_2, \cdots, \boldsymbol{z}_m\}$

图 6.6 LLE 算法

LLE 算法是广泛使用的流形降维方法，实现简单，但对数据的流形分布特征有严格的要求。例如，不能是闭合流形，不能是稀疏的数据集，不能是分布不均匀的数据集等等，这限制了其应用。

LLE 算法可以学习任意维的局部线性的低维流形，同时，它可以归结为稀疏矩阵特征分解，计算复杂度相对较小，实现容易。然而，LLE 算法所学习的流形只能是非闭合的，并且由于算法对最近邻样本数的选择敏感，因此不同的最近邻数对最后的降维结果有很大影响。

习　题

1. 利用 PCA 对 YaleB 人脸数据集进行降维，观察降维前后分类性能的差异。
2. 编程实现 LDA，并分析其性能。
3. 结合核方法，试将 LDA 推广至使用核函数的核 LDA。

参考文献

[1] 边肇祺，张学工，等. 模式识别[M]. 2 版. 北京：清华大学出版社，2000.

[2] 周志华. 机器学习[M]. 北京：清华大学出版社，2016.

[3] JOSE C. A Fast On-line Algorithm for PCA and Its Convergence Characteristics[J]. IEEE，Transactions on Neural Network，2000，4(2)：299－307.

[4] ACHLIOPTAS D，MCSHERRY F. Fast Computation of Low Rank Approximations. Proceedings of the ACM STOC Conference，2001：611－618.

[5] YE J. Generalized Low Rank Approximation of Matrices. Proceedings of the 21st International Conference on Machine Learning，Banff，Alberta，Canada，2004：887－894.

[6] ROWEIS S T，SAUL L K. Nonlinear Dimensionality Reduction by Locally Linear Embedding. Science. 2000，290(5500)：2323.

[7] TENENBAUM J B，DE Silva V，LANGFORD J C. A Global Geometric Framework for Nonlinear Dimensionality Reduction[J]. Science，2000，290(5500)：2319－2323.

第7章 经典人工神经网络

人工神经网络是模拟人脑思维方式的数学模型。人工神经网络是在现代生物学研究人脑组织成果的基础上提出的，用来模拟人类大脑神经网络的结构和行为。人工神经网络反映了人脑功能的基本特征，如并行信息处理学习、联想、模式分类、记忆等。20 世纪 80 年代以来，人工神经网络研究取得了突破性的进展。

7.1 人工神经网络

人工神经网络(Artificial Neural Network，ANN)，是 20 世纪 80 年代以来人工智能领域兴起的研究热点。它从信息处理角度对人脑神经元网络进行抽象，建立某种简单模型，按不同的连接方式组成的网络，在工程与学术界简称为神经网络或类神经网络。神经网络是一种运算模型，由大量的节点(或称神经元)相互联接构成，如图 7.1 所示。每个节点代表一种特定的输出函数，称为激励函数。每两个节点间的连接都具有一个通过该连接信号的加权值，称为权重，相当于人工神经网络的记忆。网络的输出则依据网络的连接方式、权重值和激励函数的不同而不同，而网络自身通常都是对自然界某种算法或者函数的逼近，也可能是对一种逻辑策略的表达。

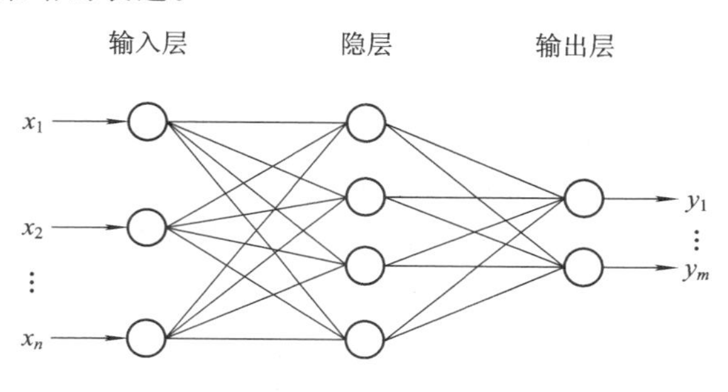

图 7.1　神经网络拓扑结构

神经网络的理念是受到生物的神经网络运作启发而产生的，人工神经网络则是把对生物神经网络的认识与数学统计模型相结合，借助数学统计工具来实现。另一方面，在人工智能学的人工感知领域，通过数学统计学的方法，使神经网络能够具备类似于人的决定能力和简单的判断能力，这种方法是对传统逻辑学演算的进一步延伸。

人工神经网络具有如下基本特征：

(1) 非线性：非线性关系是自然界的普遍特性。大脑的智慧是一种非线性现象。人工神经元处于激活或抑制两种不同的状态，这种行为在数学上表现为一种非线性人工神经网络关系。由阈值的神经元构成的网络具有更好的性能，可以提高容错性和存储容量。

(2) 非局限性：一个神经网络通常由多个神经元广泛连接而成。一个系统的整体行为不仅取决于单个神经元的特征，同时由单元之间的相互作用、相互连接所决定。单元之间的大量连接模拟了大脑的非局限性。联想记忆是非局限性的典型例子。

(3) 非常定性：人工神经网络具有自适应、自组织、自学习能力。神经网络不但能处理多种形式的信息，而且在处理信息的同时，非线性系统也在不断变化，且经常采用迭代过程描述非线性系统的演化。

(4) 非凸性：一个系统的演化方向，在一定条件下取决于某个特定的状态函数。例如：能量函数，它的极值相应于系统比较稳定的状态。非凸性是指这种函数有多个极值，故系统具有多个较稳定的平衡态，这将导致系统演化的多样性。

人工神经网络中，神经元处理单元可表示不同的对象，例如特征、字母、概念，或者一些有意义的抽象模式。网络中处理单元的类型分为三类：输入单元、输出单元和隐层单元。输入单元接受外部世界的信号与数据；输出单元实现系统处理结果的输出；隐层单元是处在输入和输出单元之间，不能由系统外部观察的单元。神经元间的连接权值反映了单元间的连接强度，信息的表示和处理体现在网络处理单元的连接关系中。

7.1.1 神经元结构

神经网络是由大量处理单元经广泛互连而组成的人工网络，用来模拟脑神经系统的结构和功能，这些处理单元通常被称作人工神经元。神经网络可看成是以神经元为节点，用有向加权弧连接起来的有向图。在有向图中，人工神经元是对生物神经元的模拟，而有向弧则是轴突—突触—树突对的模拟。有向弧的权值表示相互连接的两个人工神经元间相互作用的强弱。图 7.2 是一个典型的神经元模型：包含有 n 个输入、1 个输出，以及 2 个计算功能。中间的箭头线表示为“连接”，每个箭头上有一个“权值”。

对于神经元来说，假设来自其他神经元 i 的信息为 x_i，它们的相互作用即连接权值为 w_i，$i=1,2,\cdots,n$，处理单元的内部阈值为 θ，那么本神经元的输入为 $\sum_{i=1}^{n} w_i x_i$，而神经元的输出为

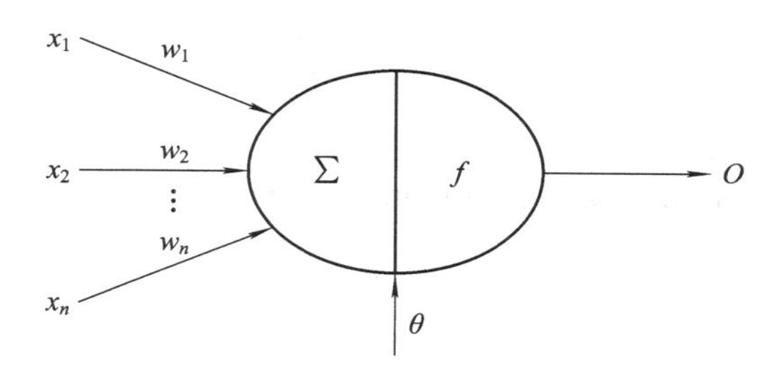

图 7.2　人工神经元模型

$$y = f\left(\sum_{i=1}^{n} w_i x_i - \theta\right)$$

式中，x_i为第 i 个元素的输入，w_i为第 i 个神经元与该神经元的权重，f 称为激励函数，它决定神经元的输出，θ 表示隐含神经节点的阈值。

在神经元结构中，为什么要使用激励函数呢？最主要的原因是：如果不用激励函数，无论神经网络有多少层，每一层输出都是上层输入的线性组合。而激励函数给神经元引入了非线性因素，使得神经网络可以任意逼近任何非线性函数，这样神经网络就可以应用到众多的非线性模型中。

常用的激活函数有以下几种形式。

1. Sigmoid 函数

Sigmoid 公式可表示为

$$f(x) = \frac{1}{1+\exp(-x)} \tag{7.1}$$

其曲线如图 7.3 所示。

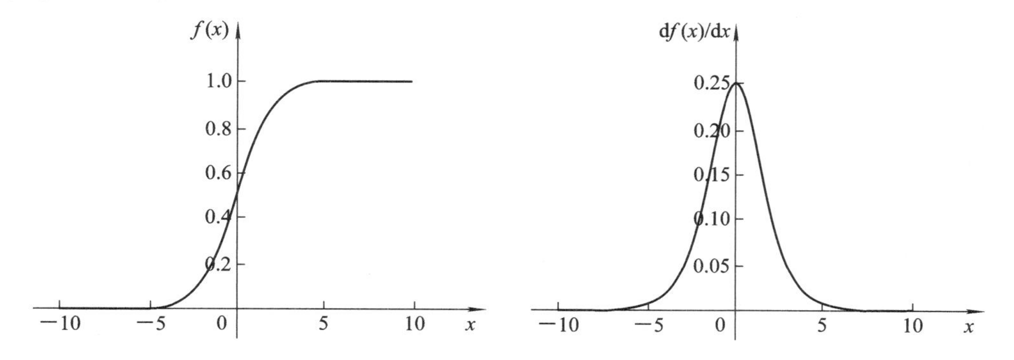

图 7.3　Sigmoid 函数及其导数图像

Sigmoid 函数也叫 Logistic 函数，用于隐层神经元输出，取值范围为(0，1)。它可以将一个实数映射到(0，1)的区间，可以用做二分类问题。(Sigmoid 函数输出的是这个样本属于正类或者负类的概率，在多分类的系统中输出的是属于不同类别的概率，进而通过概率大小判断类别。) Sigmoid 函数在特征相差比较复杂或是相差不是特别大时效果比较好。

Sigmoid 有以下缺点：

(1) 当输入远离坐标原点时，函数的梯度会逐渐趋近为零。在本章 7.1.3 节的反向传播的过程中，当反向传播每次经过 Sigmoid 函数的导数时，其微分值会大大减小。经过多个 Sigmoid 函数的导数，通过链式法则所得到的梯度值会无限趋近于零，即梯度对权重 $\boldsymbol{w}$ 的更新几乎没有影响，这样不利于权重的优化。反向传播时，很容易出现梯度消失的情况，从而无法完成深层网络的训练。

(2) 函数输出不是以 0 为中心的，这样会使权重更新效率降低。

(3) 激活函数计算量大，反向传播求误差梯度时，求导涉及除法。

2. tanh 函数

tanh 函数的公式可表示为

$$f(x)=\tanh(x)=\frac{e^{x}-e^{-x}}{e^{x}+e^{-x}} \tag{7.2}$$

其曲线如图 7.4 所示。

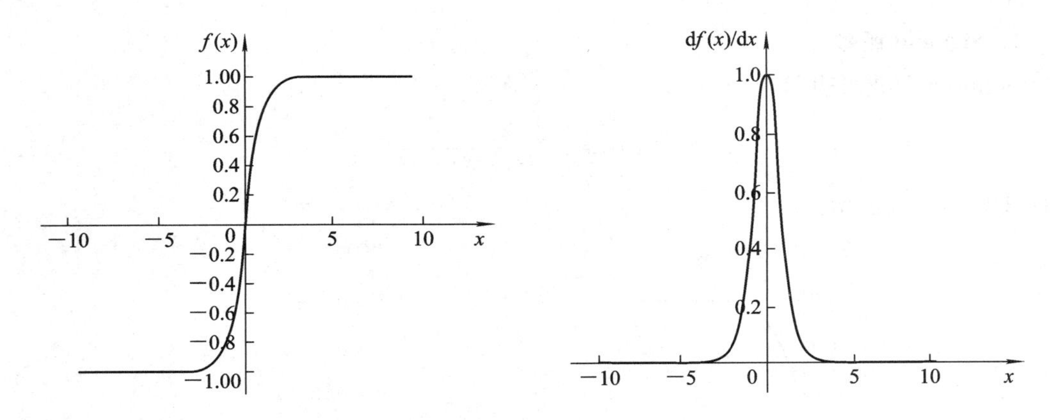

图 7.4　tanh 函数及其导数图像

tanh 也称为双切正切函数，取值范围为[−1，1]，它和 Sigmoid 函数的曲线比较相近。相同的是，这两个函数在输入很大或是很小的时候，输出几乎都很平滑，梯度趋近于零，不利于权重更新；不同的是 tanh 的输出区间在(−1，1)之间，而且整个函数以原点为中心，优于 Sigmoid。tanh 在特征相差明显时的效果会很好，在循环过程中会不断扩大特征效果。

与 Sigmoid 的区别是，tanh 是零均值的，因此实际应用中 tanh 会比 Sigmoid 更好。

3. ReLU 函数

ReLU 的公式可表示为

$$f(x) = \max(0, x) \tag{7.3}$$

其曲线如图 7.5 所示。

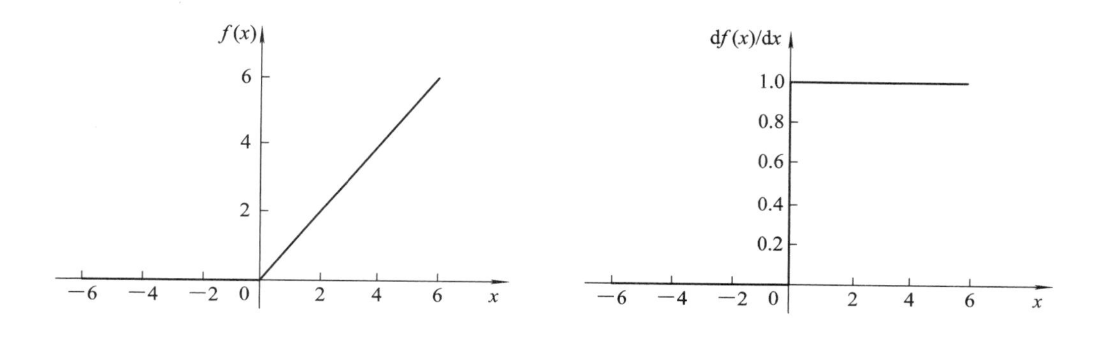

图 7.5 ReLU 函数及其导数图像

ReLU 函数是目前神经网络中使用最为广泛的激励函数，相比于 Sigmoid 函数和 tanh 函数，它有以下几个优点：

(1) 在输入为正数时，不存在梯度饱和问题。

(2) 计算速度要快很多。ReLU 函数只有线性关系，不管是前向传播还是反向传播，都比 Sigmoid 和 tanh 要快很多(Sigmoid 和 tanh 要计算指数，计算速度较慢)。

当然，ReLU 函数也有其缺点：

(1) 当输入是负数的时候，ReLU 函数的输出始终为 0，即永远处于非激活状态，在反向传播过程中，当输入为负数，梯度为 0 时，会出现和 Sigmoid 函数、tanh 函数一样的问题。

(2) ReLU 函数不是以原点为中心的函数。

7.1.2 感知器

感知器(Perceptron)也可称为感知机，是 Frank Rosenblatt 在 1957 年发明的一种人工神经网络。它可以视为一种形式最简单的前馈式人工神经网络，是一种二元线性分类器。感知器由两层神经元组成，作为一种线性分类器，感知器是最简单的前向人工神经网络形式。尽管结构简单，但能够学习并解决比较复杂的问题。在人工神经网络领域中，感知器也指单层的人工神经网络，以区别于较复杂的多层感知器(Multilayer Perceptron，MLP)。

感知器是一种双层神经网络模型，如图 7.6 所示，第一层为输入层，第二层为隐层，其中包括计算单元。感知器可以通过监督学习来逐步增强模式划分的能力，从而达到学习的目的。

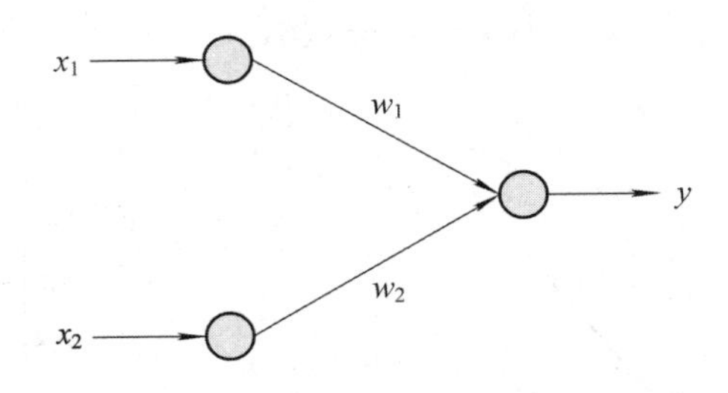

图 7.6　两个输入神经元的感知器

利用简单感知器可以实现逻辑代数中的一些运算，若已知

$$y = f\left(\sum_{i=1}^{n} w_i x_i - \theta\right)$$

那么可以得到下面几个运算：

(1)“与”运算，当 $w_1 = w_2 = 1$，$\theta = 1.5$ 时，上式完成逻辑“与”的运算；

(2)“或”运算，当 $w_1 = w_2 = 1$，$\theta = 0.5$ 时，上式完成逻辑“或”的运算；

(3)“非”运算，当 $w_1 = -1$，$w_2 = 0$，$\theta = -1$ 时，上式完成逻辑“非”的运算。

单一的感知器可以解决简单的逻辑运算，但是对于“异或”问题却无法实现。多层感知器克服了单层感知器的许多缺点，一些单层感知器无法解决的问题，在多层感知器中就可以解决。例如，一个简单的三层感知器就可以解决异或逻辑运算问题如图 7.7 所示。

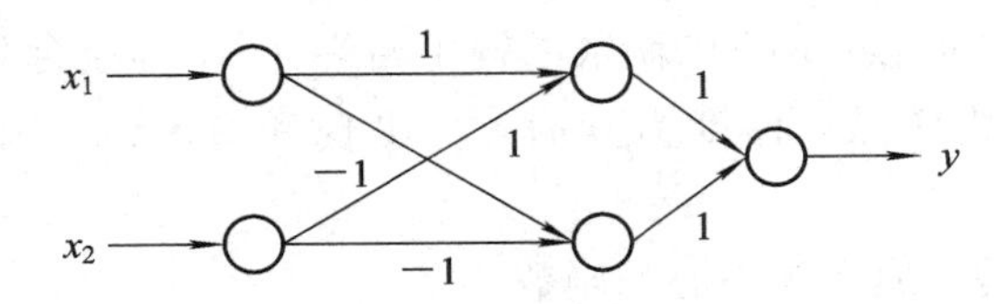

图 7.7　三层感知器解决异或问题

网络可以分为若干“层”，各层按信号传输先后顺序依次排列，第 i 层的神经元只接受第 $(i-1)$ 层神经元给出的信号，各神经元之间没有反馈。前馈型网络可用一有向无环路图表示(前馈并不意味着网络中信号不能向后传，而是指网络拓扑结构上不存在环或者回路)，如图 7.8 所示。

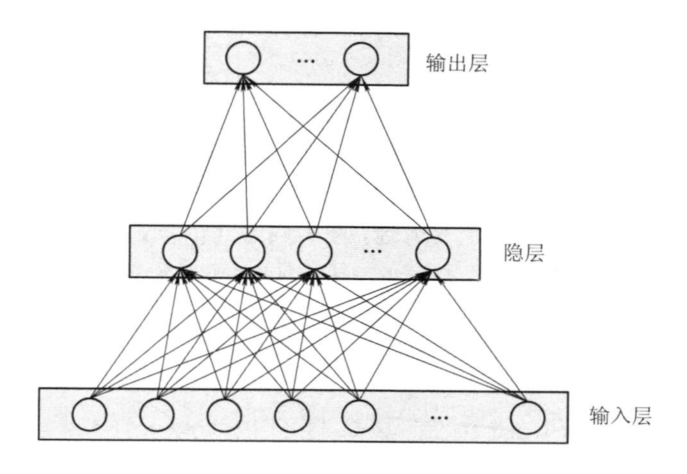

图 7.8　前馈型网络

可以看出，输入节点并无计算功能，只是为了表征输入向量各元素值。各层节点中具有计算功能的神经元，称为计算单元。每个计算单元可以有任意个输入，但只有一个输出，它可送到多个节点作输入。我们称输入节点层为第 0 层。计算单元的各节点层从下至上依次称为第 1 至第 N 层，由此构成 N 层前向网络(也有把输入节点层称为第 1 层，那么这样第 N 层网络将变为第 $N+1$ 个节点层序号)。

神经网络的主要工作是建立模型和确定权值，一般有前向型和反馈型两种结构。通常神经网络的学习和训练需要一组输入和输出数据对，选择网络模型和传递、训练函数后，神经网络计算得到输出结果，根据实际输出和期望输出间的误差进行权值的修正，在网络进行判断时就只有输入数据而没有预期的输出结果。神经网络一个重要的能力是其网络通过神经元权值和阈值的不断调整在环境中进行学习，直到网络的输出误差达到预期的结果，训练结束。

7.1.3　反向传播

神经网络的学习过程就是根据训练数据来调整神经元之间的连接权重以及每个功能神经元的阈值。反向传播算法是目前用来训练人工神经网络的最常用且有效的算法。现实任务中使用神经网络时，大多是使用反向传播算法进行训练的。其主要思想是：

(1) 将训练集数据输入到神经网络的输入层，经过隐层，最后达到输出层并输出结果，这是神经网络的前向传播过程。

(2) 由于神经网络的输出结果与实际结果有误差，即计算估计值与实际值之间的误差，因此应将该误差从输出层向隐层反向传播，直至传播到输入层。

(3) 在反向传播的过程中，根据误差调整各种参数的值；不断迭代上述过程，直至收敛。

接下来我们根据主要思想推导反向传播算法，首先要定义推导中需要的变量。

反向传播算法可以更新神经网络的参数。首先我们要对神经网络需要学习的参数有一定的了解，如某个神经网络有多大。通常有两种方法，一是神经元的数目，二是参数的数目，相比之下第二种更常用。以图 7.9 为例：图中网络共包含 4＋2＝6 个神经元(不包括输入层 1)，参数则有 3×4＋4×2＝20 个权重，还有 4＋2＝6 个偏置，也就是总共有 26 个可学习的参数。

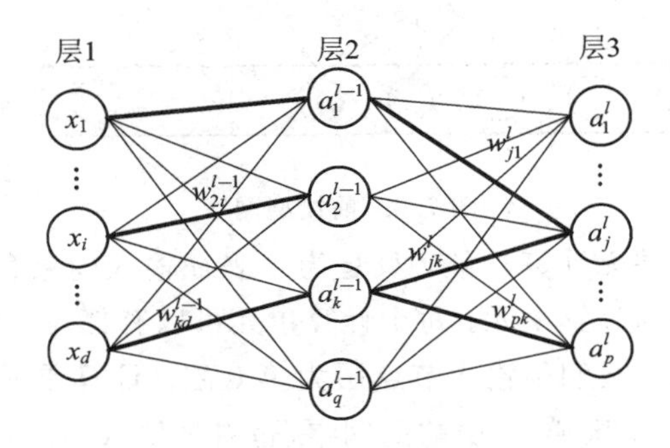

图 7.9　三层神经网络

图 7.9 是一个三层人工神经网络，层 1 至层 3 分别是输入层、隐层和输出层，共有 d 个输入神经元、p 个输出神经元、q 个隐层神经元。在公式推导之前先定义一些变量：w_{jk}^{l} 表示第$(l-1)$层的第 k 个神经元连接到第 l 层的第 j 个神经元的权重；b_j^l 表示第 l 层的第 j 个神经元的偏置；z_j^l 表示第 l 层的第 j 个神经元的输入，即

$$z_j^l = \sum_k w_{jk}^l a_k^{l-1} + b_j^l \tag{7.4}$$

a_j^l 表示第 l 层的第 j 个神经元的输出，即

$$a_j^l = \sigma\left(\sum_k w_{jk}^l a_k^{l-1} + b_j^l\right) \tag{7.5}$$

其中 σ 表示激励函数。

该神经网络的代价函数被用来计算神经网络的输出值与实际值之间的误差。常用的代价函数是二次代价函数

$$C = \frac{1}{2}\sum_{\boldsymbol{x}} \|\boldsymbol{y}(\boldsymbol{x}) - \boldsymbol{a}^L(\boldsymbol{x})\|^2 \tag{7.6}$$

其中，$\boldsymbol{x}$ 表示输入的样本，$\boldsymbol{y}$ 表示实际的分类，$\boldsymbol{a}^L$ 表示预测的输出，L 表示神经网络的最大层数。

由此可以将第 l 层第 j 个神经元中产生的误差(即实际值与预测值之间的误差)定义为

$$\delta_j^l = \frac{\partial C}{\partial z_j^l} \tag{7.7}$$

本节将以一个输入样本为例进行说明，此时神经网络的代价函数表示为

$$C = \frac{1}{2} \| \boldsymbol{y} - \boldsymbol{a}^L \|^2 = \frac{1}{2} \sum_j (\boldsymbol{y}_j - \boldsymbol{a}_j^L)^2 \tag{7.8}$$

接下来是将误差反向传播计算。

公式 1 计算最后一层神经网络产生的误差：

$$\boldsymbol{\delta}^l = \nabla_a C \odot \sigma'(\boldsymbol{z}^l) \tag{7.9}$$

其中，$\odot$ 表示 Hadamard 乘积，用于矩阵或向量之间点对点的乘法运算。公式 1 的推导过程如下：

因为

$$\delta_j^l = \frac{\partial C}{\partial z_j^l} = \frac{\partial C}{\partial a_j^l} \cdot \frac{\partial a_j^l}{\partial z_j^l} \tag{7.10}$$

所以

$$\boldsymbol{\delta}^l = \frac{\partial C}{\partial \boldsymbol{a}^l} \odot \frac{\partial \boldsymbol{a}^l}{\partial \boldsymbol{z}^l} = \nabla_a C \odot \sigma'(\boldsymbol{z}^l) \tag{7.11}$$

公式 2 由前往后，计算每一层神经网络产生的错误：

$$\boldsymbol{\delta}^l = ((\boldsymbol{w}^{l+1})^{\mathrm{T}} \boldsymbol{\delta}^{l+1}) \odot \sigma'(\boldsymbol{z}^l) \tag{7.12}$$

公式 2 的推导过程：

因为

$$\begin{aligned}
\delta_j^l = \frac{\partial C}{\partial z_j^l} &= \sum_k \frac{\partial C}{\partial z_k^{l+1}} \cdot \frac{\partial z_k^{l+1}}{\partial a_j^l} \cdot \frac{\partial a_j^l}{\partial z_j^l} \\
&= \sum_k \delta_k^{l+1} \cdot \frac{\partial (w_{kj}^{l+1} a_j^l + b_k^{l+1})}{\partial a_j^l} \cdot \sigma'(z_j^l) \\
&= \sum_k \delta_k^{l+1} \cdot w_{kj}^{l+1} \cdot \sigma'(z_j^l)
\end{aligned} \tag{7.13}$$

所以

$$\boldsymbol{\delta}^l = ((w^{l+1})^{\mathrm{T}} \boldsymbol{\delta}^{l+1}) \odot \sigma'(\boldsymbol{z}^l) \tag{7.14}$$

公式 3 计算权重的梯度：

$$\frac{\partial C}{\partial w_{jk}^l} = a_k^{l-1} \delta_j^l \tag{7.15}$$

公式 3 的推导过程：

$$\frac{\partial C}{\partial w_{jk}^l} = \frac{\partial C}{\partial z_j^l} \cdot \frac{\partial z_j^l}{\partial w_{jk}^l} = \delta_j^l \cdot \frac{\partial (w_{jk}^l a_k^{l-1} + b_j^l)}{\partial w_{jk}^l} = a_k^{l-1} \delta_j^l \tag{7.16}$$

公式 4 计算偏置的梯度：

$$\frac{\partial C}{\partial b_j^l} = \delta_j^l \tag{7.17}$$

公式 4 的推导过程：

$$\frac{\partial C}{\partial b_j^l} = \frac{\partial C}{\partial z_j^l} \cdot \frac{\partial z_j^l}{\partial b_j^l} = \delta_j^l \cdot \frac{\partial (w_{jk}^l a_k^{l-1} + b_j^l)}{\partial b_j^l} = \delta_j^l \tag{7.18}$$

根据以上公式我们就可以得到反向传播算法伪代码，步骤如下：

(1) 输入训练集。

(2) 对于训练集中的每个样本 $\boldsymbol{x}$，设置输入层对应的输出 $\boldsymbol{a}^l$，则前向传播为

$$\boldsymbol{z}^l = \boldsymbol{w}^l \boldsymbol{a}^{l-1} + b^l, \quad \boldsymbol{a}^l = \sigma(\boldsymbol{z}^l) \tag{7.19}$$

(3) 误差反向传播为

$$\boldsymbol{\delta}^l = ((\boldsymbol{w}^{l+1})^{\mathrm{T}} \boldsymbol{\delta}^{l+1}) \odot \sigma'(\boldsymbol{z}^l) \tag{7.20}$$

(4) 使用梯度下降，更新参数：

$$\boldsymbol{w}^l \rightarrow \boldsymbol{w}^l - \frac{\eta}{m} \sum_x \delta^{x,l} (a^{x,l-1})^{\mathrm{T}} \tag{7.21}$$

$$b^l \rightarrow b^l - \frac{\eta}{m} \sum_x \boldsymbol{\delta}^{x,l} \tag{7.22}$$

学习率 $\eta \in (0, 1)$ 控制着算法每一轮迭代中的更新步长，若更新步长太大则容易震荡，太小则收敛速度又会过慢。在以上的学习过程中，第(4)步是最重要的，如何确定一种调整连接权值的原则，使误差沿着减小的方向发展，是反向传播学习算法必须解决的问题。

因为反向传播算法具有理论基础牢固、推导过程严谨、物理概念清晰、通用性好等优点，它是目前用来训练前向多层网络较好的算法。但算法的收敛速度慢，网络中隐含节点个数的选取无理论指导，得到的解可能出现局部极小的问题。当出现局部极小问题时，从表面上看，误差符合要求，但这时所得到的解并不一定是问题的真正解，所以反向传播算法是不完备的。

7.2 常见神经网络

7.2.1 SOM 网络

1981 年，芬兰 Helsink 大学的 T. Kohonen 教授提出一种自组织特征映射网(Self-Organizing Maps，SOM)，又称 Kohonen 网。Kohonen 认为：一个神经网络接受外界输入模式时，将会分为不同的对应区域，各区域对输入模式具有不同的响应特征，且该过

程是自动完成的。自组织特征映射正是根据这种思想提出的，其特点与人脑的自组织特性相类似。

SOM 人工神经网络可以在一维或二维的处理单元阵列上，形成输入信号的特征拓扑分布，结构如图 7.10 所示，网络模拟了人类大脑神经网络自组织特征映射的功能。该网络由输入层和输出层组成，其中输入层的神经元个数的选取由输入网络的向量个数而定，输入神经元为一维矩阵，接收网络的输入信号，输出层则由神经元按一定的方式排列成的一个二维节点矩阵。输入层的神经元与输出层的神经元通过权值相互联结在一起。当网络接收到外部的输入信号以后，输出层的某个神经元便会"兴奋"起来。

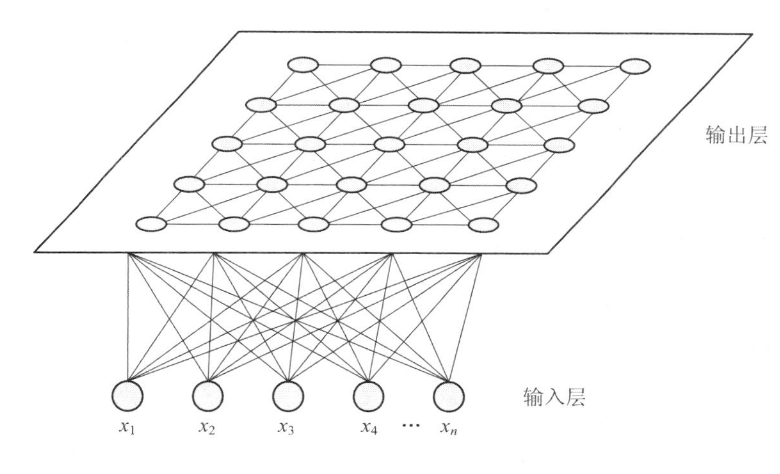

图 7.10　SOM 神经网络模型

自组织(竞争型)神经网络的结构及其学习规则与其他神经网络相比有自己的特点。在网络结构上，一般是由输入层和竞争层构成的两层网络；两层之间各神经元实现双向连接，而且网络没有隐层。有时竞争层各神经元之间还存在横向连接。在学习算法上，它模拟生物神经元之间的兴奋、协调与抑制、竞争作用的信息处理的动力学原理来指导网络的学习与工作，而不像多层神经网络那样是以网络的误差作为算法的准则的。竞争型神经网络构成的基本思想是：网络的竞争层中各神经元之间来竞争对输入模式响应的机会，最后仅有一个神经元成为竞争的胜者。这一获胜神经元则表示对输入模式的分类。

7.2.2　RBF 网络

径向基函数网络(Radical Basis Function，RBF)是一种高效的前馈式神经网络，它具有其他前向网络所不具有的最佳逼近性能和全局最优特性，且结构简单，训练速度快。同时，它也是一种广泛应用于模式识别、非线性函数逼近等领域的神经网络模型。

RBF 神经网络的隐节点采用输入模式与中心向量的距离(如欧氏距离)作为函数的自变量，并使用径向基函数(如 Gaussian 函数)作为激活函数。神经元的输入离径向基函数中心越远，神经元的激活程度就越低。RBF 网络的输出与数据中心离输入模式较近的“局部”隐节点关系较大，因此 RBF 神经网络具有“局部映射”特性。RBF 结构上并不复杂，只有两层：隐层和输出层。其模型可以表示为

$$y_j = \sum_{i=1}^{n} w_{ij} \phi(\| \boldsymbol{x}_i - \boldsymbol{u}_i \|^2) \quad (j = 1, \cdots, p) \tag{7.23}$$

其中，p 代表网络的输出个数。

RBF 隐层常用激活函数是高斯函数：

$$\phi(\| \boldsymbol{x} - \boldsymbol{u} \|) = \mathrm{e}^{-\frac{\| \boldsymbol{x}-\boldsymbol{u} \|^2}{\sigma^2}} \tag{7.24}$$

RBF 的基本思想是：将低维不可分数据转化到高维空间，使其在高维空间线性可分。RBF 隐层将数据转化到高维空间是因为存在某个高维空间能够使得数据在这个空间是线性可分的，因此输出层是线性的。

通常采用两个过程来训练 RBF 网络：第一步，确定神经元中心 $\boldsymbol{u}$，常用的方式包括随机采样、聚类等；第二步，利用反向传播算法来确定参数 $\boldsymbol{w}$，σ。

7.2.3 BP 神经网络

反向传播神经网络(Back Propagation，BP)是 1986 年由 Rumelhart 和 McClelland 提出的概念，是一种按照误差逆向传播算法训练的多层前馈神经网络，也是目前应用最广泛的神经网络。BP 神经网络具有任意复杂的模式分类能力和优良的多维函数映射能力，解决了简单感知器不能解决的异或(Exclusive OR，XOR)和一些其他问题。从结构上讲，BP 神经网络具有输入层、隐层和输出层；从本质上讲，BP 算法就是以网络的误差平方为目标函数、采用梯度下降法来计算目标函数的最小值。

1. 基本原理

BP 神经网络的基本思想是梯度下降法，利用梯度搜索技术，使网络的实际输出值和期望输出值的误差均方差最小。基本 BP 算法包括信号的前向传播和误差的反向传播两个过程，即计算误差输出时按从输入到输出的方向进行，而调整权值和阈值则从输出到输入的方向进行。正向传播时，输入信号通过隐层作用于输出节点，经过非线性变换，产生输出信号。若实际输出与期望输出不相符，则转入误差的反向传播过程。误差反传是将输出误差通过隐层向输入层逐层反传，并将误差分摊给各层所有单元，以从各层获得的误差信号作为调整各单元权值的依据。通过调整输入节点与隐层节点的联接权重和隐层节点与输出节点的联接权重以及阈值，使误差沿梯度方向下降，经过反复学习训练，确定与最小误差相

对应的网络参数(权值和阈值)，训练即告停止。此时经过训练的神经网络即能对类似样本的输入信息，自行处理输出误差最小的经过非线性转换的信息。

2. 结构

BP 网络是在输入层与输出层之间增加若干层(一层或多层)神经元，这些神经元称为隐单元，它们与外界没有直接的联系，但其状态的改变，能影响输入与输出之间的关系，每一层可以有若干个节点。

3. 计算过程

BP 神经网络的计算过程由正向计算过程和反向计算过程组成。正向传播过程，输入模式从输入层经隐单元层逐层处理，并转向输出层，每一层神经元的状态只影响下一层神经元的状态。如果在输出层不能得到期望的输出，则转入反向传播，将误差信号沿原来的连接通路返回，通过修改各神经元的权值，使得误差信号最小。

BP 神经网络无论是在网络理论方面，还是在性能方面已经比较成熟。其突出的优点就是具有很强的非线性映射能力。网络的中间层数、各层的神经元个数可根据具体情况任意设定，并且随着结构的差异其性能也有所不同。但是 BP 神经网络也存在一些缺陷：学习速度慢，即使是一个简单的问题，一般也需要几百次甚至上千次的学习才能收敛；容易陷入局部极小值；网络层数、神经元个数的选择没有相应的理论指导；网络推广能力有限。

7.2.4 Hopfield 网络

Hopfield 神经网络是一种单层互相全连接的反馈型神经网络。每个神经元既是输入也是输出，网络中的每一个神经元都将自己的输出通过连接权传送给所有其他神经元，同时接收所有其他神经元传递过来的信息。即网络中的神经元在 t 时刻的输出状态实际上间接地与 $t-1$ 时刻的输出状态有关。由于神经元间互相连接，得到的权重矩阵将是对称矩阵。

同时，Hopfield 神经网络成功引入能量函数的概念，使网络运行稳定性的判断有了可靠依据。基本的 Hopfield 神经网络是一个由非线性元件构成的全连接型单层递归系统。其状态变化可以用差分方程来表示。递归型网络的一个重要特点是，当网络达到稳定状态时，它的能量函数达到最小。这里的能量函数不是物理意义上的能量函数，而是在表达形式上与物理意义上的能量概念一致，即它表征网络状态的变化趋势，并可以依据 Hopfield 网络模型的工作运行规则不断地进行状态变化，最终能够到达具有某个极小值的目标函数。网络收敛就是指能量函数达到极小值。Hopfield 神经网络模型有离散型和连续型两种，离散型适用于联想记忆，连续型适合处理优化问题。

离散随机 Hopfield 神经网络的每个神经元只取二元的离散值 0、1 或 -1、1，神经元 i 和神经元 j 之间的权重由 W_{ij} 决定。神经元由当前状态 u_i 和输出 v_i 构成。虽然 u_i 可以使用连续值，但 v_i 在离散模型中是二值的。神经元状态和输出的关系，也就是离散型 Hopfield 神经网络的演化过程如下：

$$u_i(t+1)=\sum_{j=1}^{n}W_{ij}v_j(t)+I_i$$

$$v_i(t+1)=f(u_i)=\begin{cases}1, & u_i>0\\0, & u_i\leqslant 0\end{cases}$$

其中 I_i 是神经元 i 的外部连续输入，$f(\cdot)$是激励函数。用于联想记忆时，训练完成后权重不变，网络中可变参数是神经元状态和输出。由于神经元随机更新，所以称此模型为离散随机型。当网络更新时，如果权重矩阵与非负对角线对称，则以下能量函数保证最小化，直到系统收敛到其稳定状态。

$$E=-\frac{1}{2}\sum_{i=1}^{n}\sum_{j=1}^{n}W_{ij}V_iV_j-\sum_{i=1}^{n}I_iV_i$$

此离散随机模型中，神经元状态方程对能量函数执行梯度下降。如果权重和偏置被适当地固定，则该过程可以用来最小化任何二元变量的二次函数。

习　题

1. 一个单输入神经元的输入为 2.0，对应权值为 2.3，偏置值为 −3，求激活函数的输入。若激活函数为 Sigmoid 函数，则神经元输出是多少？

2. 简要说明 BP 算法的基本原理，讨论 BP 算法的优缺点，以及学习率的取值对其的影响。

3. 构建一个有两个输入 x_1 和 x_2、一个输出的单层感知器，实现下面数据的分类，设感知器的阈值为 0.6，初始权值均为 0.1，学习率为 0.6，误差值要求为 0，感知器的激活函数为 $F_{(x)}=\begin{cases}1 & x>0\\0 & x\leqslant 0\end{cases}$，试计算其权值 w_1 与 w_2。

x_1	x_2	输出类别
0	0	0
0	1	0
1	0	0
2	1	1

4. 仿真并实现 SOM 神经网络。

参考文献

[1] LE Cun Y, BOTTOU L, BENGIO Y, et al. Gradient-based Learning Applied to Document Recognition[J]. Proceedings of the IEEE, 1998, 86(11): 2278-2324.

[2] HINTON G E, OSINDERO S, TEH Y W. A Fast Learning Algorithm for Deep Belief Nets[J]. Neural Computation, 2006, 18(7): 1527-1554.

[3] HINTON G E, SALAKHUTDINOV R. Reducing the dimensionality of data with neural networks [J]. science, 2006, 313(5786): 504-507.

[4] ACKLEY D H, HINTON G E, Sejnowski T J. A learning algorithm for Boltzmann machines[J]. Cognitive science, 1985, 9(1): 147-169.

[5] BISHOP C, BISHOP C M. Neural networks for pattern recognition[M]. Oxford university press, 1997.

[6] CHAUVIN Y, RUMELHART D E. Backpropagation: theory, architectures, and applications[M]. Psychology Press, 2013.

[7] HAYKIN S. Neural Networks: A Comprehensive Foundation[M]. Prentice Hall PTR, 1994.

[8] ALEKSANDER I, MORTON H. An Introduction to Neural Computing[M]. London: Chapman & Hall, 1990.

[9] LE Cun Y, BENGIO Y. Convolutional Networks for Images, Speech, and Time Series[J]. The Handbook of Brain Theory and Neural Networks, 1995, 3361(10): 1997.

[10] MACKAY D J C. A Practical Bayesian Framework for Backpropagation Networks[J]. Neural Computation, 1992, 4(3): 448-472.

[11] RUMELHART D E, HINTON G E, WILLIAMS R J. Learning Internal Representations by Error Propagation[R]. California Univ San Diego La Jolla Inst for Cognitive Science, 1987.

[12] CARPENTER G A, GROSSBERG S. Pattern Recognition by Self-organizing Neural Networks[M]. Canterbury: MIT Press, 1991.

[13] HORNIK K, STINCHCOMBE M, WHITE H. Multilayer Feedforward Networks are Universal Approximators[J]. Neural Networks, 1989, 2(5): 359-366.

[14] KOHONEN T. Self-organized Formation of Topologically Correct Feature Maps[J]. Biological Cybernetics, 1982, 43(1): 59-69.

[15] ZHOU Zhihua. Rule Extraction: Using Neural Networks or for Neural Networks? [J]. Journal of Computer Science and Technology, 2004, 19(2): 249-253.

[16] PARK J, SANDBERG I W. Universal Approximation Using Radial-basis-function Networks[J]. Neural Computation, 1991, 3(2): 246-257.

[17] REED R, MARKS R J. Neural Smithing: Supervised Learning in Feedforward Artificial Neural Networks [M]. Canterbury: Mit Press, 1999.

[18] SCHWENKER F, KESTLER H A, PALM G. Three Learning Phases for Radial-basis-function Networks[J]. Neural Networks, 2001, 14(4-5): 439-458.

[19] TICKLE A B, ANDREWS R, GOLEA M, et al. The Truth Will Come to Light: Directions and Challenges in Extracting the Knowledge Embedded within Trained Artificial Neural Networks[J]. IEEE Transactions on Neural Networks, 1998, 9(6): 1057-1068.

[20] WERBOS P. Beyond Regression: New Tools for Prediction and Analysis in the Behavioral Sciences[J]. Ph. D. dissertation, Harvard University, 1974.

第二部分

现代模式识别

第8章 支持向量机

支持向量机(Support Vector Machines, SVM)方法是 Cortes 和 Vapnik 于 1995 年首先提出的，它在解决小样本、非线性及高维模式识别问题中表现出许多特有的优势，并能够推广应用到函数拟合等问题。

支持向量机是建立在统计学习理论的 VC 维理论和结构风险最小原理基础上的一种经典的有监督学习算法，其基本模型是定义在特征空间上的间隔最大的线性分类器。

8.1 基本概念

8.1.1 间隔的概念

在正式介绍支持向量机模型及其学习算法之前，本节我们先对其涉及的一些基本概念进行阐述。

对于给定的训练数据集

$$D = \{(\boldsymbol{x}_1, y_1), (\boldsymbol{x}_2, y_2), \cdots, (\boldsymbol{x}_m, y_m)\} \tag{8.1}$$

其中，$\boldsymbol{x}_i \in \mathbf{R}^n$，$y_i \in \{+1, -1\}$，$i=1, 2, \cdots, m$。这里称 $y_i=+1$ 的样例 i 为正例，$y_i=-1$ 的样例 i 为负例。

定义 8.1(数据集的线性可分性) 若对式(8.1)给出的训练数据集，存在权值向量 $\boldsymbol{w}=(w_1; w_2; \cdots; w_m)$，偏置 b，使得超平面 $\boldsymbol{w}^{\mathrm{T}}\boldsymbol{x}+b=0$ 能够将数据集中的不同类别的样例正确地划分开，即

$$\begin{cases} \boldsymbol{w}^{\mathrm{T}}\boldsymbol{x}_i + b > 0, & y_i = +1 \\ \boldsymbol{w}^{\mathrm{T}}\boldsymbol{x}_i + b < 0, & y_i = -1 \end{cases}$$

则称该数据集为线性可分，否则称该数据线性不可分。

现要找出一个线性分类器将两种类别的样本(假定它们是线性可分的)分开，即在 n 维的样本空间中找到一个划分超平面来“分隔”这两种类别的样本。

定义 8.2(划分超平面) 划分超平面对应于方程

$$\boldsymbol{w}^{\mathrm{T}}\boldsymbol{x}+b=0 \tag{8.2}$$

其中，$\boldsymbol{w}$ 是权值向量，b 是偏置。划分超平面由这两个参数唯一确定。划分超平面将特征空间分为两部分。特征空间的任一点 $\boldsymbol{x}$ 到超平面的距离定义为

$$r=\frac{|\boldsymbol{w}^{\mathrm{T}}\boldsymbol{x}+b|}{\|\boldsymbol{w}\|} \tag{8.3}$$

由式(8.3)可知，$\boldsymbol{w}$ 和 b 确定，则超平面确定，此时 $|\boldsymbol{w}^{\mathrm{T}}\boldsymbol{x}+b|$ 可以衡量点到超平面的距离。对样本$(\boldsymbol{x}_i, y_i)$来说，通过观察 $\boldsymbol{w}^{\mathrm{T}}\boldsymbol{x}_i+b$ 与 y_i 的符号是否一致判断分类是否正确。由此，引出函数间隔的概念。

定义 8.3(函数间隔) 给定一个训练样本$(\boldsymbol{x}_i, y_i)$，定义单个样本的函数间隔为

$$\gamma_i=y_i(\boldsymbol{w}^{\mathrm{T}}\boldsymbol{x}_i+b) \tag{8.4}$$

当 $y_i=1$ 时，$\boldsymbol{w}^{\mathrm{T}}\boldsymbol{x}_i+b\geqslant 0$，$\gamma_i$ 的值为 $|\boldsymbol{w}^{\mathrm{T}}\boldsymbol{x}_i+b|$；当 $y_i=-1$ 时，$\boldsymbol{w}^{\mathrm{T}}\boldsymbol{x}_i+b<0$，$\gamma_i$ 的值为 $|\boldsymbol{w}^{\mathrm{T}}\boldsymbol{x}_i+b|$。当 $y_i=1$ 时，我们希望 $\boldsymbol{w}^{\mathrm{T}}\boldsymbol{x}_i+b$ 是一个大的正数，反之应该是一个大的负数。因此，函数间隔代表了特征是正例还是负例的确信度。

上面定义了单个样本的间隔，现在给出关于训练数据集 D 的函数间隔的定义为

$$\gamma=\min_{i=1,2,\cdots,m}\gamma_i \tag{8.5}$$

也就是说，全局样本的函数间隔是指在训练数据集上最小的那个函数间隔。不难发现，这样定义的函数间隔是有问题的。当 $\boldsymbol{w}$ 和 b 成比例变化时(例如同时变成原来的 3 倍)，超平面并不会发生改变，但函数间隔却变成了原来的 3 倍。事实上，我们可以对权值向量 $\boldsymbol{w}$ 加些约束条件来解决这个问题，从而引出了真正定义点到超平面的距离——几何间隔(Geometrical Margin)的概念。

如图 8.1 所示，给定超平面 $\boldsymbol{w}^{\mathrm{T}}\boldsymbol{x}+b=0$，设 A 点为任一个样本$(\boldsymbol{x}_i, y_i)$(设其在超平面划分空间的正面)，B 点为其在超平面的投影，则 BA 的方向为 $\boldsymbol{w}$。设 A 到该超平面的距离为 γ_i，那么我们很容易知道 B 点可以表示为 $\boldsymbol{x}=\boldsymbol{x}_i-\gamma_i\dfrac{\boldsymbol{w}}{\|\boldsymbol{w}\|}$，将其带入到超平面 $\boldsymbol{w}^{\mathrm{T}}\boldsymbol{x}+b=0$ 中得到

$$\boldsymbol{w}^{\mathrm{T}}\left(\boldsymbol{x}_i-\gamma_i\frac{\boldsymbol{w}}{\|\boldsymbol{w}\|}\right)+b=0 \tag{8.6}$$

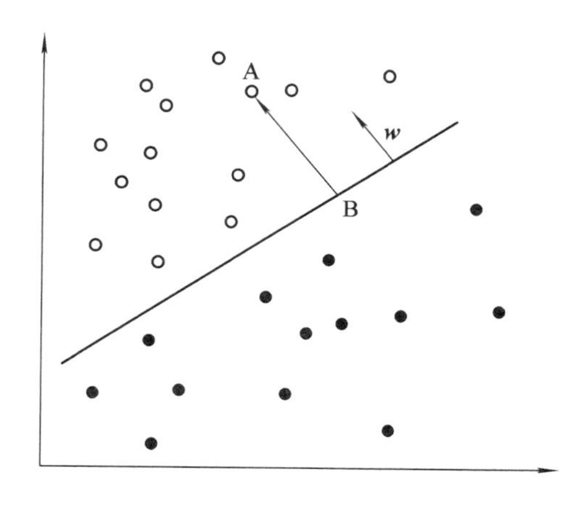

图 8.1　几何间隔

由此推出

$$\gamma_i = \frac{\boldsymbol{w}^{\mathrm{T}}\boldsymbol{x}_i + b}{\|\boldsymbol{w}\|} = \left(\frac{\boldsymbol{w}}{\|\boldsymbol{w}\|}\right)^{\mathrm{T}}\boldsymbol{x}_i + \frac{b}{\|\boldsymbol{w}\|} \tag{8.7}$$

这里的 γ_i 是点到平面距离。同理，当点 A 位于超平面的另一侧时，可得

$$\gamma_i = -\left[\left(\frac{\boldsymbol{w}}{\|\boldsymbol{w}\|}\right)^{\mathrm{T}}\boldsymbol{x}_i + \frac{b}{\|\boldsymbol{w}\|}\right] \tag{8.8}$$

即当样本被正确分类时，$\boldsymbol{x}_i$ 到划分超平面的距离是

$$\gamma_i = y_i\left[\left(\frac{\boldsymbol{w}}{\|\boldsymbol{w}\|}\right)^{\mathrm{T}}\boldsymbol{x}_i + \frac{b}{\|\boldsymbol{w}\|}\right] \tag{8.9}$$

由此给出几何间隔的定义。

定义 8.4（几何间隔）　对于给定的训练集，称 $\gamma_i = y_i\left[\left(\frac{\boldsymbol{w}}{\|\boldsymbol{w}\|}\right)^{\mathrm{T}}\boldsymbol{x}_i + \frac{b}{\|\boldsymbol{w}\|}\right]$ 为超平面 $\boldsymbol{w}^{\mathrm{T}}\boldsymbol{x}+b=0$ 关于单个样本点 $(\boldsymbol{x}_i, y_i)$ 的几何间隔，同样定义 $\gamma = \min\limits_{i=1,\cdots,m} \gamma_i$ 为全局样本的几何间隔。

对比式(8.6)和式(8.9)可以发现，当 $\|\boldsymbol{w}\|=1$ 时，几何间隔其实就是函数间隔。并且，式(8.10)成立。

$$\gamma = \frac{\hat{\gamma}}{\|\boldsymbol{w}\|} \tag{8.10}$$

给出了间隔的概念后，我们就可以进行支持向量机的学习了。支持向量机是定义在特征空间上间隔最大的线性分类器，其学习思想是找到能够正确划分训练数据集并且使得几何间隔最大的分离超平面。

8.1.2 最大间隔分离超平面

支持向量机的目标是求解一个超平面，使得超平面和离超平面较近的点之间的间距更大。需要注意的是，支持向量机不考虑所有点都必须远离超平面，而只关心求得的超平面与离它最近的点之间也有较大的确信度可以将它们分开。最大几何间隔分离超平面的求解可以表示为下面的带约束最优化问题：

$$\begin{cases} \max\limits_{\boldsymbol{w},b} \gamma \\ \text{s.t.}\ \ \gamma_i = y_i\left[\left(\dfrac{\boldsymbol{w}}{\|\boldsymbol{w}\|}\right)^{\mathrm{T}} \boldsymbol{x}_i + \dfrac{b}{\|\boldsymbol{w}\|}\right],\ i=1,2,\cdots,m \end{cases} \tag{8.11}$$

由式(8.10)几何间隔与函数间隔的关系，上式可以写作：

$$\begin{cases} \max\limits_{\gamma,\boldsymbol{w},b}\ \dfrac{\hat{\gamma}}{\|\boldsymbol{w}\|} \\ \text{s.t.}\ \ y_i\left[\left(\dfrac{\boldsymbol{w}}{\|\boldsymbol{w}\|}\right)^{\mathrm{T}} \boldsymbol{x}_i + \dfrac{b}{\|\boldsymbol{w}\|}\right] \geqslant \hat{\gamma},\ i=1,2,\cdots,m \end{cases} \tag{8.12}$$

式(8.12)最优化问题的解即为所求的最大几何间隔分离超平面。对于上述问题，根据训练数据的类型，会有不同的支持向量机的学习方法。根据训练数据是否线性可分，支持向量机方法可分为三种模型：线性可分支持向量机、线性支持向量机和非线性向量机。

8.2 线性可分支持向量机的学习

8.2.1 线性可分支持向量机学习算法

在训练数据集线性可分时，线性可分支持向量机可以利用几何间隔最大化求解最优分离超平面，下面给出线性可分支持向量机的概念。

定义 8.5（线性可分支持向量机） 对于给定的线性可分的训练数据集，通过学习间隔最大化或等价求解相应的凸二次规划问题得到的分离超平面为 $\boldsymbol{w}^{\mathrm{T}}\boldsymbol{x}+b=0$ 以及相应的分类决策函数 $f(\boldsymbol{x})=\mathrm{sign}(\boldsymbol{w}^{\mathrm{T}}\boldsymbol{x}+b)$ 称为线性可分支持向量机。

在式(8.12)中给出了关于最大间隔分离超平面的约束优化问题，此时式中的目标函数不是凸函数。对于线性可分数据集，由于函数间隔的改变对上述最优化问题没有影响，因此可以取$\hat{\gamma}=1$，即将全局的函数间隔定义为 1，也就是定义离超平面最近的点的距离为$\dfrac{1}{\|\boldsymbol{w}\|}$。由于求$\dfrac{1}{\|\boldsymbol{w}\|}$的最大值等价于求$\dfrac{1}{2}\|\boldsymbol{w}\|^2$的最小值，因此对目标函数进行改写后，

得到如下的优化问题：

$$\begin{cases} \min\limits_{\gamma, w, b} \dfrac{1}{2}\|\boldsymbol{w}\|^2 \\ \text{s. t.}\quad y_i(\boldsymbol{w}^{\mathrm{T}}\boldsymbol{x}_i+b)\geqslant 1,\ i=1,\ 2,\ \cdots,\ m \end{cases} \tag{8.13}$$

这时，式(8.13)就只有线性约束了，而且是典型的二次规划问题。求出式(8.13)的解 ω^* 和 b^*，就可以得到具有最大间隔的划分超平面 $(\boldsymbol{w}^*)^{\mathrm{T}}\boldsymbol{x}_i+b=0$，也就得到了线性可分支持向量机的模型。然后就得到了线性可分 SVM 的学习算法——最大间隔法。最大间隔法的操作如下：

(1) 输入：线性可分的训练数据集 $D=\{(\boldsymbol{x}_1, y_1), (\boldsymbol{x}_2, y_2), \cdots, (\boldsymbol{x}_m, y_m)\}$，其中，$\boldsymbol{x}_i\in\mathbf{R}^n$，$y_i\in\{+1, -1\}$，$i=1, 2, \cdots, m$。通过求解式(8.13)的约束优化问题得到最优解 $\boldsymbol{w}^*$，b^*，从而得到最大间隔分离超平面 $\boldsymbol{w}^{*\mathrm{T}}\boldsymbol{x}+b^*=0$ 和分类决策函数 $f(\boldsymbol{x})=\mathrm{sign}(\boldsymbol{w}^{*\mathrm{T}}\boldsymbol{x}+b^*)$。

(2) 输出：最大间隔划分超平面和分类决策函数。对线性可分的数据集，特征空间中存在无数的划分超平面可将两类数据正确分开，但由上述的最大间隔法求得的划分超平面是存在且唯一的。

定义 8.6（支持向量） 在线性可分的前提下，使得式(8.13)线性约束中等号成立的点(即满足 $y_i(\boldsymbol{w}^{\mathrm{T}}\boldsymbol{x}_i+b)=1$，$i=1, \cdots, m$ 的点)称为支持向量。如图 8.2 所示，在两条虚线上的点即支持向量。

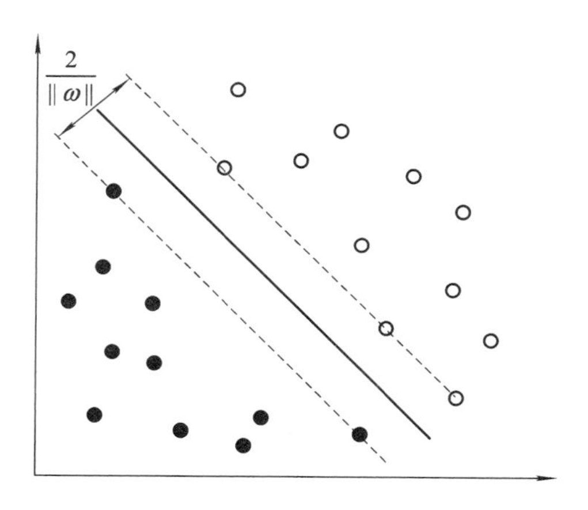

图 8.2 支持向量

8.2.2 线性可分支持向量机的对偶学习

式(8.13)的求解问题，可以根据拉格朗日函数的对偶性，通过求解其对偶问题得到。

我们将约束条件改写为

$$g_i(\boldsymbol{w}) = -y_i(\boldsymbol{w}^{\mathrm{T}}\boldsymbol{x}_i + b) + 1 \leqslant 0,\ i = 1,\ \cdots,\ m \tag{8.14}$$

在这里，每一个约束都表示一个训练样本。构造拉格朗日函数为

$$L(\boldsymbol{w},\ b,\ \boldsymbol{\alpha}) = \frac{1}{2}\|\boldsymbol{w}\|^2 - \sum_{i=1}^{m}\alpha_i[y_i(\boldsymbol{w}^{\mathrm{T}}\boldsymbol{x}_i + b) - 1] \tag{8.15}$$

此处拉格朗日乘子 $\alpha_i \geqslant 0$，$i=1$，⋯，m。

根据拉格朗日函数的对偶性，将原始问题转化为其对偶问题

$$d = \max_{\boldsymbol{\alpha}:\ \alpha_i \geqslant 0}\ \min_{w,\ b} L(\boldsymbol{w},\ \boldsymbol{\alpha},\ b) \tag{8.16}$$

首先，我们固定 α_i，求 $L(\boldsymbol{w},\ b,\ \boldsymbol{\alpha})$的极小值，对 $\boldsymbol{w}$ 和 b 分别求偏导数并令其等于 0，即

$$\nabla_w L(\boldsymbol{w},\ b,\ \boldsymbol{\alpha}) = \boldsymbol{w} - \sum_{i=1}^{m}\alpha_i y_i \boldsymbol{x}_i = 0 \tag{8.17}$$

$$\nabla_b L(\boldsymbol{w},\ b,\ \boldsymbol{\alpha}) = \sum_{i=1}^{m}\alpha_i y_i = 0 \tag{8.18}$$

由式(8.17)得到

$$\boldsymbol{w} = \sum_{i=1}^{m}\alpha_i y_i \boldsymbol{x}_i \tag{8.19}$$

将式(8.19)代入式(8.15)，得到

$$\begin{aligned} L(\boldsymbol{w},\ b,\ \boldsymbol{\alpha}) &= \frac{1}{2}\|\boldsymbol{w}\|^2 - \sum_{i=1}^{m}\alpha_i[y_i(\boldsymbol{w}^{\mathrm{T}}\boldsymbol{x}_i + b) - 1] \\ &= -\frac{1}{2}\sum_{i=1}^{m}\sum_{j=1}^{m}\alpha_i\alpha_j y_i y_j (\boldsymbol{x}_i)^{\mathrm{T}}\boldsymbol{x}_j + \sum_{i=1}^{m}\alpha_i - b\sum_{i=1}^{m}\alpha_i y_i \end{aligned} \tag{8.20}$$

将式(8.18)代入式(8.20)，得到

$$\min_{w,\ b} L(\boldsymbol{w},\ b,\ \boldsymbol{\alpha}) = -\frac{1}{2}\sum_{i=1}^{m}\sum_{j=1}^{m}\alpha_i\alpha_j y_i y_j (\boldsymbol{x}_i)^{\mathrm{T}}\boldsymbol{x}_j + \sum_{i=1}^{m}\alpha_i \tag{8.21}$$

由此求出$\min\limits_{w,\ b} L(\boldsymbol{w},\ b,\ \boldsymbol{\alpha})$，然后求解$\min\limits_{w,\ b} L(\boldsymbol{w},\ b,\ \boldsymbol{\alpha})$关于 $\boldsymbol{\alpha}$ 的极大化，即

$$\begin{cases} \max\limits_{\boldsymbol{\alpha}}\ -\dfrac{1}{2}\sum\limits_{i=1}^{m}\sum\limits_{j=1}^{m}\alpha_i\alpha_j y_i y_j \langle \boldsymbol{x}_i,\ \boldsymbol{x}_j \rangle + \sum\limits_{i=1}^{m}\alpha_i \\ \text{s. t.}\ \ \alpha_i \geqslant 0,\ i = 1,\ \cdots,\ m \\ \qquad \sum\limits_{i=1}^{m}\alpha_i y_i = 0 \end{cases} \tag{8.22}$$

为简单起见，我们将$(\boldsymbol{x}_i)^{\mathrm{T}}\boldsymbol{x}_j$ 记做$\langle \boldsymbol{x}_i,\ \boldsymbol{x}_j \rangle$，表示两个向量的内积，即对偶问题式(8.22)又与下面的最优化问题等价：

$$
\begin{cases}
\min\limits_{\boldsymbol{\alpha}} & \dfrac{1}{2}\sum\limits_{i=1}^{m}\sum\limits_{j=1}^{m}\alpha_i\alpha_j y_i y_j\langle \boldsymbol{x}_i,\ \boldsymbol{x}_j\rangle - \sum\limits_{i=1}^{m}\alpha_i \\
\text{s.t.} & \alpha_i \geqslant 0,\ i=1,\ \cdots,\ m \\
& \sum\limits_{i=1}^{m}\alpha_i y_i = 0
\end{cases}
\tag{8.23}
$$

如果$\boldsymbol{\alpha}^*=(\alpha_1^*,\ \alpha_2^*,\ \cdots,\ \alpha_m^*)^{\mathrm{T}}$是式(8.23)最优化问题的解，由KKT条件可知，若存在下标$j>0$，使得$d_j^*>0$，设$d_j^*>0$对应的样本为$(x_j,\ y_j)$，则一定存在$\boldsymbol{w}^*$和b^*成为原始最优化问题的解，这里

$$
\boldsymbol{w}^* = \sum_{i=1}^{m}\alpha_i^* y_i \boldsymbol{x}_i \tag{8.24}
$$

$$
b^* = y_j - \sum_{i=1}^{m}\alpha_i^* y_i\langle \boldsymbol{x}_i,\ \boldsymbol{x}_j\rangle \tag{8.25}
$$

因此可以得到分离超平面为

$$
\sum_{i=1}^{m}(\alpha_i)^* y_i\langle \boldsymbol{x}_i,\ \boldsymbol{x}\rangle + b^* = 0
$$

以及分类决策函数

$$
f(\boldsymbol{x}) = \mathrm{sign}\Big(\sum_{i=1}^{m}(\alpha_i)^* y_i\langle \boldsymbol{x}_i,\ \boldsymbol{x}\rangle + b^*\Big)
$$

这就是线性可分支持向量机的对偶学习算法。对线性可分数据集，通过构造并求解约束优化问题式(8.23)得到最优解$\boldsymbol{\alpha}^*$，选择$\boldsymbol{\alpha}^*$的一个正分量，然后根据式(8.24)和式(8.25)得到最优解$\boldsymbol{w}^*$，b^*，从而求出了具有最大间隔的划分超平面与分类决策函数。

8.3 线性支持向量机的学习

对于给定数据集$D=\{(\boldsymbol{x}_1,y_1),\ (\boldsymbol{x}_2,y_2),\cdots,(\boldsymbol{x}_m,y_m)\}$，其中$\boldsymbol{x}_i\in\mathbf{R}^n$，$y_i\in\{+1,-1\}$，$i=1,\ 2,\ \cdots,\ m$。若此时数据集中存在一些特异点(Outlier)，将这些特异点去除后，剩下大部分的样本点组成的集合是线性可分的。由于某些样本点无法再满足函数间隔大于1的条件，我们不能再用上节的线性可分问题的支持向量机学习方法求解，而是要用线性支持向量机的对偶学习方法求解。

对去除特异点之后线性可分的训练数据集，其学习问题可转化为如下的凸二次规则问题：

$$
\begin{cases}
\min\limits_{w,b,\xi} & \frac{1}{2}\|\boldsymbol{w}\|^2+C\sum\limits_{i=1}^{m}\xi_i \\
\text{s.t.} & y_i(\boldsymbol{w}^{\mathrm{T}}\boldsymbol{x}_i+b)\geqslant 1-\xi_i,\ i=1,2,\cdots,m \\
& \xi_i\geqslant 0,\ i=1,2,\cdots,m
\end{cases}
\tag{8.26}
$$

这里引入了松弛变量 $\xi_i\geqslant 0$，目标函数增加相应的代价，$C>0$ 为惩罚参数。最小化目标函数，即在最大化间隔的同时，使得误分类点的数量尽量小。

式(8.26)中的凸二次规划问题解存在。$\boldsymbol{w}$ 唯一，而 b 的解存在于一个区间。设式(8.26)的解为 $\boldsymbol{w}^*$、b^*，由此得到分离超平面 $\langle\boldsymbol{w}^*,\boldsymbol{x}\rangle+b^*=0$ 及分类决策函数 $f(\boldsymbol{x})=\text{sign}(\langle\boldsymbol{w}^*,\boldsymbol{x}\rangle+b^*$，即得到了训练样本线性不可分时的线性支持向量机，简称为线性支持向量机。事实上，线性可分支持向量机也是线性支持向量机的一种情形。

式(8.26)的拉格朗日函数为

$$
L(\boldsymbol{w},b,\boldsymbol{\xi},\boldsymbol{\alpha},\boldsymbol{\mu})=\frac{1}{2}\|\boldsymbol{w}\|^2+C\sum_{i=1}^{m}\xi_i-\sum_{i=1}^{m}\alpha_i(y_i\langle\boldsymbol{w}^{\mathrm{T}},\boldsymbol{x}_i\rangle+b)-1+\xi_i)-\sum_{i=1}^{m}\mu_i\xi_i
\tag{8.27}
$$

这里 $\alpha_i\geqslant 0$，$\mu_i\geqslant 0$。与 8.2.2 节中对偶问题的推导过程类似，由拉格朗日的对偶性可知，原问题的对偶问题是极大极小问题，可以得到式(8.26)的对偶问题为

$$
\begin{cases}
\min\limits_{w,b,\xi} & \frac{1}{2}\sum\limits_{i=1}^{m}\sum\limits_{j=1}^{m}\alpha_i\alpha_jy_iy_j\langle\boldsymbol{x}_i,\boldsymbol{x}_j\rangle-\sum\limits_{i=1}^{m}\alpha_i \\
\text{s.t.} & \sum\limits_{i=1}^{m}\alpha_iy_i=0 \\
& 0\leqslant\alpha_i\leqslant C,\ i=1,2,\cdots,m
\end{cases}
\tag{8.28}
$$

对比式(8.23)和式(8.28)发现，线性可分支持向量与线性支持向量机的对偶问题的唯一差别就是对偶变量的约束不一样：线性可分支持向量机要求 $\alpha_i\geqslant 0$，线性支持向量机要求 $0\leqslant\alpha_i\leqslant C$。通过求解对偶问题可以得到原始问题的解。设对偶问题的一个解为 $\boldsymbol{\alpha}^*=(\alpha_1^*,\alpha_2^*,\cdots\alpha_m^*)^{\mathrm{T}}$，若存在 $\boldsymbol{\alpha}^*$ 的一个分量 α_j^*，$0<\alpha_j^*<C$，设其对应的样本为$(\boldsymbol{x}_j,y_j)$，则原始问题(8.26)的解为

$$
\boldsymbol{w}^*=\sum_{i=1}^{m}\alpha_i^*y_i\boldsymbol{x}_i
\tag{8.29}
$$

$$
b^*=y_j-\sum_{i=1}^{m}y_i\alpha_i^*\langle\boldsymbol{x}_i,\boldsymbol{x}_j\rangle
\tag{8.30}
$$

从而得到了分离超平面 $\sum\limits_{i=1}^{m}\alpha_i^*y_i\langle x_i,x\rangle+b^*=0$

和分类决策函数 $f(x)=\text{sign}\left(\sum\limits_{i=1}^{m}\alpha_i^*y_i\langle x_i,x\rangle+b^*\right)$

至此，我们也得出了线性支持向量机的学习算法。

定义 8.7(软间隔支持向量) 数据线性不可分时，将对偶问题(8.28)的解 $\boldsymbol{\alpha}^*=(\alpha_1^*, \alpha_2^*, \cdots, \alpha_m^*)^{\mathrm{T}}$ 中对应于 $\alpha_i^*>0$ 的样本点$(\boldsymbol{x}_i, y_i)$的样本点 $\boldsymbol{x}_i$ 称为软间隔的支持向量。若 $\alpha_i^*<C$，$\xi_i=0$，则此时支持向量 $\boldsymbol{x}_i$ 恰好落在间隔边界上；若 $\alpha_i^*=C$，$0<\xi_i<1$，则分类正确，支持向量 $\boldsymbol{x}_i$ 在间隔边界与分离超平面之间；若 $\alpha_i^*=C$，$\xi_i=1$，则支持向量 $\boldsymbol{x}_i$ 在分离超平面上；若 $\alpha_i^*=C$，$\xi_i>1$，则支持向量 $\boldsymbol{x}_i$ 位于分离超平面误分的一侧。

8.4 非线性支持向量机的学习

线性分类支持向量机可以有效求解线性分类问题。然而，对于非线性分类问题的求解，则需要应用本节介绍的非线性支持向量机方法。我们通过一个小例子引入本节要讨论的问题。

现有一个房屋销售数据如表 8.1 所示。

表 8.1 某房屋销售数据

面积/m^2	销售价格/万元
123	250
150	320
87	160
102	220
…	…

假设特征是房子的面积 x，房子的价格是结果 y。从样本点的分布中可以发现 x 和 y 的值近似符合三次曲线，即我们希望使用 x 的三次多项式来逼近这些样本点。将特征 x_i 扩展为三维(x_1, x_2, x_3)，然后寻找特征与结果之间的模型。这种特征变换称为特征映射，记映射函数为 $\phi(x)$，这个例子中 $\phi(x)=(x, x_2, x_3)^{\mathrm{T}}$。

我们将映射后的特征用于支持向量机分类，而不使用原来的特征。将超平面公式中的内积从$\langle \boldsymbol{x}_i, \boldsymbol{x}\rangle$映射到$\langle \phi(\boldsymbol{x}_i), \phi(\boldsymbol{x})\rangle$。使用映射后的特征而不使用原始特征是因为映射特征不仅能够更好地拟合数据，并且对于低维空间中的不可分数据，将特征映射到高维空间中往往就可分了。

非线性问题很难求解，所以我们希望可以将非线性问题转化为线性问题，然后用解线性分类问题的方法求解这个问题。由上例可发现，可以采用非线性变换，将非线性问题转化为线性问题，这样就可以先求解变换后的线性问题，进而求解原来的非线性问题。核技巧就是采用这样的方法。

核技巧的基本思想是通过一个非线性变换将输入空间(欧氏空间或者离散集合)映射到一个特征空间(希尔伯特空间),使得在输入空间 $\mathbf{R}^n$ 中的超曲面模型对应于特征空间 H 中的超平面模型,从而通过在特征空间 H 中求解线性支持向量机就可以进行分类。

8.4.1 核函数的定义

定义 8.8 (核函数) 设 $\boldsymbol{\chi}$ 是输入空间(欧氏空间 $\mathbf{R}^n$ 的子集或离散集合),H 是特征空间(希尔伯特空间),如果存在一个 $\boldsymbol{\chi}$ 到 H 的映射

$$\phi(\boldsymbol{x}): \boldsymbol{\chi} \to H$$

使得对所有的 $\boldsymbol{x}, \boldsymbol{z} \in \boldsymbol{\chi}$,函数 $K(\boldsymbol{x}, \boldsymbol{z})$满足条件

$$K(\boldsymbol{x}, \boldsymbol{z}) = \langle \phi(\boldsymbol{x}), \phi(\boldsymbol{z}) \rangle \tag{8.31}$$

那么称 $K(\boldsymbol{x}, \boldsymbol{z})$为核函数,$\phi(\boldsymbol{x})$为映射函数。

核技巧并不显式地定义映射函数 $\phi(\boldsymbol{x})$,它通过在学习和预测中定义核函数 $K(\boldsymbol{x}, \boldsymbol{z})$。特征空间 H 的维度往往很高,甚至是无穷维的,并且对于给定的核函数,特征空间 $K(\boldsymbol{x},\boldsymbol{z})$与映射函数 $\phi(\boldsymbol{x})$的取法不唯一。

对于线性支持向量机的对偶问题,目标函数和决策函数都只涉及输入实例间的内积。我们用核函数 $K(\boldsymbol{x}_i, \boldsymbol{x}_j)=\langle \phi(\boldsymbol{x}_i), \phi(\boldsymbol{x}_j) \rangle$来代替目标函数中的内积$\langle \boldsymbol{x}_i, \boldsymbol{x}_j \rangle$,这时对偶问题的目标函数为

$$W(\boldsymbol{\alpha}) = \frac{1}{2}\sum_{i=1}^{m}\sum_{i=1}^{m}\alpha_i\alpha_j y_i y_j K(\boldsymbol{x}_i, \boldsymbol{x}_j) - \sum_{i=1}^{m}\alpha_i \tag{8.32}$$

同样可以得到分类决策函数的表达式

$$\begin{aligned} f(\boldsymbol{x}) &= \operatorname{sign}\Big(\sum_{i=1}^{m}\alpha_i^* y_i \langle \phi(\boldsymbol{x}_i), \phi(\boldsymbol{x}) \rangle + b^*\Big) \\ &= \operatorname{sign}\Big(\sum_{i=1}^{m}\alpha_i^* y_i K(\boldsymbol{x}_i, \boldsymbol{x}) + b^*\Big) \end{aligned} \tag{8.33}$$

在核函数给定时,我们在新的特征空间中用求解线性分类问题的方法学习得到一个线性支持向量机,若映射函数为非线性函数,得到的含有核函数的支持向量机是非线性的分类模型。由于学习是隐式地在特征空间进行的,不需要显式地定义特征空间以及映射函数,这样的技巧称为核技巧。核技巧巧妙地利用了线性分类学习方法与核函数来解决非线性问题。核函数的选择对于分类问题意义重大,可通过实验验证核函数的有效性。

8.4.2 核函数有效性判定

对于给定的一个核函数 $K(\boldsymbol{x}, \boldsymbol{z})$,我们能否找到一个 $\phi(\boldsymbol{x})$使得对于所有的 $\boldsymbol{x}$ 和 $\boldsymbol{z}$,都有

$K(\boldsymbol{x}, \boldsymbol{z})=\langle\phi(\boldsymbol{x}), \phi(\boldsymbol{z})\rangle$，这是一个重要的问题。例如当给出核函数 $K(\boldsymbol{x}, \boldsymbol{z})=(\langle\boldsymbol{x}, \boldsymbol{z}\rangle)^2$ 时，该怎样判断 $K(\boldsymbol{x}, \boldsymbol{z})$是否是一个有效的核函数。

对于给定的训练数据集 $D=\{(\boldsymbol{x}_1, y_1), (\boldsymbol{x}_2, y_2), \cdots, (\boldsymbol{x}_m, y_m)\}$，每一个 $\boldsymbol{x}_i$ 对应于一个特征向量，我们将任意两个向量 $\boldsymbol{x}_i$ 和 $\boldsymbol{x}_j$ 代入核函数中，得到 $\boldsymbol{K}_{ij}=K(\boldsymbol{x}_i, \boldsymbol{x}_j)$，因此可以得到一个 $m\times m$ 的核函数矩阵，用 $\boldsymbol{K}$ 表示。

若 $K(\boldsymbol{x}, \boldsymbol{z})$是有效的核函数，根据核函数的定义，有

$$\boldsymbol{K}_{ij}=K(\boldsymbol{x}_i, \boldsymbol{x}_j)=\langle\phi(\boldsymbol{x}_i), \phi(\boldsymbol{x}_j)\rangle=\langle\phi(\boldsymbol{x}_j), \phi(\boldsymbol{x})\rangle=\boldsymbol{K}_{ji} \tag{8.34}$$

即 $\boldsymbol{K}$ 一定是一个对称矩阵，令 $\phi_k(x)$表示映射函数的第 k 维属性值，则对于任意的向量 $\boldsymbol{z}$，有

$$\begin{aligned}
\boldsymbol{z}^{\mathrm{T}}\boldsymbol{K}\boldsymbol{z} &= \sum_i \sum_j z_i \boldsymbol{K}_{ij} z_j \\
&= \sum_i \sum_j z_i \langle\phi(\boldsymbol{x}_i), \phi(\boldsymbol{x}_j)\rangle z_j \\
&= \sum_i \sum_j z_i \sum_k \langle\phi_k(\boldsymbol{x}_i), \phi_k(\boldsymbol{x}_j)\rangle z_j \\
&= \sum_k \sum_i z_i \phi_k(\boldsymbol{x}_i)^2 \\
&\geqslant 0
\end{aligned} \tag{8.35}$$

即如果 $K(\boldsymbol{x}, \boldsymbol{z})$是有效的核函数(即 $K(\boldsymbol{x}, \boldsymbol{z})$和$\langle\phi(\boldsymbol{x})^{\mathrm{T}}, \phi(\boldsymbol{z})\rangle$等价)，那么在训练集上得到的核函数矩阵 $\boldsymbol{K}$ 应该是半正定的。

这样我们就得到了核函数有效性的必要条件。若 $K(\boldsymbol{x}, \boldsymbol{z})$是有效的核函数，那么核函数矩阵是对称半正定的，这个条件也是充分的。下面介绍的 Mercer 定理则给出了核函数有效性与相应的核函数矩阵的关系。

(Mercer 定理)设函数 K 是一个 $R^n\times R^n\rightarrow R$ 上的映射。如果 K 是一个有效的核函数(也称为 Mercer 核函数)，当且仅当对于训练样本 $D=\{(\boldsymbol{x}_1, y_1), (\boldsymbol{x}_2, y_2), \cdots, (\boldsymbol{x}_m, y_m)\}$，其对应的核函数矩阵是对称半正定的。

Mercer 定理确保核函数可以用高维空间中的两个输入向量的点积表示。定理表明为了证明 $K(\boldsymbol{x}, \boldsymbol{z})$是有效的核函数，我们不需要寻找 ϕ，只要在训练样本集上求出核函数矩阵 $\boldsymbol{K}$，判断其是否正定即可。

8.4.3 常用的核函数

线性核函数

$$K(\boldsymbol{x}, \boldsymbol{z})=\langle\boldsymbol{x}, \boldsymbol{z}\rangle \tag{8.36}$$

多项式核函数

$$K(\boldsymbol{x},\ \boldsymbol{z}) = (\langle \boldsymbol{x},\ \boldsymbol{z}\rangle + 1)^p \tag{8.37}$$

对应的支持向量机是一个 p 次多项式分类器。

高斯核函数

$$K(\boldsymbol{x},\ \boldsymbol{z}) = \exp\left(-\frac{\|\boldsymbol{x}-\boldsymbol{z}\|}{2\sigma^2}\right) \tag{8.38}$$

对应的支持向量机是高斯径向基函数分类器。

线性核主要适用于线性可分的情形，参数少，速度快，对于一般的训练数据，分类效果比较理想。高斯核应用最广，主要用于线性不可分的情形，参数多，在实际应用中常常通过训练数据的交叉验证寻找合适的参数，最终选取哪种核，要根据具体问题分析，目前并没有一种准则能够确定哪种核函数是最优的。

8.4.4 非线性支持向量机的学习

对于给定数据集 $D=\{(\boldsymbol{x}_1, y_1),\ (\boldsymbol{x}_2, y_2),\ \cdots,\ (\boldsymbol{x}_m, y_m)\}$，其中 $\boldsymbol{x}_i \in \mathbf{R}^n, y_i \in \{+1, -1\}$，$i=1,\ 2,\ \cdots,\ m$。通过选取适当的核函数 $K(\boldsymbol{x},\ \boldsymbol{z})$和适当的参数 C，构造并求解最优化问题

$$\begin{cases} \min\limits_{\alpha} \ \dfrac{1}{2}\sum\limits_{i=1}^{m}\sum\limits_{j=1}^{m}\alpha_i\alpha_j y_i y_j K(\boldsymbol{x}_i,\ \boldsymbol{x}_j) - \sum\limits_{i=1}^{m}\alpha_i \\ \text{s. t.} \quad \sum\limits_{i=1}^{m}\alpha_i y_i = 0 \\ \qquad\quad 0 \leqslant \alpha_i \leqslant C,\ i = 1,\ 2,\ \cdots,\ m \end{cases} \tag{8.39}$$

得到最优解 $\boldsymbol{\alpha}^* = (\alpha_1^*,\ \alpha_2^*,\ \cdots,\ \alpha_m^*)^{\mathrm{T}}$，再选择 $\boldsymbol{\alpha}^*$ 的一个正分量 $0<\alpha_j^*<C$，计算

$$b^* = y_j - \sum_{i=1}^{m}\alpha_i^* y_i K(\boldsymbol{x}_i,\ \boldsymbol{x}_j) \tag{8.40}$$

则决策函数

$$f(\boldsymbol{x}) = \mathrm{sign}\left(\sum_{i=1}^{m}\alpha_i^* y_i K(\boldsymbol{x},\ \boldsymbol{x}_i) + b^*\right) \tag{8.41}$$

从而输出分类决策函数，这就是非线性支持向量机的学习算法。

8.5 SMO 算法

在前几小节的内容中已经详细介绍了支持向量机的原理，在求解时，可将原始的最优化问题转化为其对偶问题。支持向量机的对偶问题是一个凸二次规划问题，并且这样的凸二次

规划问题具有全局最优解。尽管在序列最小优化(Sequential Minimal Optimization,SMO)算法出现之前就已经出现很多算法应用到了支持向量机问题的求解上，但这些算法都具有计算量大、不适用于小样本的缺点。

1988 年，Microsoft Research 的 John C. Platt 提出了 SMO 算法用于训练支持向量机。它是一种快速的二次规划优化算法，基本思路是在一次迭代中只优化两个变量而固定其他变量，从而将一个大的优化问题分解为若干个小的优化问题进行求解。这种方法类似于坐标上升法。SMO 算法特别针对线性支持向量机和数据稀疏时性能更优。

回顾前面我们得到的支持向量机的最优化问题的对偶问题：

$$\begin{cases}\min\limits_{\boldsymbol{\alpha}} \quad \boldsymbol{\Psi}(\boldsymbol{\alpha})=\dfrac{1}{2}\sum\limits_{i=1}^{m}\sum\limits_{j=1}^{m}\alpha_i\alpha_j y_i y_j K(\boldsymbol{x}_i,\boldsymbol{x}_j)-\sum\limits_{i=1}^{m}\alpha_i \\ \text{s.t.} \quad 0\leqslant\alpha_i\leqslant C,\ i=1,2,\cdots,m \\ \qquad \sum\limits_{i=1}^{m}\alpha_i y_i=0\end{cases} \tag{8.42}$$

其中 $\boldsymbol{x}_i$ 是训练样本，$y_i\in\{-1,+1\}$是样本标签，C 是惩罚系数。在这个问题中，$\boldsymbol{x}_i$ 和 y_i 都是已知量，惩罚系数 C 预先设定，也是已知量，未知参数只有拉格朗日乘子 α_i。由于一个变量对应一个样本点$(\boldsymbol{x}_i, y_i)$，因此参数的个数等于训练样本的个数 m。

SMO 算法是一种启发式算法，如果所有变量的解都满足此最优化问题的 KKT 条件，那么就得到了这个最优化问题的解。KKT 条件是该最优化问题的充分必要条件。否则，需选择两个变量，固定其他变量，针对这两个变量构建一个二次规划问题。这个二次规划问题关于这两个变量的解应该更接近原始二次规划问题的解，因为这会使得原始二次规划问题的目标函数值变得更小。同时，由于此时子问题可以通过解析的方法进行求解，因此算法的计算速度大大提升。子问题有两个变量，一个是违反 KKT 条件最严重的那一个，另一个由约束条件自动确定。SMO 算法就是将原问题不断分解为子问题，然后对子问题进行求解，进而达到求解原问题的目的。

虽然我们选取了两个变量构建二次规划，但是两个变量中只有一个变量是自由变量。由等式约束可知，若对任意两个变量 α_k，α_j，固定这两个变量以外的其他变量，那么由等式约束可知

$$\alpha_k=-y_k\sum_{i\neq k}^{m}\alpha_i y_i \tag{8.43}$$

即只要确定了 α_i，那么 α_k 也就随之确定了，因此子问题同时更新了两个变量。

假设我们选取初始值$\{\alpha_1, \alpha_2, \cdots, \alpha_m\}$满足问题中的约束条件。接下来，我们固定$\{\alpha_3, \alpha_4, \cdots, \alpha_m\}$，在略去了不影响目标函数最优化求解的函数项后，式(8.42)的最优化问题的子问题就可以写成

$$
\begin{cases}
\min\limits_{\alpha_1, \alpha_2} \ W(\alpha_1, \alpha_2) = \dfrac{1}{2}K_{11}\alpha_1^2 + \dfrac{1}{2}K_{22}\alpha_2^2 + y_1 y_2 K_{12}\alpha_1\alpha_2 + y_1 v_1 \alpha_1 + y_2 v_2 \alpha_2 - (\alpha_1 + \alpha_2) \\
\text{s. t.} \ \ 0 \leqslant \alpha_i \leqslant C \\
\qquad \alpha_1 y_2 + \alpha_2 y_2 = -\sum\limits_{i=3}^{m} \alpha_i y_i
\end{cases}
\tag{8.44}
$$

其中 $v_j = \sum\limits_{i=3}^{m} y_i \alpha_i \boldsymbol{K}_{ij}$，$j=1, 2$。此时 W 就是 α_1 和 α_2 的函数，并且满足条件

$$
\alpha_1 y_1 + \alpha_2 y_2 = -\sum_{i=3}^{m} \alpha_i y_i \tag{8.45}
$$

由于$\{\alpha_3, \alpha_4, \cdots, \alpha_m\}$都是已知量，为了方便，将等式右边标记为实数值 ζ，则式(8.45)可以表示为

$$
\alpha_1 y_1 + \alpha_2 y_2 = \zeta \tag{8.46}
$$

在式(8.46)两边同时乘以 y_1，得到

$$
\alpha_1 = (\zeta - y_2 \alpha_2) y_1 \tag{8.47}
$$

将式(8.47)代入式(8.44)中，得到只关于参数 α_2 的目标函数：

$$
\begin{aligned}
W(\alpha_2) = & \frac{1}{2}\boldsymbol{K}_{11}(\zeta - y_2\alpha_2)^2 + \frac{1}{2}\boldsymbol{K}_{22}\alpha_2^2 + y_2 \boldsymbol{K}_{12}(\zeta - y_2\alpha_2) y_1 \alpha_2 \\
& + v_1(\zeta - y_2\alpha_2) + y_2 v_2 \alpha_2 - (\zeta - y_2\alpha_2) y_1 - \alpha_2
\end{aligned}
\tag{8.48}
$$

对式(8.48)关于 α_2 求导并令其为 0，得到

$$
\begin{aligned}
\frac{\partial W(\alpha_2)}{\partial \alpha_2} = & (\boldsymbol{K}_{11} + \boldsymbol{K}_{22} - 2\boldsymbol{K}_{12})\alpha_2 - \boldsymbol{K}_{11}\zeta y_2 \\
& + \boldsymbol{K}_{12}\zeta y_2 + y_1 y_2 - 1 - v_1 y_2 + v_2 y_2 \\
= & \ 0
\end{aligned}
\tag{8.49}
$$

由式(8.49)求得 α_2 的解，代入式(8.47)可得 α_1 的解，分别记为 α_1^{new}，α_2^{new}，将优化前的解记为 α_1^{old}，α_2^{old}。在参数 $\alpha_3, \alpha_4, \cdots, \alpha_m$ 固定的前提条件下，由等式约束 $\sum\limits_{i=1}^{m} \alpha_i y_i = 0$，有

$$
\alpha_1^{\text{old}} y_1 + \alpha_2^{\text{old}} y_2 = -\sum_{i=3}^{m} \alpha_i y_i = \alpha_1^{\text{new}} y_1 + \alpha_2^{\text{new}} y_2 = \zeta \tag{8.50}
$$

成立，即

$$
\zeta = \alpha_1^{\text{old}} y_1 + \alpha_2^{\text{old}} y_2 \tag{8.51}
$$

若支持向量机的超平面模型为 $f(\boldsymbol{x})=\text{sign}(\boldsymbol{w}^{\mathrm{T}}\boldsymbol{x}+b)$，由前一节推出的 $\boldsymbol{w}$ 的表达式知

$$f(\boldsymbol{x})=\sum_{i=1}^{m}\alpha_i y_i K(\boldsymbol{x}_i,\ \boldsymbol{x})+b$$

即 $f(\boldsymbol{x}_i)$为对样本 $\boldsymbol{x}_i$ 的预测值。定义 E_i 为对输入 $\boldsymbol{x}_i$ 的预测值与真实值之差，即

$$E_i=f(\boldsymbol{x}_i)-y_i \tag{8.52}$$

由于

$$v_i=\sum_{j=3}^{m}\alpha_j y_j K(\boldsymbol{x}_i,\ \boldsymbol{x}_j),\ i=1,\ 2$$

故

$$v_1=f(\boldsymbol{x}_1)-\sum_{j=1}^{2}y_j\alpha_j\boldsymbol{K}_{ij}-b \tag{8.53}$$

$$v_2=f(\boldsymbol{x}_2)-\sum_{j=1}^{2}y_j\alpha_j\boldsymbol{K}_{ij}-b \tag{8.54}$$

将式(8.51)、式(8.53)、式(8.54)代入式(8.49)中求解 α_2，由于此时求解出的 α_2 并没有考虑约束条件，因此这里记为 $\alpha_2^{\text{new, unclipped}}$ 的解，得到

$$(\boldsymbol{K}_{11}+\boldsymbol{K}_{22}-2\boldsymbol{K}_{12})\alpha_2^{\text{new, unclipped}}=(\boldsymbol{K}_{11}+\boldsymbol{K}_{22}-2\boldsymbol{K}_{12})\alpha_2^{\text{old}}+y_2[y_2-y_1+f(\boldsymbol{x}_1)] \tag{8.55}$$

把式(8.55)代入式(8.51)，并记 $\eta=\boldsymbol{K}_{11}+\boldsymbol{K}_{22}-2\boldsymbol{K}_{12}$，得

$$\alpha_2^{\text{new, unclipped}}=\alpha_2^{\text{old}}+\frac{y_2(E_2-E_1)}{\eta} \tag{8.56}$$

这里求出的 α_2 没有考虑约束条件 $0\leqslant\alpha_i\leqslant C$，$i=1, 2$。由不等式约束，由于未知参数只有两个($\alpha_1$，$\alpha_2$)，又因为 y_1 和 y_2 均只有−1 和 1 两种取值，故当 y_1 和 y_2 异号时，两个参数可以表示为一条斜率为 1 的直线，如图 8.3 所示。

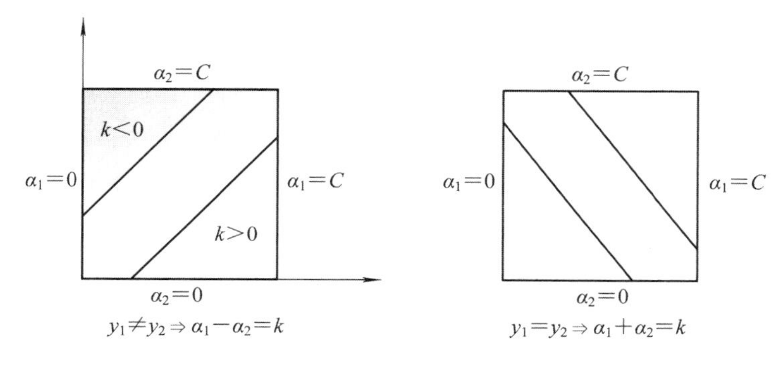

图 8.3　变量优化过程图示

横轴和纵轴的最大值均为 C，即 α_1 和 α_2 不仅要在直线上，还要在矩形框内，因此我们最终求得的目标函数值的最优值位于矩形框内平行于对角线的线段上。下面我们考虑当 y_1 和 y_2 异号时 α_2^{new} 的取值范围。设 $L \leqslant \alpha_2^{\text{new}} \leqslant H$，由不等式约束条件可知，其中 $L=\max(0,\ \alpha_2^{\text{old}}-\alpha_1^{\text{old}})$，$H=\min(C,\ C+\alpha_2^{\text{old}}-\alpha_1^{\text{old}})$。同理可以求出 y_1 和 y_2 同号时，$L=\max(0,\ \alpha_2^{\text{old}}+\alpha_1^{\text{old}}-C)$，$H=\min(\alpha_2^{\text{old}}+\alpha_1^{\text{old}})$。

于是经过上述约束的修剪，得到 α_2^{new} 的最优解为

$$\alpha_2^{\text{new}}=\begin{cases} H & \alpha_2^{\text{unclipped}} > H \\ \alpha_2^{\text{unclipped}} & L \leqslant \alpha_2^{\text{unclipped}} \leqslant H \\ L & \alpha_2^{\text{unclipped}} < L \end{cases} \tag{8.57}$$

由于其他 $m-2$ 个变量是固定的，因此 $\alpha_1^{\text{old}}y_1+\alpha_2^{\text{old}}y_2=\alpha_1^{\text{new}}y_1+\alpha_2^{\text{new}}y_2$，代入 α_2^{new} 的解，得到 α_1^{new} 的表达式

$$\alpha_1^{\text{new}}=\alpha_1^{\text{old}}+y_1y_2(\alpha_2^{\text{old}}-\alpha_2^{\text{new}}) \tag{8.58}$$

上述分析都是基于从 m 个变量中选择两个变量进行优化的方法，并且要求其中一个变量是违反 KKT 条件的，下面我们介绍如何高效地选择两个变量进行优化，使得目标函数的下降速度最快。

1. 第一个变量的选择

在 SMO 算法中，第一个变量的选择过程称为外层循环。首先遍历所有的样本点，选取违反 KKT 条件最严重的样本点 α_i 作为第一个变量。检验过程中外层循环首先遍历所有满足条件 $0<\alpha_i<C$ 的样本点，检验它们是否满足 KKT 条件，如果这些样本点都满足 KKT 条件，那么遍历整个训练样本集，检验它们是否满足 KKT 条件。

我们在循环过程中需要检验训练样本点 $(x_i,\ y_i)$ 是否满足 KKT 条件

$$\alpha_i=0 \Leftrightarrow y_i\Big[\sum_{j=1}^{m}\alpha_j y_j K(\boldsymbol{x}_i,\ \boldsymbol{x}_j)+b\Big] \geqslant 1 \tag{8.59}$$

$$\alpha_i=C \Leftrightarrow y_i\Big[\sum_{j=1}^{m}\alpha_j y_j K(\boldsymbol{x}_i,\ \boldsymbol{x}_j)+b\Big] \leqslant 1 \tag{8.60}$$

$$0<\alpha_i<C \Leftrightarrow y_i\Big[\sum_{j=1}^{m}\alpha_j y_j K(\boldsymbol{x}_i,\ \boldsymbol{x}_j)+b\Big]=1 \tag{8.61}$$

2. 第二个变量的选择

第二个变量的选择过程称为内循环。若记在外循环中选择出的第一个变量为 α_1，第二个变量的选择希望可以使 α_2 产生足够大的变化。由上面得出的推导结果可以看出，α_2^{new} 是依赖于 $|E_1-E_2|$ 的。若 E_1 为正，则选择最小的 E_1 作为 E_2；若 E_1 为负，则选择最大的 E_1 作为 E_2。通常是选择最大的 $|E_1-E_2|$ 来近似最大化步长。

然而按照上述的启发式选择方法选择第二个变量时，目标函数下降较少。在这种情形下，我们首先遍历在间隔边界上的支持向量点，以此将其对应的变量作为 α_2 试用，直到目标函数有足够的下降。如果始终找不到合适的 α_2，那么通过外层循环重新选择 α_1。

3. 阈值 b 的选择

每完成两个变量的优化后，都要对 b 的值进行更新，因为 b 的值关系到 $f(\boldsymbol{x})$ 的计算，即关系到下次优化时 E_i 的计算。

(1) 若 $0<\alpha_1^{\text{new}}<C$，那么由 KKT 条件式(8.61)可知

$$\sum_{i=1}^{m}\alpha_i y_i K_{i1} + b = y_1 \tag{8.62}$$

则

$$b_1^{\text{new}} = y_1 - \sum_{i=3}^{m}\alpha_i y_i K_{i1} - \alpha_1^{\text{new}} y_1 K_{11} - \alpha_2^{\text{new}} y_2 K_{21} \tag{8.63}$$

又由式(8.51)可知

$$b_1^{\text{new}} = -E_1 - y_1 K_{11}(\alpha_1^{\text{new}} - \alpha_1^{\text{old}}) - y_2 K_{21}(\alpha_2^{\text{new}} - \alpha_2^{\text{old}}) + b^{\text{old}} \tag{8.64}$$

(2) 若 $0<\alpha_2^{\text{new}}<C$，则同理得到

$$b_2^{\text{new}} = -E_1 - y_1 K_{11}(\alpha_1^{\text{new}} - \alpha_1^{\text{old}}) - y_2 K_{21}(\alpha_2^{\text{new}} - \alpha_2^{\text{old}}) + b^{\text{old}} \tag{8.65}$$

(3) 若 α_1^{new}，α_2^{new} 同时满足 $0<\alpha_i^{\text{new}}<C$，则 $b_1^{\text{new}}=b_2^{\text{new}}$。

(4) 若 α_1^{new}，α_2^{new} 是 0 或者 C，那么 b_1^{new} 与 b_2^{new} 以及它们之间的数都是符合 KKT 条件的阈值，这时选取它们的中点作为 b^{new}。

4. E_i 的选择

每次两个变量的优化之后，需相应地更新 E_i，E_i 的更新与 b^{new}有关，即

$$E_i^{\text{new}} = \sum_{S} y_j \alpha_j K_{ij} + b^{\text{new}} - y_i$$

S 为所有支持向量的集合。

习 题

1. 分析支持向量机对噪声敏感的原因。

2. 已知正例为 $\boldsymbol{x}_1=(1,1)^{\mathrm{T}}$，$\boldsymbol{x}_2=(2,2)^{\mathrm{T}}$，$\boldsymbol{x}_3=(3,3)^{\mathrm{T}}$，负例为 $\boldsymbol{x}_4=(2,1)^{\mathrm{T}}$，$\boldsymbol{x}_5=(3,2)^{\mathrm{T}}$，求最大间隔分离超平面以及分类决策函数。

3. 给出完整的 KKT 条件。

参 考 文 献

[1] 周志华. 机器学习[M]. 北京：清华大学出版社，2016.

[2] BOSER B E，GUYON I M，Vapnik V N. A Training Algorithm for Optimal Margin Classifiers[C]// Proceedings of the Fifth Annual Workshop on Computational Learning Theory. ACM，1992：144 - 152.

[3] 李航. 统计学习方法[M]. 北京：清华大学出版社，2012.

[4] CORTES C，VAPNIK V N. Support-vector Networks[J]. Machine Learning，1995，20(3)：273 - 297.

[5] BURGES C J C. A Tutorial on Support Vector Machines for Pattern Recognition[J]. Data Mining and Knowledge Discovery，1998，2(2)：121 - 167.

[6] 邓乃扬，田英杰. 数据挖掘中的新方法：支持向量机[M]. 北京：科学出版社，2004.

[7] VAPNIK V N. An Overview of Statistical Learning Theory[J]. IEEE Transactions on Neural Networks，1999，10(5)：988 - 999.

[8] HERBRICH R. Learning Kernel Classifiers：Theory and Algorithms[M]. Canterbury：MIT Press，2001.

[9] CHANG C C，LIN C J. Libsvm：A Library for Support Vector Machines[M]// LIBSVM：a Library for Support Vector Machines. 2011.

第9章 组合分类器

组合分类器通过构建并结合一组个体分类器，得到一个新的分类器，其性能一般要优于某个个体分类器。根据个体分类器的生成方式，组合学习器的方法大致可以分为两类，即个体分类器之间不存在强依赖关系，可以同时生成的并行化方式，代表算法是 Bagging 和随机森林(Random Forest，RF)；以及个体分类器之间存在强依赖关系，必须串行生成的序列化方法，代表算法是 Boosting。

9.1 组合分类概述

9.1.1 个体与组合间的关系

组合分类器的核心思想是对于多个单独的分类器的结果进行加权整合，以获得更好的性能，这种思想与生活中投票决策的思想相近。简单来说，对于某个具体问题，可能有若干种解决方案可供选择，我们可以对这若干种解决方案进行加权投票，最终综合投票结果产生一种新的解决方案。

如图 9.1 所示，由产生的一组“个体分类器”经过组合分类的机制生成一个最终结果。

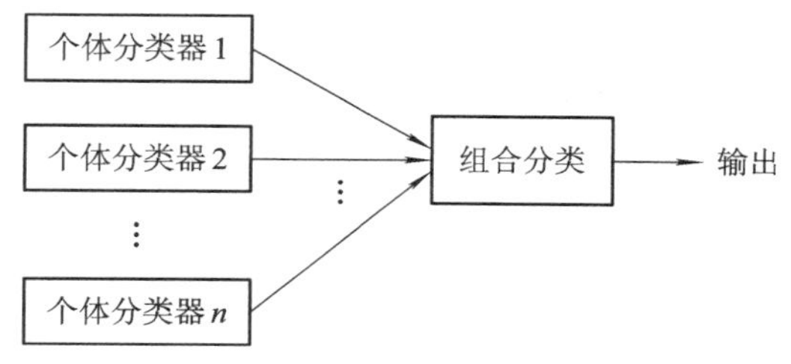

图 9.1 组合分类器示意图

单独的某个体分类器通常采用一种现有的分类方法产生，可以是神经网络算法、支持向量机、决策树或者一些其他的分类器，如果这一组“个体分类器”是由同一种分类器产生的，则我们将其称为“同质”的，而如果是由非同种分类器产生的，则将其称为“异质”的。

通常为了获得比个体分类器更好的性能，一般要求得到的个体分类器具有一定的“多样性”和“准确性”。“多样性”是指不同的个体分类器间的分类结果具有差异性；“准确性”是指分类器具有较好的分类性能(如二分类问题中单个分类精度高于50%)。

9.1.2 分类器组合评价

常见的组合分类器的性能评价标准主要有泛化误差、计算复杂度、鲁棒性和稳定性等。

1. 泛化误差

假设$E(D)$表示在数据集D上的组合分类结果，那么$E(D)$的泛化误差则是根据带类标的示例空间分布对任意数量选定示例的误分类概率。而由于示例空间分布未知，因此可以考虑将训练误差作为泛化误差的估计。一个较低的训练误差不能确保得到较低的泛化误差，因为有可能出现训练过程过拟合的情况。因此在估计泛化误差时，是通过一些实验方法进行估计。常用的有持续法，它是将数据集分为训练集和测试集，在训练集上进行组合分类器的构建，然后使用测试集的训练误差作为泛化误差的估计。除此之外，常见的方法还有交叉验证估计及其变体自举法等。

2. 计算复杂度

计算复杂度一般是通过比较每个分类器在执行过程中耗费的CPU总数来实现的，可以将其分为如下三种度量：产生一个新的分类器的计算复杂度、更新一个分类器的计算复杂度以及将一个新样本进行分类的计算复杂度。总体计算复杂度可以看作是这三种度量方式的总和，特别是当数据集中数据量较大时，更应当考虑到产生新分类器的损耗。

3. 其他评价标准

通常我们还需要考虑得到的分类器模型能否处理含有噪声的或者带有一些残缺值的数据，这就是对分类器的鲁棒性测评，即在一个添加噪声的数据集上进行训练，以不加噪声的分类器训练结果作为对比。

分类算法的稳定性表现在训练过程中对于一个随机样本的期望一致性，即在给定数据集上两个模型能够对其赋予相同类别。此外，还表现在组合分类结果的可解释性、大规模数据的可测量性等，前者表现为使用者对其集成结果的理解能力，这是一个主观的评价标准，后者通过分类器对于大规模的数据使用某一方法构建分类模型的有效性来表现。

9.2 Bagging算法

9.2.1 Bagging

Bagging是指由多个并行的弱分类器综合得到一个强分类器的方法，其全称为Bootstrap Aggregating。它通过多次采样同一数据集的方式得到多组数据，然后分别进行训练得到若干弱分类器，最后通过对这些弱分类器投票的策略得到强分类器。

一般使用随机采样的方式对样本数据进行重复采样，即从训练集中采集固定数量的样本，每采集一个样本以后将其放回，该采样方法称为自助采样法。这样完成一轮的数据采样后，可计算出某个数据未被容量为 m 的样本集选中的概率为 $\left(1-\frac{1}{m}\right)^m$，而当 m 取值很大时，即

$$\lim_{m\to\infty}\left(1-\frac{1}{m}\right)^m=\frac{1}{e}=0.368$$

因此每一轮的采样过程中采样的数据大约覆盖了63.2%的原始数据集，大约有36.8%的数据没有被抽中，而这些没有抽中的数据则能够对算法的泛化能力进行验证。

我们假定使用的基分类器的复杂度为 $O(m)$，采样与投票的复杂度为 $O(s)$，用 Ω 表示整体算法的复杂度函数，则Bagging整体算法的复杂度约为 $\Omega(O(m)+O(s))$，整个训练的过程中由于采样与投票的计算复杂度较低，训练轮数 Ω 又是一个固定的不太大的常数，因此Bagging算法的复杂度基本与单个基分类器的算法复杂度同阶。

Bagging算法主要流程如图9.2所示。

输入：训练集 $D=\{(\boldsymbol{x}_1, y_1), (\boldsymbol{x}_2, y_2), \cdots, (\boldsymbol{x}_m, y_m)\}$

分类算法 H；重采样的样本分布 D_b

训练轮数 T

训练过程：

(1) **for** $t=1, 2, \cdots\cdots, T$ **do**

(2) $h_t=H(D, D_b)$

(3) **end for**

输出：$H(\boldsymbol{x})=\arg\max\limits_{y\in Y}\sum_{t=1}^{T}\Pi(h_t(\boldsymbol{x})=y)$

图9.2 Bagging算法流程图

为进一步说明Bagging算法的使用，下面举一个简单的例子。

例9.1 现有10个人的两门课程考试数据如表9.1所示：(10,70)，(20,70)，(30,10)，

(40,60)，(60,80)，(60,50)，(70,90)，(80,70)，(90,80)，(100,60)。每一门课程(分别用 x_1，x_2 表示)要求大于 60 分为合格，未达到 60 分的视为不合格，其中"×"表示至少有一门课程未通过，而"○"表示两门课程均通过，根据类标绘制出数据分布图如图 9.3 所示。

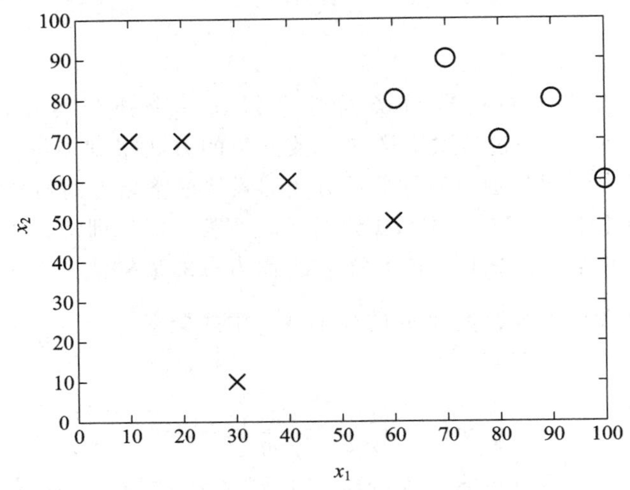

图 9.3　根据 10 个样本数据绘制数据分布图

这 10 个数据用表 9.1 的形式进行表示。

表 9.1　10 个考试成绩样本数据及其类标

学号	01	02	03	04	05	06	07	08	09	10
成绩	(10,70)	(20,70)	(30,10)	(40,60)	(60,80)	(60,50)	(70,90)	(80,70)	(90,80)	(100,60)
是否全通过	否	否	否	否	是	否	是	是	是	是

下面使用线性分类器对样本进行划分。首先从 10 个样本成绩中随机抽取 5 个样本，一共抽取三轮，抽取结果如下：第一轮：02、03、05、05、10 号样本，第二轮：04、04、06、09、10 号样本，第三轮：03、04、08、08、09 号样本，因此构造出三个线性分类器分别为

$$h_1 = \begin{cases} -1, & x_1 < 45 \\ 1, & x_1 > 45 \end{cases}$$

$$h_2 = \begin{cases} -1, & x_1 < 75 \\ 1, & x_1 > 75 \end{cases}$$

$$h_3 = \begin{cases} -1, & x_2 < 65 \\ 1, & x_2 > 65 \end{cases}$$

根据以上三个线性分类器绘制出分类结果如图 9.4 所示。

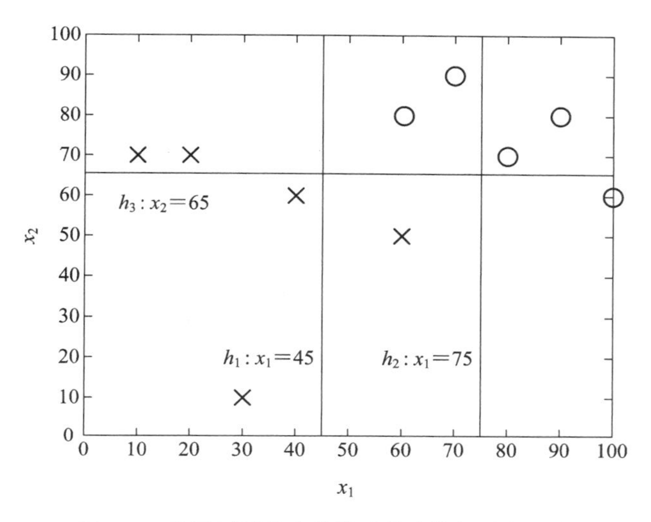

图 9.4　使用不同的分类器对样本数据进行划分

下面我们根据这三个线性分类器进行投票表决。如表 9.2 所示，与表 9.1 的正确类标签对比，发现使用投票机制后强分类器预测效果提升，且结果预测正确。

表 9.2　对 10 个样本数据进行投票表决

学号	01	02	03	04	05	06	07	08	09	10
成绩	(10,70)	(20,70)	(30,10)	(40,60)	(60,80)	(60,50)	(70,90)	(80,70)	(90,80)	(100,60)
h_1	−1	−1	−1	−1	1	1	1	1	1	1
h_2	−1	−1	−1	−1	−1	−1	−1	1	1	1
h_3	1	1	−1	−1	1	−1	1	1	1	−1
投票结果	−1	−1	−1	−1	1	−1	1	1	1	1

值得注意的是，由于对样本进行多次采样，有些数据会在采样分布中出现多次，而有的可能不会出现。当采样规模较大时，会有多个相同的数据多次出现在采样的各个数据集中，从统计学角度来看，这些采样的数据集之间并不相互独立。为了确保集成个体多样性，我们应该采用不稳定的分类器，通过对分类器添加扰动而获得差异较大的个体分类器，而如果使用稳定的弱分类器，那么集成的分类器将会出现相近的分类精度，导致最终的组合分类器精度提高有限。通常对数据样本扰动较为敏感的“不稳定基分类器”主要有决策树、神经网络等，对于数据样本扰动不敏感的“稳定基分类器”主要有支持向量机、朴素贝叶斯、k 近邻分类等方法。

9.2.2 随机森林

随机森林(Random Forest, RF)是 Bagging 的一种扩展算法，它以决策树作为基本的弱分类器，与 Bagging 不同的是，它并非从所有特征中选择最优特征作为分界，而是在一个特征子集中选择最优，即引入了随机特征选择，并因此提升了泛化性能。由于它操作简单、原理易懂并能取得更好的分类效果，其使用比较广泛。

通常传统的决策树算法在选择划分的属性时，是在所有属性中选择一个最优属性。假定所有属性的数目为 n，那么 RF 每次会在 n 个属性集合中随机选择一个包含 n' 种属性的子集，在这个特征子集中选择最优的一个属性作为划分依据进行样本划分。由于 Bagging 算法的"多样性"通常表现在重采样过程中的样本扰动，而 RF 通过引入特征随机选择增加了属性扰动，个体分类器之间的差异度增加，从而使得最终集成的泛化性能得到提升。

通常，RF 的初始性能比 Bagging 方法差，这是由于属性扰动造成的，但是随着分类器数量增多，RF 往往能够收敛到更低的泛化误差。另外由于每次属性是在特征子集中选择，因此训练的效率高于 Bagging 的方法。RF 的主要算法流程如图 9.5 所示。

输入：训练集 $D=\{(\boldsymbol{x}_1, y_1), (\boldsymbol{x}_2, y_2), \cdots, (\boldsymbol{x}_m, y_m)\}$

决策树 H；重采样的样本分布 D_b

样本集训练特征数目为 n，训练轮数 T

训练过程：

(1) **for** $t=1, 2, \cdots\cdots, T$ **do**

(2) **for** $s=1, 2, \cdots\cdots, n'(n'<n)$ **do**

(3) $h_t=H(D, D_b)$

(4) **end for**

(5) **end for**

输出：$H(\boldsymbol{x}) = \arg\max\limits_{y\in Y}\sum_{t=1}^{T}\Pi(h_t(\boldsymbol{x}) = y)$

图 9.5 随机森林主要算法流程图

9.3 Boosting 算法

Boosting 算法是一族提升分类器性能的方法。该类算法与 Bagging 算法都是通过多次对原始数据集进行重采样产生的，并且对分类器进行优化得到强分类器。与 Bagging 算法所不同的是，Boosting 算法对重采样的机制进行改进，在迭代过程中更多地关注对部分样本进行重采样。这类算法的工作机制大致为：从初始训练集训练出一个弱分类器，根据弱分类器学习出的性能调整训练集的分布，以便再次使用分类器时能够更多地关注到一些之前分类错误的学习样本，再用调整过后的样本分布进行下一个弱分类器的学习。如此反复进行多次迭代，直至组合后的弱分类器的错误率达到某一阈值，再将这若干个弱分类器进行加权结合。

下面以 Adaboost 为例进行介绍。

Adaboost[Freund and Schapire，1997]推导方式较多，比较常用的一种是“线性加性模型”，其步骤大致为：首先初始化数据权值和弱分类器的权值，然后开始迭代计算，每一轮数据的权值根据上一轮的计算结果更新，如果上一轮的计算过程中某一数据分类正确，则其对应权重相应减少，反之则增加，这么做的目的主要是为了让分类出错的样本受到更多的关注，再根据数据权值计算该轮弱分类器的分类正确率。若分类正确率提高，则增大该分类器的权重，反之则减少，经过若干轮迭代计算后，最终得到一个强分类器。

1. 参数说明

$D_t(i)$：迭代过程中第 t 轮、第 i 个样本的参数分布。

w_{ti}：第 t 轮中第 i 个数据的权重值。

α_t：第 t 轮弱分类器的权重值。

e_t：第 t 轮弱分类器的错误率。

y_i：第 i 个数据的类标值。

m：样本总数。

2. 具体步骤

(1) 初始化第一轮的权重值，将所有数据平均取样

$$D_1(i) = (w_1,\ w_2,\ \cdots,\ w_m) = \left(\frac{1}{m},\ \frac{1}{m},\ \cdots,\ \frac{1}{m}\right) \tag{9.1}$$

(2) 进行迭代，$t=1,\ 2,\ \cdots T$，开始先选择当前误差率 e_t 最低的一个弱分类器，并计算该弱分类器 $H_t(\boldsymbol{x})\in\{-1,\ 1\}$在分布 D_t 上的误差：

$$e_t = P(H_t(\boldsymbol{x}_i) \neq y_i) = \sum_{i=1}^{m} w_{ti} I(H_t(\boldsymbol{x}_i) \neq y_i) \tag{9.2}$$

式(9.2)给出了第 t 轮的误差计算公式，它与当前弱分类器的数据权值和分错的样本数有关，随后根据该错误率确定该分类器在改进的分类器模型中所占比重

$$\alpha_t = \frac{1}{2}\ln\left(\frac{1-e_t}{e_t}\right) \tag{9.3}$$

式(9.3)中的 α_t 值表示该分类器所占的权重大小，下一步就是根据该权重值更新样本数据的分布 D_t，可表示为

$$D_{t+1}(i) = \frac{D_t(i)\exp(-\alpha_t y_i H_t(\boldsymbol{x}_i))}{Z_t} \tag{9.4}$$

其中，Z_t 表示归一化常数，它的值为 $Z_t=2\sqrt{e_t(1-e_t)}$。

(3) 根据 t 轮所求的数据权值和各个弱分类器的权值求出最后的强分类器

$$H(\boldsymbol{x}) = \text{sign}(f(\boldsymbol{x})) = \text{sign}\left(\sum_{t=1}^{T}\alpha_t H_t(\boldsymbol{x})\right) \tag{9.5}$$

值得注意的是，由数据分布更新计算公式(9.4)可以得到当前数据的预测结果对下一轮的影响，例如：当样本预测正确时，有 $H_t(\boldsymbol{x}_i)=y_i$。将 $H_t(\boldsymbol{x}_i)\times y_i=1$ 代入公式(9.4)得到

$$D_{t+1}(i) = \frac{D_t(i)}{Z_t}\exp(-\alpha_t) = \frac{D_t(i)}{Z_t}\exp\left[-\frac{1}{2}\ln\left(\frac{1-e_t}{e_t}\right)\right] = \frac{D_t(i)}{2(1-e_t)} \tag{9.6}$$

需要注意的是，错误率 e_t 一般要求小于 0.5，因此有 $D_{t+1}(i)<D_t(i)$，所以在下一轮对于正确预测的样本减少关注。此外，如果算法的迭代次数过多，那么算法容易出现过拟合现象，因此应该尽量使用较小的迭代次数。

当样本预测错误时，有 $H_t(\boldsymbol{x}_i)\neq y_i$ 且 $H_t(\boldsymbol{x}_i)\times y_i=-1$，同样的有

$$D_{t+1}(i) = \frac{D_t(i)}{Z_t}\exp(\alpha_t) = \frac{D_t(i)}{Z_t}\exp\left[\frac{1}{2}\ln\left(\frac{1-e_t}{e_t}\right)\right] = \frac{D_t(i)}{2e_t} \tag{9.7}$$

其变化规律与预测正确时相反。

其具体算法流程如图 9.6 所示。

输入：训练集 $D=\{(\boldsymbol{x}_1, y_1), (\boldsymbol{x}_2, y_2), \cdots, (\boldsymbol{x}_m, y_m)\}$

分类器 H

训练轮数 T：第七轮样本分布 D_t

训练过程：

(1) 初始化 $D_1(\boldsymbol{x})=\dfrac{1}{m}$

(2) **for** $t=1, 2, \cdots\cdots, T$ **do**

  (3) $h_t=H(D, D_t)$

  (4) $e_t=P_{x\sim D_t}(h_t(\boldsymbol{x}_i)\neq y_i)$

  (5) if $e_t>0.5$ then break

  (6) $\alpha_t=\dfrac{1}{2}\ln\left(\dfrac{1-e_t}{e_t}\right)$

  (7) $$D_{t+1}(\boldsymbol{x}_i)=\begin{cases}\dfrac{D_t(\boldsymbol{x}_i)}{Z_t}\exp(-\alpha_t), & \text{if} \quad h_t(\boldsymbol{x}_i)=y_i \\ \dfrac{D_t(\boldsymbol{x}_i)}{Z_t}\exp(\alpha_t), & \text{if} \quad h_t(\boldsymbol{x}_i)\neq y_i\end{cases}$$

(8) **end for**

输出：$H(x) = \arg\max\limits_{y\in Y}\sum_{t=1}^{T}\Pi(h_t(\boldsymbol{x}) = y)$

图 9.6 Adaboost 算法流程图

为进一步说明 Adaboost 算法的使用，下面举一个简单的例子。

例 9.2 我们仍然使用例 9.1 中的 10 个考试成绩样本作为数据集，所不同的是，我们使用三个不同的线性分类器作为样本训练的弱分类器，分别是 h_1：$x_1=25$，h_2：$x_1=85$，h_3：$x_2=65$。分类方式如下：

$$h_1=\begin{cases}-1, & x_1<25\\ 1, & x_1>25\end{cases},\quad h_2=\begin{cases}-1, & x_1<85\\ 1, & x_1>85\end{cases},\quad h_3=\begin{cases}-1, & x_2<65\\ 1, & x_2>65\end{cases}$$

根据这三个分类器对数据集进行划分，如图 9.7 所示。

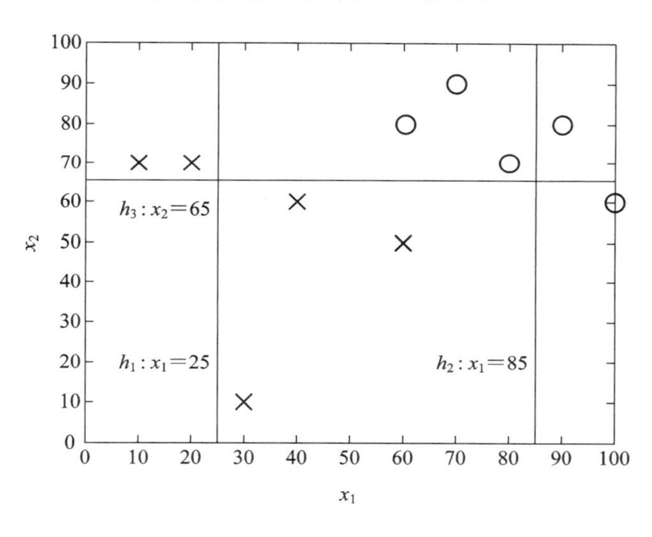

图 9.7 使用不同的分类器对样本数据进行划分

下面首先对样本数据权重初始化，一开始选择平均权值，即每个成绩样本都取 1/10 的权值，下一步选择初始的弱分类器，通过图 9.4 对 h_1、h_2、h_3 分别计算其误差率。经过计算得到每个分类器对样本的分类错误率均为 0.3，因此第一步我们可以随机选择一个分类器，先选择 h_1。参照图 9.4 可以看到，成绩样本(30，10)，(60，50)以及(40，60)出现了分类错误，则得到错误率 e_t 为 0.3，计算对应的弱分类器权重 α_t 如下：

$$\alpha_t=\frac{1}{2}\ln\left(\frac{1-e_t}{e_t}\right)=\frac{1}{2}\ln\left(\frac{1-0.3}{0.3}\right)\approx 0.42$$

因此我们计算样本数据的权重分布时，分错的样本数据权重相应增加，分对的数据权重则减少，参照式(9.6)和式(9.7)得到：

当样本预测错误时，有

$$D_2(i)=\frac{D_1(i)}{2e_1}=\frac{1/10}{2\times 0.3}=\frac{1}{6}$$

当样本预测正确时，有

$$D_2(i)=\frac{D_1(i)}{2(1-e_1)}=\frac{1/10}{2\times(1-0.3)}=\frac{1}{14}$$

经过第一轮，此时强分类器的函数表示为

$$f_1(\boldsymbol{x})=\alpha_1 h_1(\boldsymbol{x})=0.42h_1(\boldsymbol{x})$$

下面开始对第二轮的弱分类器进行选择，首先计算三个分类器的错误率：

选择 h_1：参照图 9.4 与表 9.1，分错的样本为 03、04、06。其权重经过计算均为$\frac{1}{6}$，因此可以计算出错误率为 $3\times\frac{1}{6}=\frac{1}{2}$。同理可计算得到选择 h_2 和 h_3 时错误率 e_t 均为$\frac{3}{14}$。所以第二轮的分类器我们选择 h_2 作为分类器，计算弱分类器权重 α_t 如下：

$$\alpha_2=\frac{1}{2}\ln\left(\frac{1-e_2}{e_2}\right)=\frac{1}{2}\ln\left(\frac{1-\frac{3}{14}}{\frac{3}{14}}\right)\approx 0.65$$

同样的，按照式(9.6)和式(9.7)计算样本权重的变化：

当样本分类正确时，有

$$D_3(i)=\frac{D_2(i)}{2\times\left(1-\frac{3}{14}\right)}=\frac{D_2(i)}{2\times\left(1-\frac{3}{14}\right)}=\frac{7}{11}D_2(i)$$

当样本分类错误时，有

$$D_3(i)=\frac{D_2(i)}{2\times\frac{3}{14}}=\frac{7}{3}D_2(i)$$

根据样本分布的变化改变其权值，并分别计算使用三个弱分类器的错误率，计算得到第二轮，此时强分类器的函数表示为

$$f_2(\boldsymbol{x})=\alpha_1 h_1(\boldsymbol{x})+\alpha_2 h_2(\boldsymbol{x})=0.42h_1(\boldsymbol{x})+0.65h_2(\boldsymbol{x})$$

仍然计算使用不同弱分类器时的错误率，分别得到 h_1：错误率为$\frac{7}{22}$，h_2：错误率为$\frac{1}{2}$，h_3：错误率为$\frac{3}{22}$。因此我们选择 h_3 作为第三轮的弱分类器。

计算弱分类器权重 α_3 如下：

$$\alpha_3=\frac{1}{2}\ln\left(\frac{1-e_3}{e_3}\right)=\frac{1}{2}\ln\left(\frac{1-\frac{3}{22}}{\frac{3}{22}}\right)\approx 0.92$$

经过第三轮分类器学习，得到此时强分类器的函数表示为

$$f_3(\boldsymbol{x})=\alpha_1 h_1(\boldsymbol{x})+\alpha_2 h_2(\boldsymbol{x})+\alpha_3 h_3(\boldsymbol{x})=0.42h_1(\boldsymbol{x})+0.65h_2(\boldsymbol{x})+0.92h_3(\boldsymbol{x})$$

我们使用强分类器 $f_3(\boldsymbol{x})$对 10 个样本进行预测，参照公式(9.5)得到计算结果，如表 9.3 所示。

表 9.3　使用强分类器 $f_3(\boldsymbol{x})$对 10 个样本数据进行预测

学号	01	02	03	04	05	06	07	08	09	10
成绩	(10,70)	(20,70)	(30,10)	(40,60)	(60,80)	(60,50)	(70,90)	(80,70)	(90,80)	(100,60)
预测标签	−1	−1	−1	−1	1	−1	1	1	1	1

由表 9.3 的预测结果可以看出，虽然每一个弱分类器错误率均为 0.3，但是经过三轮的数据权重训练和分类器的优化，强分类器错误率下降，最终能够正确预测 10 个训练标签。

9.4　XGBoost 算法

极端梯度提升(Extreme Gradient Boosting，XGBoost)算法是一种对多个回归树进行集成的方法，构造出的多个回归树通过优化使得树群的预测值尽可能接近真实值且具有泛化能力，它是对 Boosting 算法的改进，能够对单个弱分类器进行优化。

1. 回归树简介

分类与回归树(Classification and Regression Tree，CART)简称为回归树，每一叶子节点上具有权重的二叉决策树，有以下特点：决策规则与决策树类似，每一叶子节点上都包含一个权重，也称为分数。

回归树示例如下：取五个不同城市作为输入(假设为 A、B、C、D、E 五座城市，其中 C、E 位于高海拔，D、E 位于热带)，预测夏季某一天当地天气是否炎热，如图 9.8 所示，该回归树使用了不同城市的纬度因素以及当地的天气状况对城市的气温进行分类，并对当地是否炎热进行评价打分，因而每一个叶子节点上对该评价分数学习得到了不同的权值。

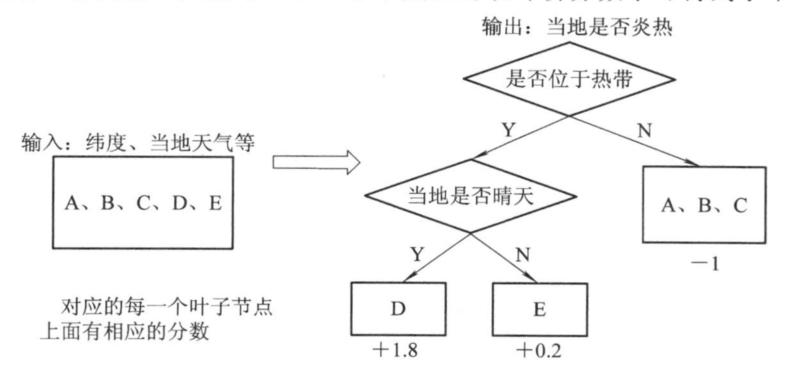

图 9.8　回归树预测模型

2. 目标函数的设定

在训练时，我们通常将目标函数设置如下：

$$\text{obj}(\Theta) = L(\Theta) + \Omega(\Theta) \tag{9.8}$$

其中$L(\Theta)$表示模型的训练误差，$\Omega(\Theta)$表示模型的复杂程度，与模型的参数多少有关。$L(\Theta)$可以用公式表示为$L = \sum_{i=1}^{n} l(y_i, \hat{y}_i)$，其中损失函数$L$可以是平方误差或Logistic误差。

平方误差：$l(y_i, \hat{y}_i) = (y_i - \hat{y}_i)^2$。

Logistic误差：$l(y_i, \hat{y}_i) = y_i \ln(1 + e^{\hat{y}_i}) + (1 - y_i)\ln(1 + e^{-\hat{y}_i})$。

$\Omega(\Theta)$考虑的是模型的复杂度，常用的评价函数有L范数公式：

L2范数：$\Omega(\boldsymbol{w}) = \lambda \| \boldsymbol{w} \|_2$

L1范数：$\Omega(\boldsymbol{w}) = \lambda \| \boldsymbol{w} \|_1$

3. 模型

假设有K棵回归树，则有

$$\hat{y}_i = \phi(\boldsymbol{x}_i) = \sum_{k=1}^{K} f_k(\boldsymbol{x}_i) \tag{9.9}$$

式中，$\hat{y}_i$表示K棵回归树的预测值，$f_k(\boldsymbol{x}_i)$表示第k棵树对数据$\boldsymbol{x}_i$的预测值。如图9.9所示，回归树的预测值由两棵树的预测值相加得到，即将两个叶子的权重之和作为最终的预测值。

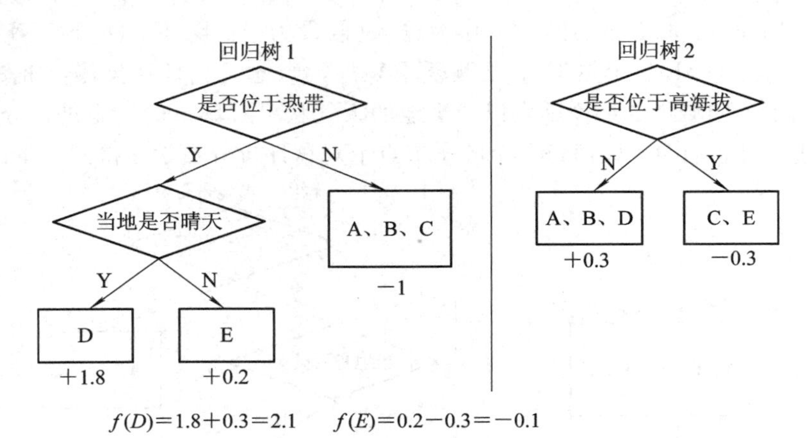

图9.9 回归树预测的加权求和

现在需要求的参数是每棵树的结构和每片叶子的权重，即求每一个f_k的值$\Theta = \{f_1, f_2, f_3, \cdots, f_k\}$，对于每一棵回归树，可以看作是分段函数。如图9.10所示，以某地的某一段时间的气温变化为例绘制回归树。图中分段函数某一段的函数值对应每棵回归树的某一叶子节点，而函数的分割点对应其叶子节点的作用范围。

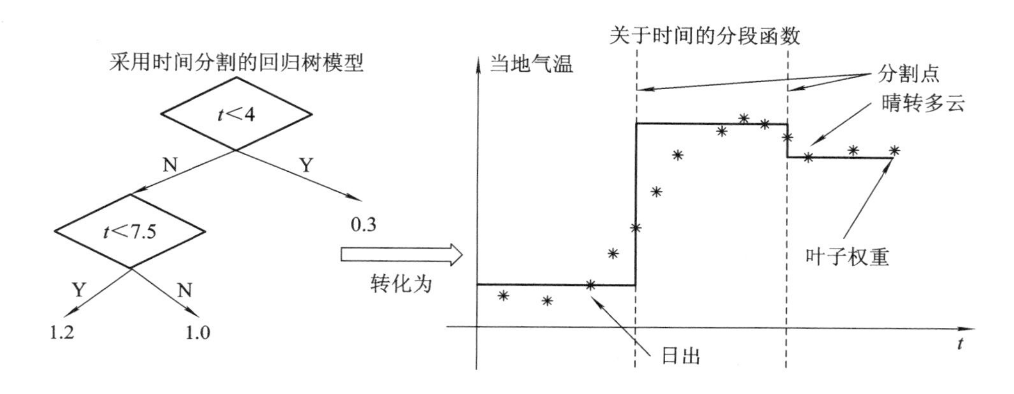

图 9.10　将回归树模型转化为关于时间的分段函数

通过图 9.11 可以直观感受回归树的结构对模型的影响，图(a)为输入数据，图(b)表示由于回归树模型过于复杂而出现过拟合的情况，图(c)表示回归树欠拟合的情况，虽然其回归树模型的结构简单，但是数据的拟合程度差，而图(d)则表示理想的回归树模型。

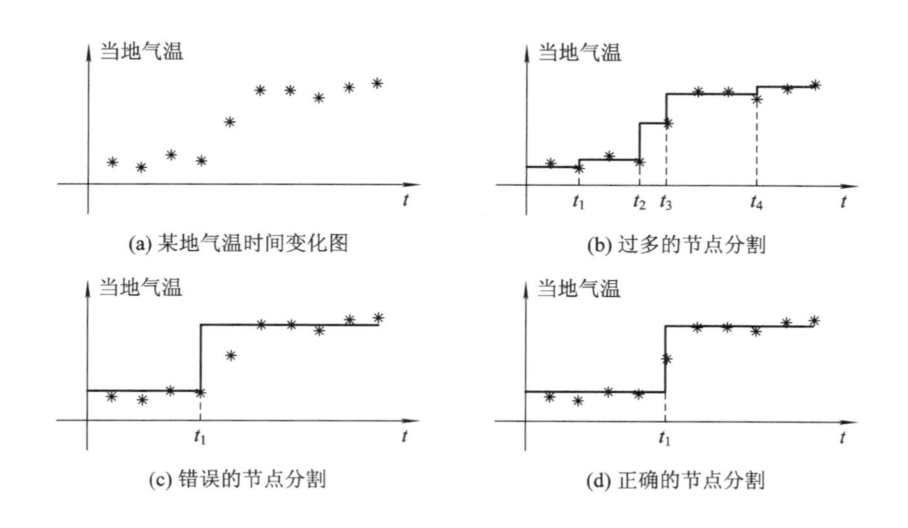

图 9.11　叶子节点分割效果示意图

4. Gradient Boosting(构造回归树)

设定好目标函数，下一步要做的就是求出每一棵回归树的结构和叶子节点上的参数，将公式(9.9)按照每一棵树展开，得到

$$\begin{cases}\hat{y}_i^{(0)} = 0 \\ \hat{y}_i^{(1)} = f_1(\boldsymbol{x}_i) = \hat{y}_i^{(0)} + f_1(\boldsymbol{x}_i) \\ \hat{y}_i^{(2)} = f_1(\boldsymbol{x}_i) + f_2(\boldsymbol{x}_i) = \hat{y}_i^{(1)} + f_2(\boldsymbol{x}_i) \\ \vdots \\ \hat{y}_i^{(t)} = \sum_{k=1}^{t} f_k(\boldsymbol{x}_i) = \hat{y}_i^{(t-1)} + f_t(\boldsymbol{x}_i)\end{cases} \tag{9.10}$$

式(9.10)中，$\hat{y}_i^{(t)}$ 表示第 i 个样本经过 t 次迭代后的预测值，将$\hat{y}_i^{(t)} = \hat{y}_i^{(t-1)} + f_t(\boldsymbol{x}_i)$代入目标函数公式(9.8)可以得到损失函数为

$$L^{(t)} = \sum_{i=1}^{m} l(y_i, \hat{y}_i^{(t-1)} + f_t(\boldsymbol{x}_i)) + \Omega(f_t) \tag{9.11}$$

按照泰勒公式的二阶导数展开

$$f(\boldsymbol{x} + \Delta\boldsymbol{x}) \approx f(\boldsymbol{x}) + f'(\boldsymbol{x})\Delta\boldsymbol{x} + \frac{1}{2}f''(\boldsymbol{x})\Delta\boldsymbol{x}^2 \tag{9.12}$$

将$\hat{y}_i^{(t)}$ 看作 $f(\boldsymbol{x}+\Delta\boldsymbol{x})$，则$\hat{y}_i^{(t-1)}$ 对应 $f(\boldsymbol{x})$，$f_t(\boldsymbol{x}_i)$为 $\Delta\boldsymbol{x}$。令 g_i 表示 $f'(\boldsymbol{x})$，即 $g_i = \partial_{\hat{y}_i^{(t-1)}} l(y_i, \hat{y}_i^{(t-1)})$，$h_i$ 表示 $f''(\boldsymbol{x})$，于是我们有 $h_i = \partial^2_{\hat{y}_i^{(t-1)}} l(y_i, \hat{y}_i^{(t-1)})$，将式(9.11)与式(9.12)相结合得到：

$$L^{(t)} = \sum_{i=1}^{m} [l(y_i, \hat{y}_i^{(t-1)}) + g_i f_t(\boldsymbol{x}_i) + \frac{1}{2}h_i f_t^2(\boldsymbol{x}_i)] + \Omega(f_t) \tag{9.13}$$

$$L^{(t)} = \sum_{i=1}^{m} \left[g_i f_t(\boldsymbol{x}_i) + \frac{1}{2}h_i f_t^2(\boldsymbol{x}_i)\right] + \Omega(f_t) + \sum_{i=1}^{m} l(y_i, \hat{y}_i^{(t-1)}) \tag{9.14}$$

由于后面一项 $\sum_{i=1}^{m} l(y_i, \hat{y}_i^{(t-1)})$ 在求导时不影响最优值点的计算，因此在计算时可以不考虑，将式(9.14)写成公式

$$\overline{L}^{(t)} = \sum_{i=1}^{m} \left[g_i f_t(\boldsymbol{x}_i) + \frac{1}{2}h_i f_t^2(\boldsymbol{x}_i)\right] + \Omega(f_t) \tag{9.15}$$

在讨论回归树模型中，我们对 $f_t(\boldsymbol{x})$的含义作过说明，它是关于每一棵回归树对数据 x 的预测值，为了使公式统一，我们将其转换为关于回归树上某一叶子节点的预测值。如图 9.12 所示，设 $\boldsymbol{w} \in \mathbf{R}^T$，$\boldsymbol{w}$ 为回归树模型中树叶的权重序列，q: $\mathbf{R}^d \to \{1, 2, \cdots, T\}$，$T$ 表示回归树的叶子节点数，q 表示树的结构函数，则 $q(\boldsymbol{x})$表示样本 $\boldsymbol{x}$ 所在树叶的位置，它构建

了一种样本数据和某一叶子节点的对应关系，用图 9.12 作简单说明。

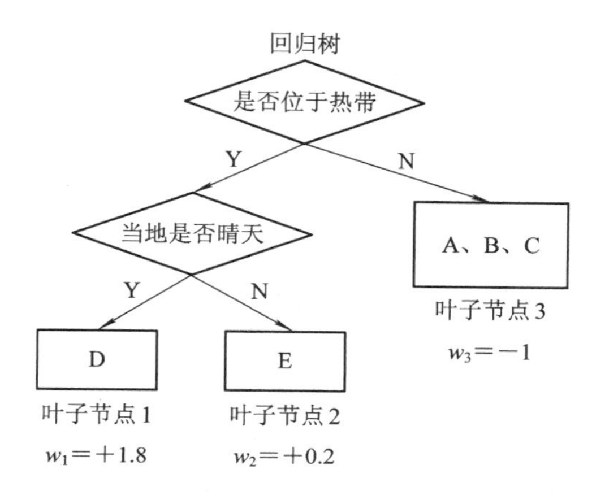

图 9.12 用函数 $q(\boldsymbol{x})$表示样本数据和某一叶子节点的对应关系

所以，我们可以将 $f_t(\boldsymbol{x})$用 $q(\boldsymbol{x})$表示为

$$f_t(\boldsymbol{x}) = \boldsymbol{w}_{q(x)}, \ \boldsymbol{w} \in \mathbf{R}^{\mathrm{T}}, \ q: \mathbf{R}^d \rightarrow \{1, 2, \cdots, T\} \tag{9.16}$$

关于模型的复杂度，我们主要考虑采用叶子的个数和叶子权重的平滑程度来描述，即

$$\Omega(f_t) = \gamma T + \frac{1}{2}\lambda \sum_{j=1}^{T} w_j^{\ 2} \tag{9.17}$$

其中，γ 表示权重参数。

用 I_j 来表示回归树中第 j 个叶子上所包含的样本集合。用公式表示为

$$I_j = \{ i \mid q(\boldsymbol{x}_i) = j \} \tag{9.18}$$

将公式(9.14)中用每一个叶子节点的权重集合来重新表示，有

$$L^{(t)} = \sum_{i=1}^{n}\left[g_i f_t(\boldsymbol{x}_i) + \frac{1}{2} h_i f_t^2(\boldsymbol{x}_i) \right] + \Omega(f_t) + \sum_{i=1}^{n} l(y_i, \hat{y}_i^{(t-1)})$$

$$\begin{aligned} \overline{L}^{(t)} &= \sum_{i=1}^{n}\left[g_i f_t(\boldsymbol{x}_i) + \frac{1}{2} h_i f_t^2(\boldsymbol{x}_i) \right] + \gamma T + \frac{1}{2}\lambda \sum_{j=1}^{T} w_j^2 \\ &= \sum_{j=1}^{T}\left[\left(\sum_{i \in I_j} g_i\right) w_j + \frac{1}{2}\left(\sum_{i \in I_j} h_i + \lambda\right) w_j^2 \right] + \gamma T \end{aligned} \tag{9.19}$$

5. 求最优值

为方便计算公式(9.19)的最优值，将 $\sum_{i \in I_j} g_i$ 简写为 G_i，$\sum_{i \in I_j} h_i$ 简写为 H_i 代入式(9.19)，得到

$$\overline{L}^{(t)} = \sum_{j=1}^{T}\left[G_j w_j + \frac{1}{2}(H_j+\lambda)w_j^2\right] + \gamma T \tag{9.20}$$

求公式(9.20)的最小值等价于求二次函数的最小值，令$\frac{\partial \overline{L}^{(t)}}{\partial w_j}=0$，得到 w_j 的最小值，有

$$\omega_j^* = -\frac{\sum_{i\in I_j} g_i}{\sum_{i\in I_j} h_i + \lambda} \tag{9.21}$$

将该最小值代入公式(9.20)，得到此时损失函数的最小值为

$$\overline{L}^{(t)}(q) = -\frac{1}{2}\sum_{j=1}^{T}\frac{\left(\sum_{i\in I_j} g_i\right)^2}{\sum_{i\in I_j} h_i + \lambda} + \gamma T \tag{9.22}$$

现在可以求出任意一棵树结构的情况下的最小损失函数值，但是还需要求出回归树的结构，这里我们可以使用贪婪算法，从每一回归树深度为 0 开始，每一节点遍历所有特征。对于某一特征，可按照该特征值进行排序，再使用线性扫描该特征来决定最好的分割点，在所有特征进行选择分割以后，用 Gain 值来衡量选取某一特征后损失值的增益，取 Gain 值最高的特征作为分割点，Gain 值的计算方式可参照公式(9.23)。

$$\begin{cases}
\overline{L}_{\text{split}} = -\frac{1}{2}\left[\frac{\left(\sum_{i\in I_L} g_i\right)^2}{\sum_{i\in I_L} h_i + \lambda} + \frac{\left(\sum_{i\in I_R} g_i\right)^2}{\sum_{i\in I_R} h_i + \lambda}\right] + \gamma T_{\text{split}} \\
\overline{L}_{\text{nosplit}} = -\frac{1}{2}\frac{\left(\sum_{i\in I} g_i\right)^2}{\sum_{i\in I} h_i + \lambda} + \gamma T_{\text{nosplit}} \\
\text{Gain} = \overline{L}_{\text{nosplit}} - \overline{L}_{\text{split}} \\
\text{Gain} = \frac{1}{2}\left[\frac{\left(\sum_{i\in I_L} g_i\right)^2}{\sum_{i\in I_L} h_i + \lambda} + \frac{\left(\sum_{i\in I_R} g_i\right)^2}{\sum_{i\in I_R} h_i + \lambda} - \frac{\left(\sum_{i\in I} g_i\right)^2}{\sum_{i\in I} h_i + \lambda}\right] - \gamma(T_{\text{split}} - T_{\text{nosplit}})
\end{cases} \tag{9.23}$$

一般来说，有两种分割方式，一种是在最好分割的情况下，Gain 为负值时选择停止树的生长，这种效率比较高，但是不能保证继续分割时不会有更好的分割值。另一种分割方式就是先分割到最大深度，然后进行修剪，递归地将划分过程中 Gain 为负值的进行删减，一般情况下，第二种方式效果更好。

分割点寻找算法总结如图 9.13 所示。

输入：I，当前节点的样本集合，m，特征维数

训练过程：

(1) 增益 Gain 取 0

(2) $G \leftarrow \sum_{i \in I} g_i$，$H \leftarrow \sum_{i \in I} h_i$

(3) **for** $k = 1, \cdots, m$ **do**

(4) $G_L \leftarrow 0$，$H_L \leftarrow 0$

(5) for 每一个待分类的数据集(I，x_{jk})计算其一阶、二阶导数

(6) $G_L \leftarrow G_L + g_j$，$H_L \leftarrow H_L + h_j$

(7) $G_R \leftarrow G - G_L$，$H_R \leftarrow H - H_L$

(8) $\text{score} \leftarrow \max\left(\text{score}, \frac{G_L^2}{H_L + \lambda} + \frac{G_R^2}{H_R + \lambda} - \frac{G^2}{H + \lambda}\right)$

(score 表示当前分割值得分)

(9) **end for**

(10) **end for**

输出：最大分割值得分

图 9.13 分割点寻找算法流程图

6. 算法复杂度

按照某一特征的值进行排序，复杂度为 $O(m\log m)$。

扫描一遍该特征所有值得到最优分割点，因为该层共有 m 个样本，所以复杂度为 $O(m)$，一共有 n 个特征，所以对于某一层的操作，复杂度为

$$O(n(m \log m + m)) = O(n \times m \log m)$$

该树的深度为 K，所以总体复杂度是 $O(K \times n \times m \times \log m)$。

习　题

1. 在例 9.2 中，如果将其中一个弱分类器 $h_2 = \begin{cases} -1, & x_1 < 85 \\ 1, & x_1 > 85 \end{cases}$ 改成 $h_2 = \begin{cases} -1, & x_1 < 95 \\ 1, & x_1 > 95 \end{cases}$，试根据 Adaboost 算法推导出最终的分类结果，并思考弱分类器性能对最终分类结果的影响。

2. 比较例 9.1 和例 9.2，试分析 Bagging 和 Boosting 两类方法各自的优缺点。

3. 编程使用 Adaboost 方法实现 MNIST 数据集的手写体数字识别。

参 考 文 献

[1] BREIMAN L. Bagging Predictors[J]. Machine Learning, 1996, 24(2): 123-140.

[2] SCHAPIRE R E. The Strength of Weak Learnability[J]. Machine Learning, 1990, 5(2): 197-227.

[3] FREUND Y, SCHAPIRE R E. A Decision-theoretic Generalization of on-line Learning and an application to boosting[J]. Journal of computer and system sciences, 1997, 55(1): 119-139.

[4] CHEN T, GUESTRIN C. Xgboost: A Scalable Tree Boosting System[C]//Proceedings of the 22nd Acm Sigkdd International Conference on Knowledge Discovery and Data Mining. ACM, 2016: 785-794.

[5] ZHOU Zhihua. Ensemble Methods: Foundations and Algorithms[M]. Chapman and Hall/CRC, 2012.

[6] FRIEDMAN J H. Greedy Function Approximation: A Gradient Boosting Machine[J]. Annals of Statistics, 2001: 1189-1232.

[7] ROKACH L. 模式分类的集成方法[M]. 北京：国防工业出版社，2015.

[8] 周志华. 机器学习[M]. 北京：清华大学出版社，2016.

[9] HARRINGTON P. 机器学习实战[M]. 北京：人民邮电出版社，2013.

[10] 边肇祺，张学工. 模式识别. 2版[M]. 北京：清华大学出版社，2004.

第10章 半监督学习

半监督学习(Semi-Supervised Learning, SSL)是一种将监督学习和无监督学习相结合的学习方法，它同时使用标记数据和大量未标记数据来进行模式识别工作。在半监督学习中，未标记数据虽然不直接包含类别标记信息，但如果它们和标记数据是从相同的数据中独立同分布采样中得到的，那么未标记数据包含的信息对学习模型也有很大帮助，如何让模型不依赖外界交互，自动地利用未标记数据来提升学习性能就是本章介绍的内容。

10.1 什么是半监督学习

在互联网应用中，有一项叫作网页推荐，其应用十分广泛。在商家进行网页推荐时，需要用户先对感兴趣的网页进行标记。但实际上，很少有用户愿意浪费大量时间来提供网页标记，所以有标记的网页样本是少量的。如果仅仅利用少量有标记网页来进行训练，得到的模型泛化能力不会太好，然而互联网上存在着大量网页可以用作未标记样本，那么如何有效地利用这些未标记样本和少量有标记网页来提高模型的性能便是半监督学习研究的内容。

我们可以将这个问题形式化。我们已经获得训练样本集 $D_l=\{(\boldsymbol{x}_1, y_1), (\boldsymbol{x}_2, y_2), \cdots, (\boldsymbol{x}_l, y_l)\}$，这 l 个样本的类别标记是已知的，称为“有标记”(labeled)样本。样本集 $D_u=\{\boldsymbol{x}_{l+1}, \boldsymbol{x}_{l+2}, , \cdots, \boldsymbol{x}_{l+u}\}$，$l \ll u$ 中的样本类标标记是未知的，称为“未标记”(unlabeled)样本。如果我们仅仅采用已标记样本集 D_l 中的样本进行模型构建，那么未标记样本集 D_u 中的信息就会被浪费；此外，D_l 样本数量一般较小，也就是说训练样本数量不够充足，那么学习得到的模型的泛化能力和性能往往不够好。因此，我们希望能够在训练模型时把 D_l 以及 D_u 结合起来，对 D_u 采取更有效的利用。

我们可以很快想到一种方法，那就是把 D_u 中的样本全部进行标记，即把未标记样本转化成有标记样本后用于学习。但是这种方法显然需要消耗巨大的人工精力和时间。紧接着，我们想到，可以利用 D_l 中的样本先学习得到一个模型，然后利用这个模型从 D_u 中挑出一个样本，对这个样本的标签进行查询，然后把这个获得标签的样本作为新的有标记样本加入 D_l 中重新学习一个模型，之后再去 D_u 中挑选样本，不断重复这个操作。这样，如果每次挑选都可以挑出对模型性能改进较大的样本，那么只需要判断 D_u 中较少样本的标签就可以学习到比较有效的模型，从而大幅度地降低对样本进行标记的成本，这样的学习方式被称为主动学习(Active Learning，AL)，如图 10.1 所示。其目标是希望用尽可能少的查询标签来获得尽可能好的模型性能。

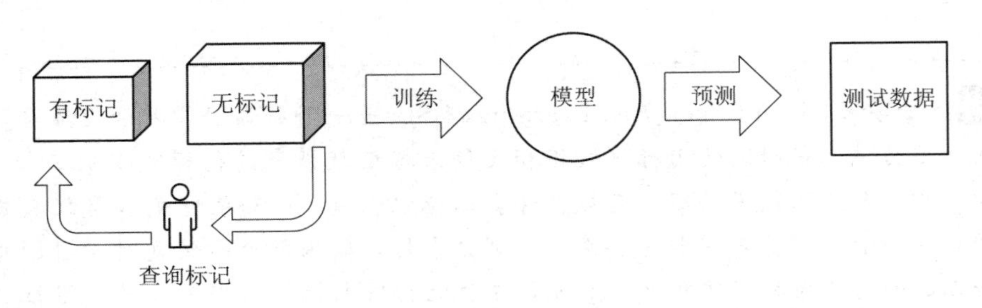

图 10.1　主动学习

很显然主动学习引入了额外的专家知识，仍然需要与外界产生交互来将部分未标记样本转变为有标记样本。我们希望能够不进行额外信息的获取就能够对未标记样本进行有效的利用。实际上，未标记样本虽然不直接含有标记信息，但是如果它们和有标记样本是从相同的数据源独立同分布采样中得到的，则它们所具有的关于数据分布的信息对模型的建立有很大的帮助。

让学习器不依赖外界交互、自动地利用未标记样本来提升学习性能，就是半监督学习(Semi-Supervised Learning，SSL)研究的内容。在实际情况中，未标记样本的获取要比标记数据容易得多，对未标记样本进行人工标记的过程是十分耗费时间和精力的，要想利用未标记样本，我们首先要做一些将未标记样本所揭示的数据分布信息与类别标记相联系的假设，例如：

(1) 聚类假设(Cluster Assumption)：假设数据存在簇结构，同一个簇的样本属于同一个类别，如图 10.2 所示。

(2) 流形假设(Manifold Assumption)：假设数据分布在一个流形结构上，邻近的样本拥有相似的输出值。

在流形假设中，“邻近”的程度常用“相似”程度来刻画，因此，流形假设可以看作是聚类假设的推广，但流形假设对输出值没有限制，因此比聚类假设的使用范围更广，可用于更多类型的学习任务。事实上，这两个假设本质上都可以看作是一个更一般的假设。

(3) 半监督假设：如果两个样本相似，那么它们具有相似的输出。

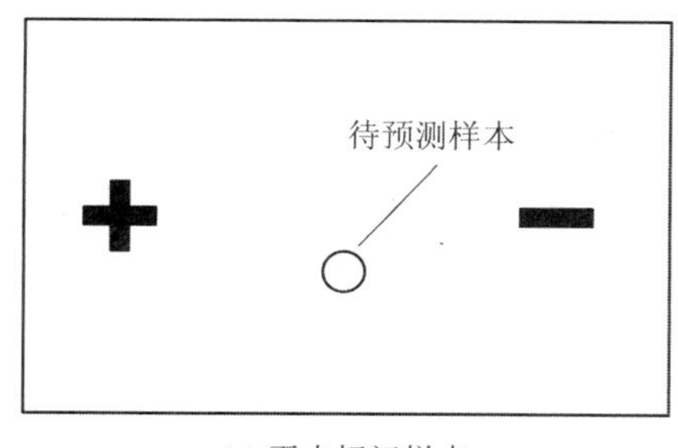

(a) 无未标记样本

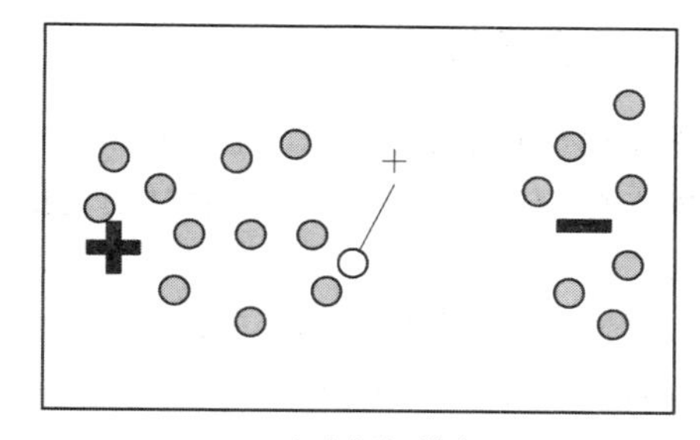

(b) 有未标记样本

图 10.2　聚类假设

一般地，半监督学习可以进一步划分为归纳学习(Indnctive Learning，IL)和直推学习(Transudative Learning，TL)，其中归纳学习是指假设训练样本中的未标记样本并非待预测的数据，希望学习模型能适用于训练过程中未观察到的数据。而直推学习是假定学习过程中所考虑的未标记样本恰巧是待预测数据，学习的目的就是在这些未标记样本上获得最优泛化性能，仅试图对学习过程中观察到的未标记样本进行预测。归纳学习和直推学习合称为半监督学习。图 10.3 中清楚地说明了归纳学习和直推学习的区别。

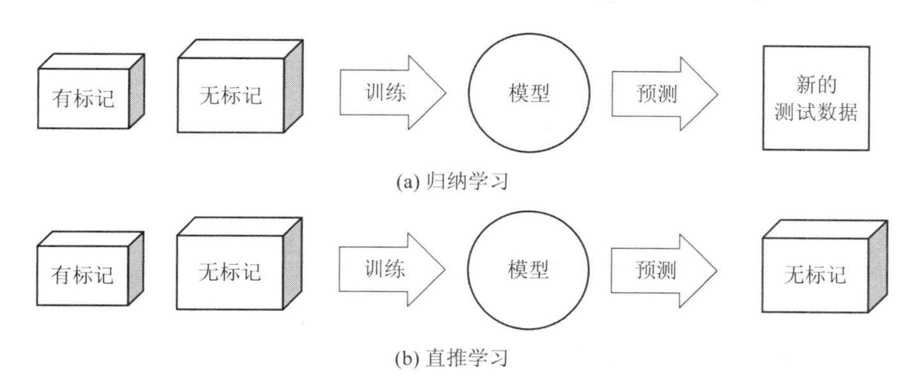

图 10.3　半监督学习的分类

10.2　半监督分类

随着未标记数据使用需求的发展，人们提出了许多基于半监督学习的分类算法。最早提出的半监督分类方法是生成式模型，紧接着出现了转导支持向量机(Transductive Support Vector Machine，TSVM)、基于图的半监督分类等一系列经典算法。

10.2.1 生成式模型

生成式模型这类方法假设有标记和无标记样本都是由同一个潜在模型生成的，因此我们可以将未标记数据和学习目标通过模型的参数联系起来，而把未标记数据看作是模型缺少的参数。

给定样本 $\boldsymbol{x}$，类别标记为 $y \in Y=\{1, 2, \cdots, c\}$，其中 c 为所有可能的类别的个数，我们假设样本是由高斯混合模型生成的，且每一个类别都对应一个高斯混合成分，也就是说，数据由如下概率密度生成：

$$p(\boldsymbol{x})=\sum_{i=1}^{c} \alpha_i \cdot p(\boldsymbol{x} \mid \boldsymbol{\mu}_i, \boldsymbol{\Sigma}_i) \tag{10.1}$$

式中，$\alpha_i \geqslant 0$，$\sum_{i=1}^{c} \alpha_i=1$ 为混合系数；$p(\boldsymbol{x} \mid \boldsymbol{\mu}_i, \boldsymbol{\Sigma}_i)$是样本属于第 i 个高斯混合成分的概率；$\boldsymbol{\mu}_i$ 和 $\boldsymbol{\Sigma}_i$ 分别为高斯混合成分的参数。

我们用 $f(\boldsymbol{x}) \in Y$ 表示模型 f 对样本的预测值，$\Theta \in\{1, 2, \cdots, c\}$是样本 $\boldsymbol{x}$ 隶属的高斯混合成分。最大化后验概率得

$$\begin{aligned}
f(\boldsymbol{x}) &= \arg \max_{j \in Y} p(y=j \mid \boldsymbol{x}) \\
&= \arg \max_{j \in Y} \sum_{i=1}^{c} p(y=j, \Theta=i \mid \boldsymbol{x}) \\
&= \arg \max_{j \in Y} \sum_{i=1}^{c} p(y=j \mid \Theta=i, \boldsymbol{x}) \cdot p(\Theta=i \mid \boldsymbol{x})
\end{aligned} \tag{10.2}$$

其中

$$p(\Theta=i \mid \boldsymbol{x})=\frac{\alpha_i \cdot p(\boldsymbol{x} \mid \boldsymbol{\mu}_i, \boldsymbol{\Sigma}_i)}{\sum_{i=1}^{c} \alpha_i \cdot p(\boldsymbol{x} \mid \boldsymbol{\mu}_i, \boldsymbol{\Sigma}_i)} \tag{10.3}$$

是样本 $\boldsymbol{x}$ 由第 i 个高斯混合成分生成的后验概率，$p(y=j \mid \Theta=i, \boldsymbol{x})$是第 i 个高斯混合成分生成且类别为 j 的概率。假设每个类别对应一个高斯混合成分，所以 $p(y=j \mid \Theta=i, \boldsymbol{x})$只与样本所属的高斯混合成分 Θ 有关，可以用 $p(y=j \mid \Theta=i)$进行代替。一般的，当且仅当 $i=j$ 时，$p(y=j \mid \Theta=i)=1$，即第 j 个类别对应第 i 个高斯混合成分。

可以发现，在式(10.2)中，要想估计 $p(y=j \mid \Theta=i, \boldsymbol{x})$，我们需要已知样本的标记 y，也就是说必须使用有标记样本，而 $p(\Theta=i \mid \boldsymbol{x})$中则不需要有标记样本，这样，我们就可以同时利用有标记和未标记样本。在有标记样本的基础上，增加许多未标记样本，该项的估计会更加准确，可以看出未标记样本可以合理帮助模型提升性能。

给定有标记数据集 $D_l=\{(\boldsymbol{x}_1, y_1), (\boldsymbol{x}_2, y_2), \cdots (\boldsymbol{x}_l, y_l)\}$和未标记数据集 $D_u=\{\boldsymbol{x}_{l+1}, \boldsymbol{x}_{l+2}, \cdots, \boldsymbol{x}_{l+u}\}$，且 $l \ll u$，$l+u=m$。假设所有样本独立同分布且由同一个高斯混合

模型生成，我们可以使用极大似然估计得到高斯混合模型的参数 α_i，$\boldsymbol{\mu}_i$，$\boldsymbol{\Sigma}_i$。$D_l \cup D_u$ 的对数似然可以写作

$$LL(D_l \cup D_u) = \sum_{(\boldsymbol{x}_j, y_j) \in D_l} \ln\left(\sum_{i=1}^{c} \alpha_i \cdot p(\boldsymbol{x}_j \mid \boldsymbol{\mu}_i, \boldsymbol{\Sigma}_i) \cdot p(y_j \mid \Theta = i, \boldsymbol{x}_j)\right) + \sum_{\boldsymbol{x}_j \in D_u} \ln\left(\sum_{i=1}^{c} \alpha_i \cdot p(\boldsymbol{x}_j \mid \boldsymbol{\mu}_i, \boldsymbol{\Sigma}_i)\right) \tag{10.4}$$

其中，第一项是基于有标记数据的有监督项，第二项是基于未标记数据的无监督项。目前最常用的是使用 EM 算法对其参数进行求解。

E 步骤：根据目前的模型各参数计算未标记样本 $\boldsymbol{x}_i$ 属于各高斯混合成分的概率。

$$\Upsilon_{ji} = \frac{\alpha_i \cdot p(\boldsymbol{x}_j \mid \boldsymbol{\mu}_i, \boldsymbol{\Sigma}_i)}{\sum_{i=1}^{m} \alpha_i \cdot p(\boldsymbol{x}_j \mid \boldsymbol{\mu}_i, \boldsymbol{\Sigma}_i)} \tag{10.5}$$

M 步骤：根据 Υ_{ji} 重新更新模型参数。

$$\boldsymbol{\mu}_i = \frac{1}{\sum_{\boldsymbol{x}_j \in D_u} \Upsilon_{ji} + l_i}\left(\sum_{\boldsymbol{x}_j \in D_u} \Upsilon_{ji} \boldsymbol{x}_j + \sum_{(\boldsymbol{x}_j, y_j) \in D_l \wedge y_j = i} \boldsymbol{x}_j\right) \tag{10.6}$$

$$\boldsymbol{\Sigma}_i = \frac{1}{\sum_{\boldsymbol{x}_j \in D_u} \Upsilon_{ji} + l_i}\left(\sum_{\boldsymbol{x}_j \in D_u} \Upsilon_{ji} (\boldsymbol{x}_j - \boldsymbol{\mu}_i)(\boldsymbol{x}_j - \boldsymbol{\mu}_i)^{\mathrm{T}} + \sum_{(\boldsymbol{x}_j, y_j) \in D_l \wedge y_j = i} (\boldsymbol{x}_j - \boldsymbol{\mu}_i)(\boldsymbol{x}_j - \boldsymbol{\mu}_i)^{\mathrm{T}}\right) \tag{10.7}$$

$$\alpha_i = \frac{1}{m}\left(\sum_{\boldsymbol{x}_j \in D_u} \Upsilon_{ji} + l_i\right) \tag{10.8}$$

其中，l_i 表示第 i 类中有标记样本的个数，不断重复上述两个步骤直到结果收敛，即可获得估计的模型参数。然后通过式(10.2)和式(10.3)即可对样本进行分类。

当然，我们把此过程中的高斯混合模型替换成其他各类模型，可以推导出其他生成式半监督模型，这种模型方法实现十分简单，但值得注意的是，如果我们使用的模型不能和真实数据的分布相符合，那么采用未标记数据会降低模型的性能，方法就不再有效了，而在实际应用中，我们很难做出一个正确的模型假设，所以该方法的实用性并不高。

10.2.2 半监督支持向量机

鉴于支持向量机在模式识别领域的蓬勃发展，研究人员将其推广到了半监督学习领域，产生了半监督支持向量机，其中使用最广泛的是 TSVM。在统计学习中，转导推理(Transductive Inference)是一种通过观察特定的训练样本，进而预测特定的测试样本的方法。将转导的思想应用于半监督学习中与 SVM 结合，进而形成 TSVM。与标准 SVM 相

同，TSVM针对的是二分类问题，它首先试图将未标记样本进行标记指派，即将每个未标记样本分别作为正例或反例，接着在所有这些结果中，寻求一个在所有样本(有标记样本和进行了标记指派的未标记样本)上间隔最大化的划分超平面。当划分超平面确定后，未标记样本最终的标记指派也就是它的预测结果。

给定标记样本集 $D_l=\{(\boldsymbol{x}_1, y_1), (\boldsymbol{x}_2, y_2), \cdots, (\boldsymbol{x}_l, y_l)\}$ 和未标记样本集 $D_u=\{\boldsymbol{x}_{l+1}, \boldsymbol{x}_{l+2}, \cdots, \boldsymbol{x}_{l+u}\}$，且 $y_i\in\{-1, +1\}$，$l\ll u$，$l+u=m$。TSVM的目标是给出 D_u 中的样本的预测标记 $\hat{\boldsymbol{y}}=(\hat{y}_{l+1}, \hat{y}_{l+2}, \cdots, \hat{y}_{l+u})$，$\hat{y}_i\in\{-1, +1\}$ 使得划分超平面具有最大边界。即

$$
\begin{aligned}
\min_{\boldsymbol{w}, b, \hat{\boldsymbol{y}}, \boldsymbol{\xi}} \quad & \frac{1}{2}\|\boldsymbol{w}\|_2^2+C_l\sum_{i=1}^{l}\xi_i+C_u\sum_{i=l+1}^{m}\xi_i \\
\text{s.t.} \quad & y_i(\boldsymbol{w}^{\mathrm{T}}\boldsymbol{x}_i+b)\geqslant 1-\xi_i,\ i=1, 2, \cdots, l \\
& \hat{y}_i(\boldsymbol{w}^{\mathrm{T}}\boldsymbol{x}_i+b)\geqslant 1-\xi_i,\ i=l+1, l+2, \cdots, m \\
& \xi_i\geqslant 0,\ i=1, 2, \cdots, m
\end{aligned} \tag{10.9}
$$

其中，$(\boldsymbol{w}, b)$ 确定了一个划分超平面；ξ 是松弛向量；C_l 和 C_u 是用户自定义的参数，用来决定有标记样本和未标记样本的重要程度。很明显，尝试未标记样本的各种标记指派无疑是一个工程量巨大的问题。因此，TSVM采用局部搜索策略来对式(10.9)进行迭代求解。具体算法步骤如图10.4所示。

输入：有标记样本 $D_l=\{(\boldsymbol{x}_1, y_1), (\boldsymbol{x}_2, y_2), \cdots, (\boldsymbol{x}_l, y_l)\}$

　　　未标记样本 $D_u=\{\boldsymbol{x}_{l+1}, \boldsymbol{x}_{l+2}, \cdots, \boldsymbol{x}_{l+u}\}$，参数 C_l 和 C_u

步骤：(1) 使用 D_l 训练得到基础 SVM_l

(2) 用 SVM_l 对 D_u 中的未标记样本进行预测，得到 $\hat{\boldsymbol{y}}=(\hat{y}_{l+1}, \hat{y}_{l+2}, \cdots, \hat{y}_{l+u})$

(3) 初始化 $C_u\ll C_l$

(4) **while** $C_u<C_l$ **do**

(5) 　　由 D_l，D_u，$\hat{\boldsymbol{y}}$，C_l，C_u 求解式(10.9)，得到 $(\boldsymbol{w}, b)$，$\boldsymbol{\xi}$

(6) 　　**while** $\exists\{i, j\mid(\hat{y}_i\hat{y}_j<0)\wedge(\xi_i>0)\wedge(\xi_j>0)\wedge(\xi_i+\xi_j>2)\}$ **do**

(7) 　　　　$\hat{y}_i=-\hat{y}_i$；$\hat{y}_j=-\hat{y}_j$

(8) 　　　　重新求解式(10.9)得到 $(\boldsymbol{w}, b)$，$\boldsymbol{\xi}$

(9) 　　**end while**

(10) 　　$C_u=\min\{2C_u, C_l\}$

(11) **end while**

输出：未标记样本的预测结果 $\hat{\boldsymbol{y}}=(\hat{y}_{l+1}, \hat{y}_{l+2}, \cdots, \hat{y}_{l+u})$

图10.4　转导支持向量机算法

可以看到，TSVM 是一个时间和计算复杂度都十分高的算法。因此，半监督 SVM 需要重点研究如何设计出高效的优化策略，来提高算法的效率。

10.2.3　基于图的半监督学习

对于一个样本集，我们可以把其样本之间的关系用一个图来表示，其中每个样本对应图中的一个节点，如果两个样本直接的相关性很高，则对应的两个结点之间会存在一条边并且边的权重和样本之间的相似度成正比。这里，我们介绍一种关于多分类问题的基于图的标记传播算法。

假设给定标记样本集 $D_l=\{(\boldsymbol{x}_1, y_1), (\boldsymbol{x}_2, y_2), \cdots, (\boldsymbol{x}_l, y_l)\}$ 和未标记样本集 $D_u=\{\boldsymbol{x}_{l+1}, \boldsymbol{x}_{l+2}, \cdots, \boldsymbol{x}_{l+u}\}$，且 $y_i\in\boldsymbol{\Psi}$，$l\ll u$，$l+u=m$，$\boldsymbol{\Psi}$ 是所有可能类别的集合，首先利用 $D_l\cup D_u$ 建立一个图 $G=(V, E)$，节点集为 $V=\{\boldsymbol{x}_1, \cdots, \boldsymbol{x}_l, \cdots, \boldsymbol{x}_{l+u}\}$，边集 E 可以用一个矩阵 $\boldsymbol{W}$ 表示，常用高斯函数来进行定义，其中 $i, j\in\{1, 2, \cdots, m\}$，$\sigma>0$ 是由用户控制的高斯函数带宽参数。

$$(\boldsymbol{W})_{ij}=\begin{cases}\exp\left(\dfrac{-\|\boldsymbol{x}_i-\boldsymbol{x}_j\|_2^2}{2\sigma^2}\right) & i\neq j\\ 0 & i=j\end{cases}\tag{10.10}$$

定义对角矩阵 $\boldsymbol{D}=\mathrm{diag}(d_1, d_2, \cdots, d_{l+u})$ 的对角元素 $d_i=\sum\limits_{j=1}^{l+u}(\boldsymbol{W})_{ij}$。定义一个大小为 $(l+u)\times|\boldsymbol{\Psi}|$ 的非负标记矩阵 $\boldsymbol{F}=(\boldsymbol{F}_1^{\mathrm{T}}, \boldsymbol{F}_2^{\mathrm{T}}, \cdots, \boldsymbol{F}_{l+u}^{\mathrm{T}})^{\mathrm{T}}$，其第 i 行元素 $\boldsymbol{F}_i=((\boldsymbol{F})_{i1}, (\boldsymbol{F})_{i2}, \cdots, (\boldsymbol{F})_{i|\Psi|})$ 为样本 $\boldsymbol{x}_i$ 的标记向量，其分类准则为 $y_i=\arg\max\limits_{1\leqslant j\leqslant|\Psi|}(\boldsymbol{F})_{ij}$。

对 $i=1, 2, \cdots, m$，$j=1, 2, \cdots, |\boldsymbol{\Psi}|$，首先对 $\boldsymbol{F}$ 进行初始化，$\boldsymbol{Y}$ 的前 l 行是 l 个有标记样本的标记向量。

$$\boldsymbol{F}(0)=(\boldsymbol{Y})_{ij}=\begin{cases}1, & (1\leqslant i\leqslant l)\wedge(y_i=j);\\ 0, & \text{其他}\end{cases}\tag{10.11}$$

根据矩阵边矩阵 $\boldsymbol{W}$ 建立一个标记传播矩阵 $\boldsymbol{S}=\boldsymbol{D}^{-\frac{1}{2}}\boldsymbol{W}\boldsymbol{D}^{-\frac{1}{2}}$，其中

$$\boldsymbol{D}^{-\frac{1}{2}}=\mathrm{diag}\left(\frac{1}{\sqrt{d_1}}, \frac{1}{\sqrt{d_2}}, \cdots, \frac{1}{\sqrt{d_{l+u}}}\right)$$

我们得到迭代公式

$$\boldsymbol{F}(t+1)=\alpha\boldsymbol{S}\boldsymbol{F}(t)+(1-\alpha)\boldsymbol{Y}\tag{10.12}$$

其中，$\alpha\in(0, 1)$ 是由用户个人控制的参数，用于控制标记传播项 $\boldsymbol{S}\boldsymbol{F}(t)$ 和初始化项 $\boldsymbol{Y}$ 的重要程度。经过式(10.12)迭代直到收敛

$$\boldsymbol{F}^*\ \lim_{t\to\infty}\boldsymbol{F}(t)=(1-\alpha)(\boldsymbol{I}-\alpha\boldsymbol{S})^{-1}\boldsymbol{Y}\tag{10.13}$$

得到 $\boldsymbol{F}^*$ 后，就可以获得 D_u 中样本的标记($\hat{y}_{l+1}$，$\hat{y}_{l+2}$，…，$\hat{y}_{l+u}$)。具体的算法步骤如图 10.5 所示。

输入：有标记样本 $D_l=\{(\boldsymbol{x}_1, y_1), (\boldsymbol{x}_2, y_2), \cdots (\boldsymbol{x}_l, y_l)\}$

未标记样本 $D_u=\{\boldsymbol{x}_{l+1}, \boldsymbol{x}_{l+2}, \cdots, \boldsymbol{x}_{l+u}\}$，构图参数 σ，折中参数 α

步骤：(1) 根据式(10.10)和参数 σ 得到 $\boldsymbol{W}$

(2) 根据矩阵 $\boldsymbol{W}$ 构建出标记传播矩阵 $\boldsymbol{S}=\boldsymbol{D}^{-\frac{1}{2}}\boldsymbol{W}\boldsymbol{D}^{-\frac{1}{2}}$

(3) 根据式(10.11)初始化 $\boldsymbol{F}(0)$

(4) $t=0$

(5) **repeat**

(6) $\quad \boldsymbol{F}(t+1)=\alpha\boldsymbol{S}\boldsymbol{F}(t)+(1-\alpha)\boldsymbol{Y}$

(7) $\quad t=t+1$

(8) 迭代收敛到 $\boldsymbol{F}^*$

(9) **for** $i=l+1, l+2, \cdots, l+u$ **do**

(10) $\quad y_i=\arg\max\limits_{1\leqslant j\leqslant |\Psi|}(\boldsymbol{F}^*)_{ij}$

(11) **end for**

输出：未标记样本的预测值 $\hat{\boldsymbol{y}}=(\hat{y}_{l+1}, \hat{y}_{l+2}, \cdots, \hat{y}_{l+u})$

图 10.5 基于图的半监督学习算法

基于图的半监督学习方法原理概念十分清晰，并且可以通过对算法中的矩阵运算进行分析来深入了解算法的特性。但是在算法复杂度上存在较大的不足，很难处理大规模数据。此外，在构建图的过程中，只考虑到训练样本集，很难判断新的样本在图中的位置，所以，在出现新的样本时，需要将新样本加入到原样本集对图进行重建且进行标记传播。

10.2.4 基于分歧的方法

除了上述的三种方法之外，还有一类叫作“协同训练”(Co-training)的半监督学习方法，它是一种采用多分类器的基于分歧的方法，最早提出于 1998 年。该算法使用两个学习器来协同训练，在训练过程中，两个分类器挑选置信度较高的有标记和未标记样本交给对方学习，直到达到某个终止条件。

我们定义协同训练的模型如下：给出一个样本空间 $\boldsymbol{X}=\boldsymbol{X}_1\times\boldsymbol{X}_2$，其中 $\boldsymbol{X}_1$ 和 $\boldsymbol{X}_2$ 对应于一个样本的两种不同“视图”(View)。一个样本往往拥有多个属性，在这里，每个属性就构成了一个视图。例如，一个电影可以拥有声音和画面两个属性集，这里的声音属性和画面属性就分别构成了两个视图。在此基础上，每个样本 $\boldsymbol{x}$ 可以用一对($\boldsymbol{x}_1$，$\boldsymbol{x}_2$)来表示。我们假设每个视图本身就足以进行正确的分类。$\boldsymbol{x}_1$ 表示样本 $\boldsymbol{x}$ 在视图 $\boldsymbol{X}_1$ 中的特征向量，$\boldsymbol{x}_2$ 表示样本 $\boldsymbol{x}$ 在视图

$\boldsymbol{X}_2$ 中的特征向量。我们假设样本空间的目标函数为 f，则对于一个样本 $\boldsymbol{x}$ 来说，$f(\boldsymbol{x})=f_1(\boldsymbol{x}_1)=f_2(\boldsymbol{x}_2)=l$，其中 l 是样本的类别标记。在此基础上可以定义“相容性”的概念，我们用 D 代表样本空间 $\boldsymbol{X}$ 的一个分布，C_1 和 C_2 分别是 $\boldsymbol{X}_1$ 和 $\boldsymbol{X}_2$ 定义的概念类，如果在 D 上满足 $f_1(\boldsymbol{x}_1)\neq f_2(\boldsymbol{x}_2)$ 的样本 $\boldsymbol{x}$ 的概率为 0，我们就称目标函数 $f=(f_1, f_2)\in C_1\times C_2$ 与 D 相容，也就是说不同的视图具有相容性，即它们包含的关于输出类别的信息是一致的。

而协同训练很好地利用了多视图的“相容性”。在这里，我们假设 $\boldsymbol{X}$ 拥有两个条件独立且充分的视图 $\boldsymbol{X}_1$ 和 $\boldsymbol{X}_2$。充分是指每个视图都可以充分地描述该问题足以产生正确的分类，条件独立是指在给定类别标记条件下两个视图是独立的。由此我们可以采用如下策略来使用未标记数据：首先利用每个视图基于有标记样本分别训练得到一个分类器，然后让每个分类器各自去选择自己“最信任的”的未标记样本赋值一个伪标记，并且把这个伪标记的样本作为一个有标记样本提供给另外一个分类器进行训练更新，这个“互相学习”的过程不断地进行迭代，直到满足终止条件为止。具体的算法步骤可以总结如图 10.6 所示。

输入：有标记样本 $D_l=\{(\langle\boldsymbol{x}_1^1, \boldsymbol{x}_1^2\rangle, y_1), \cdots, (\langle\boldsymbol{x}_l^1, \boldsymbol{x}_l^2\rangle, y_l)\}$

未标记样本 $D_u=\{\langle\boldsymbol{x}_{l+1}^1, \boldsymbol{x}_{l+1}^2\rangle, \cdots, \langle\boldsymbol{x}_{l+u}^1, \boldsymbol{x}_{l+u}^2\rangle\}$

步骤：(1) 随机从 D_u 中选择 s 个未标记样本构成样本集 D_s

(2) **for** $t=1, 2, \cdots, T$ **do**

(3) 使用样本集 D_l 的视图 1 训练分类器 h_1

(4) 使用样本集 D_l 的视图 2 训练分类器 h_2

(5) 使用分类器 h_1 将 D_s 中的未标记数据进行伪标记

(6) 使用分类器 h_2 将 D_s 中的未标记数据进行伪标记

(7) 将伪标记好的样本加入到样本集 D_l 中

(8) 随机从 D_u 中选择样本补充到 D_s 中

(9) **end for**

输出：分类器 h_1，h_2

图 10.6 Co-training 算法

在实际问题中，满足条件独立且充分的样本集是很少的，研究人员也对协同训练算法进行了逐步的改进，S. Goldman 和 Y. Zhou 在 2000 年提出了一种协同训练算法，该算法不要求样本集满足上述的两个假设，它使用不同的决策树来进行协同训练。虽然该算法不需要样本集满足充分且条件独立假设，但是它对分类器的种类进行了限制。之后，Zhou 和 Li 在 2007 年提出了一种三体训练算法(Tri-training)，即采用三个分类器进行协同训练，从而进一步降低了协同训练算法的实施条件，对样本集没有苛刻的要求。Tri-training 算法在迭代过程中，对于每一个分类器，会将剩余的两个分类器作为其辅助分类器来对未标记样本进行分类，标记相同的未标记样本就会被采用作为置信度较高的样本，主分类器会随机从中选取一些伪标记样本添加到标记样本集中进行训练。并且该算法每一次被挑选出来的未标记样本在参与完本轮的迭代后，仍然作为未标记样本保留在未标记数据集中。

Tri-training 算法首先对有标记样本集进行可重复抽样来获得三个有标记训练集进行初始分类器的训练，然后在迭代过程中，每个分类器轮流作为主分类器，其余两个作为辅助分类器来为主分类器提供新的无标记数据用来训练，也就是说，如果辅助分类器对于同一个未标记样本的分类结果相同，则可以将该未标记样本提供给主分类器进行学习。在进行样本预测时，Tri-training 算法也采用这种投票的方法，使用三个分类器的结果进行投票得到最终的分类标记。

10.3 半监督聚类

在 10.2 节中，我们介绍了如何利用大量未标记样本来补充标记样本进行半监督分类。我们知道，聚类是一种典型的无监督学习方法，与半监督分类问题不同，半监督聚类则是利用少量的标记样本对聚类算法进行辅助。在半监督聚类中，被利用的少量监督信息的类型有两种，一种是数据对是否属于同一类别的约束关系，另一种则是类别标记。根据对于少量监督信息的使用方式不同，我们可以把半监督聚类算法分成两大类，一类是基于约束的半监督聚类算法，一类是基于距离的半监督聚类算法。

传统的聚类算法大部分采用的是基于距离的度量准则来对样本的相似度进行描述的。但是在实验过程中，对于距离度量方式的选择比较困难，没有一个统一的标准来进行衡量。在基于距离的半监督聚类算法中，我们根据约束或者类别信息来构造某种距离度量，然后在该距离度量的基础上进行聚类。

基于约束的半监督聚类算法的研究已经很多，它利用监督信息对聚类的搜索过程进行约束。目前很多半监督聚类算法都是在传统的 K 均值聚类算法(K-means)上改进而来的，比如约束 K 均值聚类算法(Constrained-K-means)和种子 K 均值聚类算法(Seeded-K-means)等。

在 K-means 算法的基础上，Basu 等人引入了由少量标记样本组成的种子(Seed)集合，在 Seed 集中含有全部的 K 个聚类簇，每种类别最少有一个样本，对 Seed 进行划分得到 K 个聚类并且基于此来进行算法的初始化，即用种子集初始化 K-means 算法的聚类中心；接着利用 EM 算法来进行优化，经过迭代，可以得到最终的聚类结果。

两种算法在优化过程中有所不同，在 Seeded-K-means 算法中，Seed 集的样本标记是可以发生改变的，而在 Constrained-K-means 算法中，Seed 集的样本标记是固定的。两种算法各有优缺点，在不含噪声的情况下，Constrained-K-means 算法的性能较好，而在 Seed 集中含有噪声的情况下，Seeded-K-means 的性能更优。

半监督聚类算法的目标是利用少量有标记数据来提高聚类算法性能，在实际情况中具有很大的应用价值。目前半监督聚类算法大多数是对以往聚类算法的改进，因此还需对半监督聚类算法进行更加深入的研究。

习　题

1. 编程实现 TSVM 算法，选取 UCI 中的 Iirs 数据集，选取 10%作为有标记样本，50%作为无标记样本，40%作为测试样本，分别训练出仅利用有标记样本的 SVM 和利用无标记样本的 TSVM，并分析其性能。

2. 查阅改进的 TSVM，如 S3VM、S4VM 算法，分析这几种算法的不同之处。

3. 根据多分类图半监督学习方法，试推导出针对二分类问题的标记传播方法。

参考文献

[1] BASU S, BANERJEE A, MOONEY R. Semi-supervised Clustering by Seeding[C]//In Proceedings of 19th International Conference on Machine Learning, 2002.

[2] BASU S, BILENKO M, MOONEY R J. A Probabilistic Framework for Semi-supervised Clustering [C]//Proceedings of the Tenth ACM SIGKDD International Conference on Knowledge Discovery and Data Mining. ACM, 2004: 59-68.

[3] BLUM A, CHAWLA S. Learning from Labeled and Unlabeled Data Using Graph Mincuts[J]. 2001.

[4] BENNETT K P, DEMIRIZ A. Semi-supervised Support Vector Machines[C]//Advances in Neural Information Processing Systems. 1999: 368-374.

[5] BLUM A, MITCHELL T. Combining Labeled and Unlabeled Data with Co-training[C]//Proceedings of the Eleventh Annual Conference on Computational Learning Theory. ACM, 1998: 92-100.

[6] BROOKE J, HAMMOND A, Baldwin T. Bootstrapped Text-level Named Entity Recognition for Literature[C]//Proceedings of the 54th Annual Meeting of the Association for Computational Linguistics. 2016, 2: 344-350.

[7] CHAPELLE O, CHI M, ZIEN A. A Continuation Method for Semi-supervised SVMs[C]//Proceedings of the 23rd International Conference on Machine Learning. ACM, 2006: 185-192.

[8] CHAPELLE O, WESTON J, Schölkopf B. Cluster Kernels for Semi-supervised Learning[C]//Advances in Neural Information Processing Systems. 2003: 601-608.

[9] DEMIRIZ A, BENNETT K P. Optimization Approaches to Semi-supervised learning[M]//Complementarity: Applications, Algorithms and Extensions. Springer, Boston, MA, 2001: 121-141.

[10] GOLDMAN S, ZHOU Yan. Enhancing Supervised Learning with Unlabeled Data[C]//ICML. 2000: 327-334.

[11] GEBRU T, HOFFMAN J, LI Feifei. Fine-grained Recognition in the wild: A Multi-task Domain Adaptation Approach[C]//Proceedings of the IEEE International Conference on Computer Vision. 2017: 1349 - 1358.

[12] GAN Haitao, SANG Nong, HUANG Rui, et al. Using Clustering Analysis to Improve Semi-supervised Classification[J]. Neurocomputing, 2013, 101: 290 - 298.

[13] FUNG G, MANGASARIAN O L. Semi-superyised Support Vector Machines for Unlabeled Data Classification[J]. Optimization Methods and Software, 2001, 15(1): 29 - 44.

[14] JEBARA T, WANG J, CHANG S F. Graph Construction and B-matching for Semi-supervised Learning[C]//Proceedings of the 26th Annual International Conference on Machine Learning. ACM, 2009: 441 - 448.

[15] KASABOV N, PANG S. Transductive Support Vector Machines and Applications in Bioinformatics for Promoter Recognition[C]//International Conference on Neural Networks and Signal Processing, 2003. Proceedings of the 2003. IEEE, 2003, 1: 1 - 6.

[16] KUZNIETSOV Y, STUCKLER J, LEIBE B. Semi-supervised Deep Learning for Monocular Depth Map Prediction [C] //Proceedings of the IEEE Conference on Computer Vision and Pattern Recognition. 2017: 6647 - 6655.

[17] NIGAM K, MCCALLUM A K, THRUN S, et al. Text Classification from Labeled and Unlabeled Documents Using EM[J]. Machine Learning, 2000, 39(2 - 3): 103 - 134.

[18] MITCHELL T M. The Role of Unlabeled Data in Supervised Learning[M]//Language, Knowledge, and Representation. Springer, Dordrecht, 2004: 103 - 111.

[19] WAGSTAFF K, CARDIE C, ROGERS S, et al. Constrained K-means Clustering with Background Knowledge[C] //Icml. 2001, 1: 577 - 584.

[20] ZHOU Zhihua, LI Ming. Tri-training: Exploiting Unlabeled Data Using Three Classifiers[J]. IEEE Transactions on Knowledge & Data Engineering, 2005 (11): 1529 - 1541.

[21] 周志华. 机器学习[M]. 北京:清华大学出版社, 2016.

第三部分

深度学习模式识别

第11章 深度神经网络

目前深度神经网络(Deep Neural Networks，DNN)在计算机视觉、语音识别和机器人等诸多领域得到了广泛应用，在许多人工智能任务中表现出优越的性能。DNN能够从一些原始感官数据中提取高层特征，并基于这些高层特征构建复杂的神经网络模型。本章分别介绍了深度堆栈自编码网络、受限玻尔兹曼机与深度置信网络、卷积神经网络、深度循环神经网络、生成对抗网络等常见的神经网络模型。

11.1 深度堆栈自编码网络

11.1.1 自编码网络

自编码网络是由 Rumelhart 在 1986 年提出的，该网络在前馈神经网络的输入端与输出端尽可能保持一致的情形下，利用隐层对输入层进行特征提取与参数学习，以实现在无监督方式下复现输出。本小节主要介绍基于浅层的前馈神经网络进行自编码的实现与理解。

自编码网络结构如图 11.1 所示，自编码通过隐层对输入层进行编码表示，并将结果解码到输出层。常见的自编码网络模型表示为

$$\begin{cases} \boldsymbol{X} = \sigma_a(\boldsymbol{W}_a \cdot \boldsymbol{x} + \boldsymbol{b}_a) \in \mathbf{R}^v \\ \hat{\boldsymbol{x}} = \sigma_s(\boldsymbol{W}_s \cdot \boldsymbol{X} + \boldsymbol{b}_s) \in \mathbf{R}^u \end{cases}$$

其中，编码阶段的权值矩阵为 $\boldsymbol{W}_a \in \mathbf{R}^{v\times u}$，偏置为 $\boldsymbol{b}_a \in \mathbf{R}^v$，激活函数为 σ_a；解码阶段的权值矩阵为 $\boldsymbol{W}_s \in \mathbf{R}^{u\times v}$，其偏置为 $\boldsymbol{b}_s \in \mathbf{R}^u$，激活函数为 σ_s；输出 $\hat{\boldsymbol{x}}$ 为输入 $\boldsymbol{x}$ 的预测估计。

为了学习到有意义的表达，通常会对隐层加入一定的约束。例如，当隐层维度小于数据维度时，可以看作是对输入层的降维操作，该网络试图以更小的维度对原始数据进行描述而尽量不损失数据信息，如图 11.1(a)所示；还可以对隐层进行维度的扩充并加入正则项

约束，此时便能够得到稀疏自编码器，如图 11.1(b)所示。根据自编码能否较好地重构输入以及是否对输入的扰动具有一定的不变性，通常可以分为稀疏自编码、卷积自编码、降噪自编码和可收缩性自编码等类型。其中卷积自编码在层级连接之间引入了卷积操作，降噪自编码则在输入数据中引入了随机噪声，可收缩性自编码则是在自编码网络的基础上进行改进：利用隐层的输出关于输入的雅可比矩阵构造惩罚项。

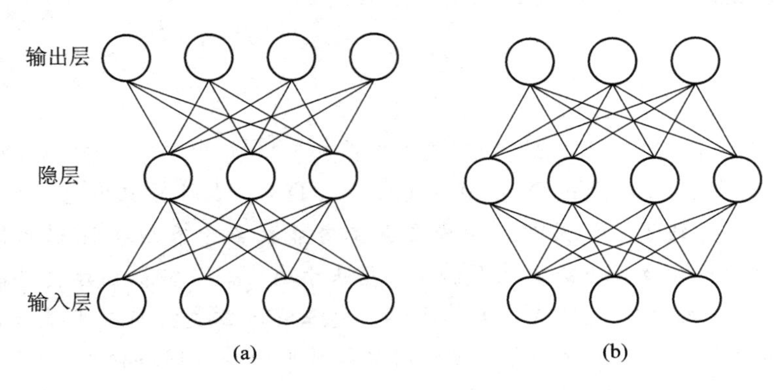

图 11.1　三层前馈神经网络自编码结构示意图

11.1.2　深度堆栈网络

深度堆栈网络是由 Li Deng 于 2011 年提出的，网络采用堆栈式网络结构，将自编码网络上一层的隐层作为当前层输入，多个自编码网络分层堆叠，最后形成一个深度堆栈自编码网络。

对于常见的分类网络，深度堆栈网络的训练过程如下：

深度堆栈网络首先采用无监督方式训练第一个自编码网络，然后将第一个隐层作为下一个自编码网络的输入层，训练自编码网络，依次类推，逐层训练每一个自编码网络。在网络的最顶层，得到原始数据的高度非线性表达。然后，加入原始数据的标注信息，利用反向传播算法对权重参数值进行微调。深度堆栈网络训练步骤如图 11.2 所示，图(a)表示先训练第一个自编码网络，得到第一个隐层，然后将其作为下一个自编码网络的输入层，图(b)表示接着训练第二个自编码网络得到第二个隐层，图(c)表示得到数据深层抽象表达，图(d)表示加入数据标注后，利用反向传播算法对权重参数值进行更新。

深度堆栈网络利用训练好的权重参数值，作为后续训练过程中的初始化权值，加速训练过程。由于前续的无监督训练提供了比较好的权重参数初始化，能很好地拟合数据的结构。因此，在进行最终的监督学习时，网络处于一个较优的初始状态，迭代效率和迭代稳定性均得到提升。

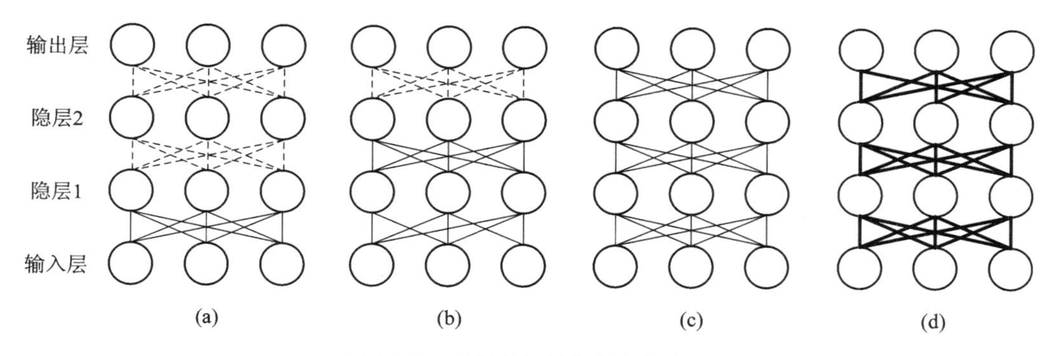

图 11.2　深度堆栈网络的训练步骤

11.2　受限玻尔兹曼机与深度置信网络

11.2.1　受限玻尔兹曼机

受限玻尔兹曼机(Restricted Boltzmann Machine，RBM)是玻尔兹曼机的一种特殊拓扑结构。玻尔兹曼机是由随机神经元全连接组成的反馈神经网络，且对称连接，无自反馈。网络包含两层，一个可视层和一个隐层，层内连接，且层级也是全连接的，如图 11.3(a)所示。

玻尔兹曼机具有强大的无监督学习能力，能够学习数据中复杂的规则。但是由于其学习时间长，且难以准确地计算玻尔兹曼机所表示的分布，导致进一步获取该分布下的随机样本也很困难，于是产生了受限玻尔兹曼机。

受限玻尔兹曼机是一种玻尔兹曼机的变体，它是一个随机神经网络，即当网络的神经元节点被激活时会有随机行为、随机取值。受限玻尔兹曼机包含一层可视层和一层隐层，同一层的神经元之间是相互独立的，不同层之间的神经元是相互连接的，如图 11.3(b)所示。上面一层神经元组成隐层，下面一层的神经元组成可视层。和普通神经网络的区别是，受限玻尔兹曼机不区分前向和反向，可视层的状态可以作用于隐层，而隐层的状态也可以作用于可视层。常用的受限玻尔兹曼机一般是二值的，即不管是隐层还是可视层，它们的神经元的取值只为 0 或者 1。

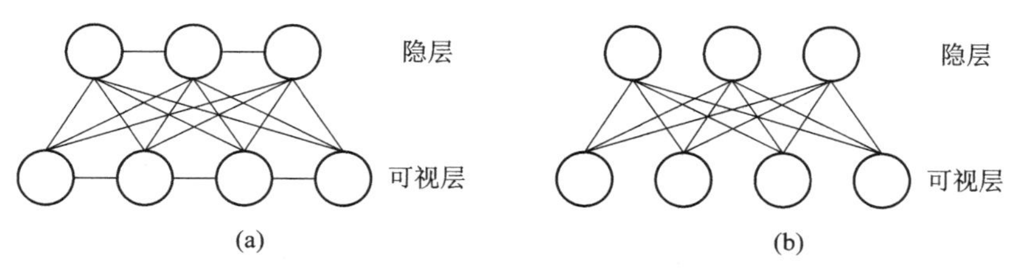

图 11.3　玻尔兹曼机和受限玻尔兹曼机结构

玻尔兹曼机模型已经成功应用于协同滤波、分类、降维、图像检索、信息检索、语言处理、自动语音识别、时间序列建模、文档分类、非线性嵌入学习、暂态数据模型学习和信号与信息处理等领域。而受限玻尔兹曼机在降维、分类、协同过滤、特征学习和主题建模中也得到了广泛的应用。

11.2.2 深度置信网络

深度置信网络(Deep Belief Networks, DBN)由多个受限玻尔兹曼机层组成，既可以用于无监督学习，类似于一个自编码网络，也可以用于监督学习，作为分类器来使用。从无监督学习来讲，其目的是尽可能地保留原始数据的特征，同时降低特征的维度。从监督学习来讲，其目的是使分类错误率尽可能地小。不论是监督学习还是无监督学习，深度置信网络的本质都是特征学习的过程，即如何得到更好的特征表达。

以具有3个隐层结构的深度置信网络为例，网络一共由3个受限玻尔兹曼机单元堆叠而成，其中受限玻尔兹曼机一共有两层，上层为隐层，下层为可视层。堆叠成网络时，前一个玻尔兹曼机的输出层(隐层)作为下一个玻尔兹曼机单元的输入层(可视层)，依次堆叠，便构成了基本的深度置信网络结构，最后再添加一层输出层，就是最终的深度置信网络结构。

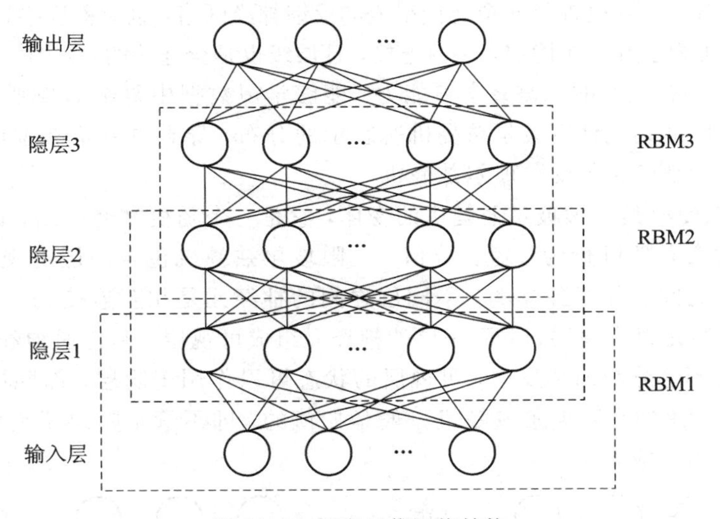

图 11.4 深度置信网络结构

深度置信网络的应用之一是作为深度神经网络的预训练部分，为神经网络提供初始权重。在深度置信网络的最顶层再增加一层输出层，然后再使用反向传播算法对这些权重进行调优。特别是在训练数据比较少时，预训练的作用非常大。由于不恰当的初始化权重会显著影响最终模型的性能，而预训练获得的权重在权值空间中比随机权重更接近最优的权重，从而避免了反向传播算法因随机初始化权值参数陷入局部最优和训练时间长的缺点。

这不仅提升了模型的性能，也加快了调优阶段的收敛速度。

11.3 卷积神经网络

11.3.1 卷积神经网络概述

卷积神经网络(Convolutional Neural Networks，CNN)是深度神经网络的一个重要组成部分，其特点在于能够较好地处理具有网络拓扑结构的输入数据，例如RGB图像、具有深度信息的三维立体图像等。目前卷积神经网络在图像识别、图像分割、目标检测和图像生成等领域有较为广泛的应用。

卷积网络的设计通常需要大量经验，因此需要了解和学习目前较为常见的卷积神经网络结构，以便在实际应用中按照需求设计网络。常见的卷积神经网络有经典的LeNet、AlexNet、VGGNet和深度残差网络ResNet等。

图11.5是经典的LeNet网络结构图，它由卷积层、池化层、非线性单元和全连接层组成，其网络的输入是手写体图片，输出是它对应的字符类标。

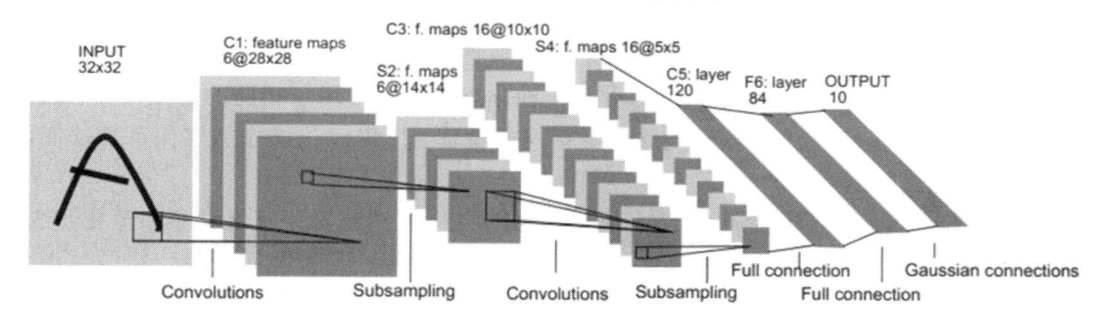

图11.5　LeNet网络结构图

下面我们将以LeNet-5为例进行卷积神经网络的介绍。

1. 卷积层

卷积是卷积神经网络中的一种基础操作，其名称“卷积”来源于数学中的一种运算方式，通常在神经网络中仅考虑离散的卷积情形。在卷积层中常见的名词术语有：

卷积核(Kernel)：也称为滤波器(Filter)，在数字图像处理中，使用一个小尺寸的矩阵对输入图像的每一个小区域进行像素的加权求和得到输出图像，而这个小尺寸的权值矩阵就称为卷积核。

深度(Depth)：表示卷积核的深度，如图11.6所示。对于输入层深度的值，一般为输入图像的通道数(如RGB图像为三个输入通道)，而对于其他层其深度值一般为上一层卷积核的个数。

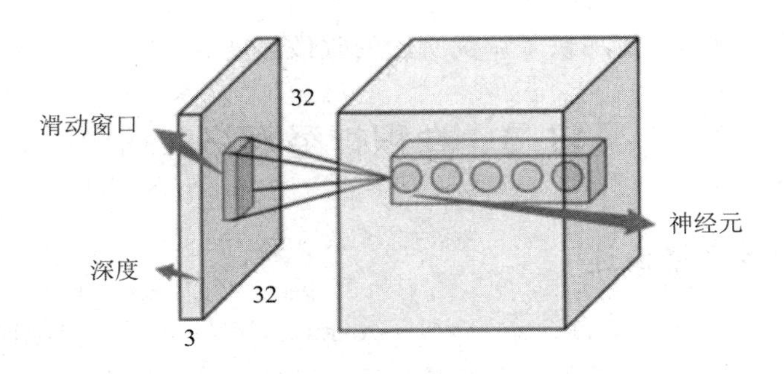

图 11.6　卷积层滤波器示意图

步长(Stride)：卷积核在输入图像上每次移动的步幅。

零填充(Zero-Padding)：通常为了能够得到合适尺寸的图像，在输入图像的外侧填充零像素值。

2. 池化层

在一个卷积神经网络模型中，通常有多个卷积层，每层有多个卷积核，在输入图像经过卷积层以后，通常得到较多的特征图。因此，对卷积后的结果进行压缩以减少特征图的信息量是非常有必要的，将这一压缩图像信息的过程称为池化(Pooling)。虽然池化操作对特征图的信息进行了删减，但由于图像通常具有平移不变性的特点(即图像经过平移后其主要特征不发生改变)，即使图像经过了平移，池化操作也只作用于相同的隐藏单元，因此池化操作也具有平移不变性，依然能够产生相同的特征。所以池化操作能够保留特征图的主要信息。

常见的池化方式有平均池化和最大池化，池化层的主要参数有池化尺寸和池化步长。假设池化的尺寸为 $P_L \times P_W$，沿着输入张量通道方向上的每一切片层，从每一层的左上角区域开始进行池化操作。假设池化的尺寸为 2×2，池化步长为 2，最大池化操作是将其感受野(Receptive Field)内的最大数值放到对应的输出位置上，对于图 11.7 左边的输入矩阵进行最大池化则会得到右侧的 2×2 的结果。类似的平均池化操作可参照图 11.8，不同之处是将取最大值操作替代为取平均值操作。

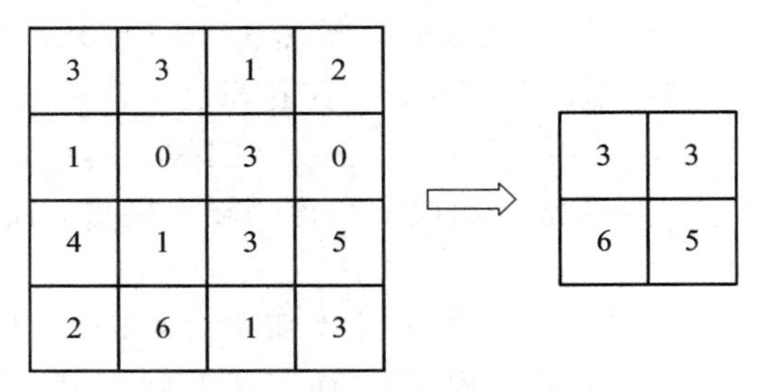

图 11.7　最大池化示例图

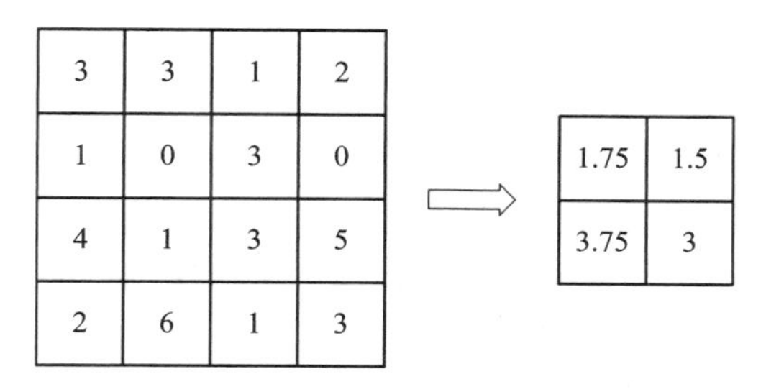

图 11.8　平均池化示例图

3. 全连接层

在卷积神经网络结构中，经过卷积层和池化层之后，通常会连接有一个或多个全连接层。和多层感知器类似，全连接层的每一神经元与前一层的所有神经元进行全连接，全连接层的作用在于整合卷积层或池化层中具有类别区分性的局部信息，对前面卷积层所提取的特征进行分类或者回归的处理。值得注意的是，最后一个卷积层的输出到第一个全连接层往往需要进行转换处理，因为卷积层的输出一般为三维张量，而全连接层一般接受二维矩阵的输入。最后一层的全连接层进行输出，对于分类的任务可以使用 Softmax 分类器进行处理。

常见的 Logistic 分类器以伯努利分布为模型进行建模，通常使用 Sigmoid 函数对二分类的问题进行处理，Softmax 分类器则在此基础上以多项式分布进行建模，用于处理多分类的问题。而 Logistic 分类器通常表示为

$$h_\theta(x) = g(\boldsymbol{\theta}^{\mathrm{T}}\boldsymbol{x}) = \frac{1}{1 + e^{-\boldsymbol{\theta}^{\mathrm{T}}\boldsymbol{x}}} \tag{11.1}$$

式(11.1)中，$\boldsymbol{x}$ 表示某一训练样本，$\boldsymbol{x}=(x_1;\ x_2;\ \cdots;\ x_n)$，$n$ 表示样本特征维数；$\boldsymbol{\theta}$ 表示样本的权值矩阵，$\boldsymbol{\theta}=(\theta_1;\ \theta_2;\ \cdots;\ \theta_K)$，$K$ 表示分类个数。将式(11.1)推广到多分类问题，将分类结果以概率表示得到

$$p(y = c \mid \boldsymbol{x};\ \boldsymbol{\theta}) = \frac{e^{\boldsymbol{\theta}_c^{\mathrm{T}}\boldsymbol{x}}}{\sum_{j=1}^{k} e^{\boldsymbol{\theta}_j^{\mathrm{T}}\boldsymbol{x}}} \tag{11.2}$$

其中 c 表示分类类别，$\boldsymbol{\theta}_c$ 表示输出类别的权值向量，是一个维数为 $n\times1$ 的向量，$\boldsymbol{\theta}_j$ 表示 Softmax 层输入向量的权值向量，其维数为 $n\times1$。

11.3.2　卷积操作介绍与感受野的计算

卷积(Convolution)操作采用卷积核对输入图像进行“滤波”，使用卷积核按照从左到右、从上到下的先后顺序扫过输入图像，而每次扫过的局部区域称为卷积核的感受野，其大小等同于卷积核的尺寸，将感受野和卷积核的两个矩阵对应元素相乘并求和得到一个标

量值，这样就完成了一次卷积。将卷积核扫过每个感受野的过程称为卷积操作，得到一张特征图(Feature Map)，特征图的通道数等于卷积核的数量，有时为了检测图像的边缘信息或者控制特征图的大小，需在输入图像的边缘进行零填充。

在卷积神经网络中，数据通常以张量(Tensor)的形式表示，张量可以认为是一种高维矩阵。在卷积过程中，通常不需要像常规的神经网络那样将数据转化为向量，而是在每一个卷积层中直接对高维数据进行处理。这个高维数据一般可以看作是具有宽度 W、高度 H 和深度 D 的三维数据，每一层的输入和输出均可以称为是一个张量。

假设卷积核的大小为 $k\times k$，每次窗口滑动的步长为 s，填充零的个数为 p，输入图像的尺寸为 $h_i\times w_i$，那么输出的特征图的大小 h_0 和 w_0 可以通过如下公式计算：

$$h_0=\frac{h_i-k+2p}{s}+1 \tag{11.3}$$

$$w_0=\frac{w_i-k+2p}{s}+1 \tag{11.4}$$

如图 11.9 所示，假设有一个输入为 5×5 的矩阵和一个 3×3 的卷积核，在不使用零填充的情况下，以步长为 1 进行卷积核的窗口滑动操作，经过卷积操作可以得到大小为 3×3 的特征图。

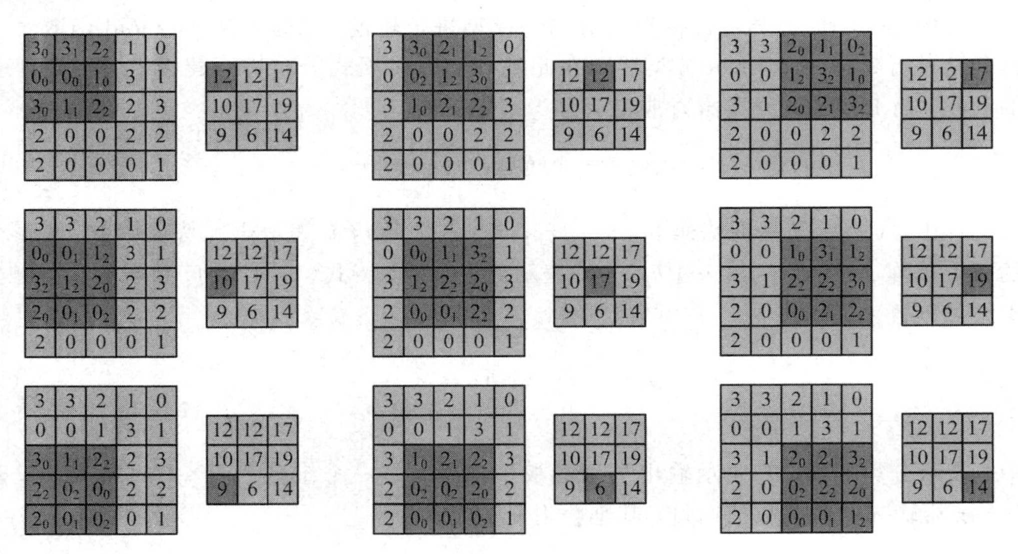

图 11.9　卷积过程示意图

在每一个卷积层上进行卷积操作，每个神经元的感受野也随之增大，神经元感受野的增大表示该神经元能接触到的原始图像范围也随之增大，意味着每个神经元能包含语义层次更高的特征，而感受野越小，表示其特征更加趋向局部和细节的信息。关于感受野的计算如图 11.10 所示，假设输入图像大小为 7×7，第一层卷积的步长为 $s_1=2$，卷积核大小为 $k_1=3$，第二层的步长为 $s_2=1$，卷积核大小为 $k_2=2$，经过两个卷积层以后产生 2×2 的特征图输出，那么第一个卷积层上每个神经元的感受野大小为 $r_1=3$，而第二层神经元的感受野对应大小为 $r_2=2\times3-1=5$。一般地，我们有如下计算公式：

$$
\begin{aligned}
r_0 &= 1 \\
r_1 &= k_1 \\
r_n &= r_{n-1}\times k_n-(k_n-1)\times\left(r_{n-1}-\prod_{i=1}^{n-1}s_i\right) \quad n\geqslant 2
\end{aligned}
\tag{11.5}
$$

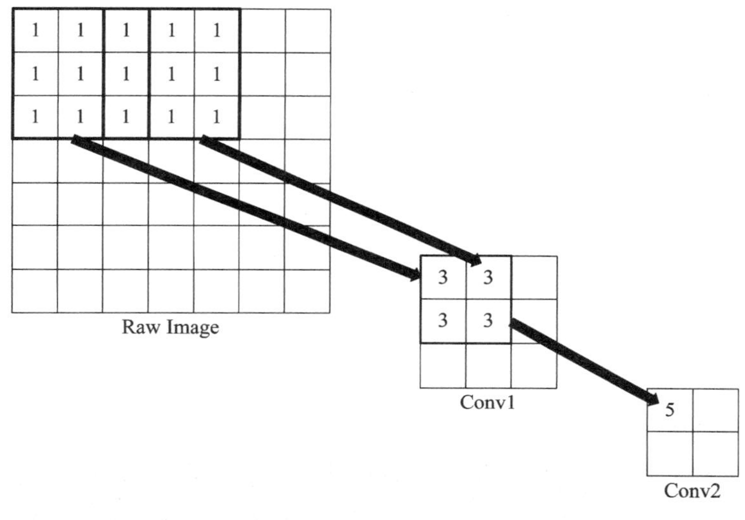

图 11.10　不同卷积层感受野示意图

一般而言，填充 0 的个数 Padding 不会影响神经元感受野的大小。

关于参数个数和连接数的计算，我们仍然以 LeNet 为例进行说明。参照图 11.1，在第一个卷积层 C_1 层中，共有 6 个滤波器，且每个滤波器大小为 5×5，以及一个偏置(Bias)，所以一共有参数((5×5)+1)×6=156 个。因此将滤波器在输入层扫过的神经元个数乘以 C_1 层的每个特征图的神经元个数就能得到该层连接个数为：(5×5+1)×6×(28×28)=122 304 个。在下采样层 S_2 层中，每一个滤波器的 4 个邻域相加，乘上一个可训练参数 w，再加上一个可训练参数 b，因此该层的参数个数为(1+1)×6=12 个。计算这一层连接数的方法与上一层类似，可以得到连接数为：((2×2)+1)×6×14×14=5880。在 C_3 层中，前 6 个特征图以 S_2 中的 3 个相邻特征图子集作为输入，并共享一个偏置，接下来 6 个特征图以 S_2 中的 4 个相邻特征图子集作为输入，并共享一个偏置，再接下来 3 个特征图以 S_2 中的 4 个不相邻特征图子集作为输入，并共享一个偏置，最后 1 个特征图以 S_2 中的所有特征图作为输入，共享一个偏置，因此该层的总参数个数为 6×(3×25+1)+6×(4×25+1)+

$3\times(4\times25+1)+(6\times25+1)=1516$ 个。在 C_3 层中，连接个数为：$1516\times10\times10=151\ 600$ 个。在 S_4 层中，每一特征图共有 1 个因子 w 和 1 个偏置 b，共有 $16\times(1+1)=32$ 个参数，其连接个数为：$16\times(2\times2+1)\times5\times5=2000$ 个。在 C_5 层中，每个滤波器的大小为 5×5，而每个滤波器的连接特征图的深度为 16，每个滤波器拥有 1 个偏置，因此该层的参数共有 $120\times(16\times5\times5+1)=48\ 120$ 个参数，其连接数为 $48\ 120\times1\times1=48\ 120$ 个。在全连接层 F_6 中，每个神经元由每组 120 个 1×1 个滤波器，每个滤波器各有 1 个偏置参数，共有 84 组滤波器，因此该层共有参数 $84\times(120\times(1\times1)+1)=10\ 164$ 个，连接数为 $10\ 164\times1\times1=10\ 164$ 个。

不同的卷积核有助于提取不同的图像特征，每个卷积核的权重对不同的感受野具有选择性，其反应的强度也不相同。每个卷积核可以看作一个特征的提取器，若某一特征出现在感受野中，则该区域所对应的特征图数值越大，其通过一个非线性激活函数的概率越大，因此特征图的值也称为激活值，它能决定感受野区域内的这一特征能否被激活并传递到下一层。

下面以水平和垂直边缘检测为例进行说明。如图 11.11 所示，对 Lena 图片分别使用卷积核 G_x 和 G_y 进行图像卷积操作。可以看到使用不同的卷积核对图像进行卷积会产生不同的结果，G_x 能够检测水平方向的图像信息，而 G_y 能够检测垂直方向的图像信息。

$$G_x=\begin{bmatrix}-1 & 0 & 1\\ -2 & 0 & 2\\ -1 & 0 & 1\end{bmatrix},\quad G_y=\begin{bmatrix}1 & 2 & 1\\ 0 & 0 & 0\\ -1 & -2 & -1\end{bmatrix}$$

图 11.11　分别使用不同的卷积核对 Lena 图片进行卷积操作，从左到右依次为 Lena 原图，使用卷积核 G_x 和 G_y 的卷积结果

11.3.3　深度卷积神经网络结构的发展

自 1998 年最初的 LeNet－5 之后，深度学习沉寂了一段时间。但是从 2012 年至今，卷积神经网络的结构不断出新，分类性能也不断提高。突破原因可以概况为两点：

(1) 数据：之前的网络并没有大规模的数据来进行充分的训练，但是随着 ImageNet 等数据集(见图 11.12)的出现，这一情况发生了变化。

(2) 计算：之前的网络受限于硬件设备的运算性能，无法进行大规模的训练，而现在有了性能强大的 GPU 加速。

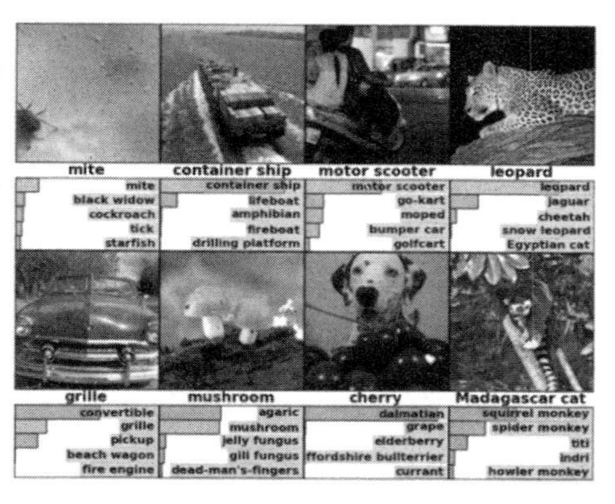

图 11.12　ImageNet 数据集

ImageNet 竞赛全称是 IMAGENET Large Scale Visual Recognition Challenge (ILSVRC)。从 2010 年开始，每年都举办 ILSVRC 图像分类和目标检测大赛，2017 年是最后一届。ImageNet 是目前深度学习图像领域应用广泛的一个数据集，关于图像分类、定位、检测等研究工作大多基于该数据集展开，其后的很多不同任务的网络都使用基于 ImageNet 数据训练的分类模型的权重作为初始化权重，在加快算法收敛的同时，提升性能。ImageNet 数据集中有 1400 多万幅图片，涵盖 2 万多个类别，其中超过百万的图片有明确的类别标注和物体位置的标注。

1. AlexNet

2012 年，Hinton 的学生 Alex Krizhevsky 提出的 AlexNet，获得当年 ImageNet 竞赛的冠军。他们训练了一个大型的深度卷积神经网络，在测试数据上，实现了前 1 位和前 5 位错误率分别为 37.5%和 17.0%，明显优于之前的结果。该神经网络有 6000 万个参数和 65 万个神经元，由 5 个卷积层组成，其后连接最大池化层，以及 3 个全连接层，最后是 1000 路 Softmax。为了使训练更快，使用了非饱和神经元和非常有效的 GPU 版卷积运算。为了减少全连接层的过拟合，采用了一种适用于卷积神经网络的正则化方法，称为 Dropout，它被证明是非常有效的。AlexNet 的总体结构跟 LeNet - 5 相似，但是有以下改进：

(1) 由五个卷积层和三个全连接层组成，输入图像为 RGB 图像，尺寸为 224×224，网络规模远大于 LeNet - 5。

(2) 采用 ReLU 激活函数。

(3) 采用 Dropout 作为正则化手段来防止网络加深带来的过拟合问题，提升模型的鲁棒性。

(4) 还有一些训练的技巧，例如数据增强、学习率策略、权重衰减等

AlexNet 在训练过程中，使用 3 GB 的显卡，因为一块显卡不足以承担整个模型的参数量，所以将整个模型分为上下两个部分，如图 11.13 所示，分别放在不同的显卡上进行并行运算。随着硬件提升，现在 AlexNet 完全可以只利用一块显卡，不需要再拆分模型，但是作者提出的卷积分组思想也启发了一些新型网络结构。

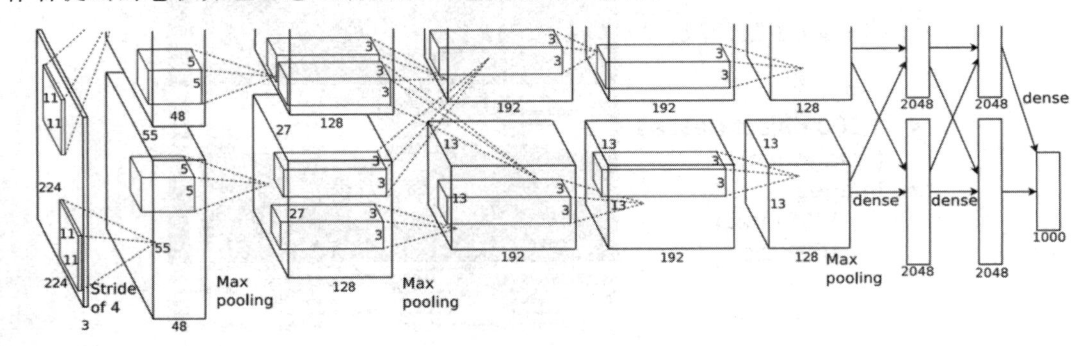

图 11.13　AlexNet 网络结构图

2. VGG

来自英国牛津大学的学者研究了卷积网络的深度在大尺度图像识别环境下对其精度的影响。使用非常小的(3×3)卷积核(因为两个 3×3 的感受野相当于一个 5×5 的感受野，同时参数量更少，如图 11.14 所示，之后的网络都基本遵循这个范式)将网络深度增加到 16～19 层，将显著改善性能。VGG 在 2014 年 ImageNet 竞赛中的定位和分类赛道上分别获得了第一和第二名。VGG 的网络结构图如图 11.15 所示。

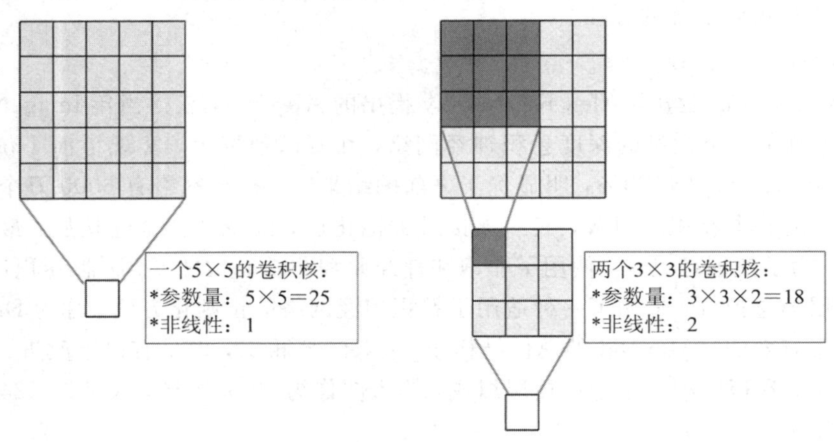

图 11.14　两种卷积核的对比图

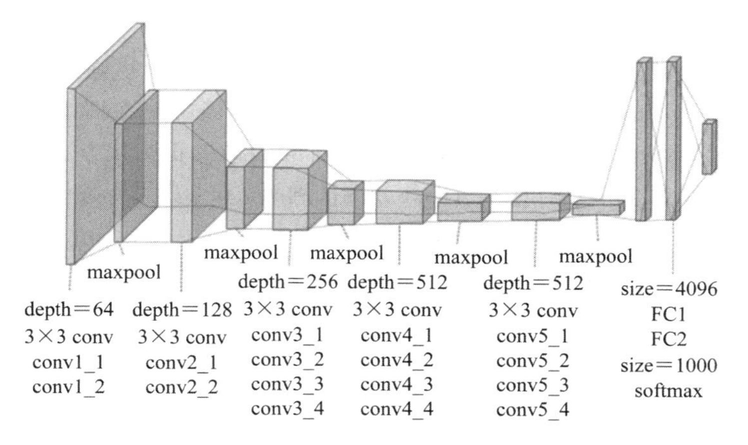

图 11.15　VGG-19 网络结构图

3．GoogLeNet 系列

GoogLeNet(也称为 Inception V1)由 Google 提出，在 ImageNet 2014 的比赛中取得分类任务的第一名，Top-5 错误率为 6.67%。GoogLeNet 的网络深度达到了 22 层，参数量减少到 AlexNet 的 1/12。其主要创新是 Inception 机制，即对图像进行多尺度处理，大幅度减少了模型的参数数量。其做法是将多个不同尺度的卷积核和池化层进行整合，形成一个 Inception 模块。其后 Inception 网络不断吸收优秀的网络设计理念，家族从版本 V1 发展到了 V4。

Inception V1 采用如图 11.16 的模块，该模块由 3 组卷积核以及一个池化单元组成，它们共同接受来自前一层的输入图像(特征)，有三种尺寸的卷积核，以及一个最大池化(Max Pooling)操作，它们并行地对输入图像进行处理，然后将输出结果按照通道拼接起来。从理论上讲，Inception 模块的目标是用尺寸更小的矩阵来替代大尺寸的稀疏矩阵，用一系列小的卷积核来替代大的卷积核，从而保证二者有近似的性能。

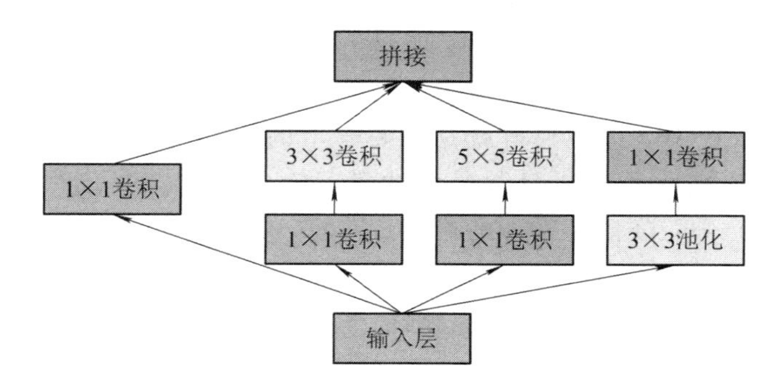

图 11.16　Inception 模块示意图

Inception V2 参考了 VGG 的设计，用两个 3×3 的卷积代替 5×5 的卷积，在降低参数的同时建立了更多的非线性变换，使得 CNN 对特征的学习能力更强；另外提出了著名的批标准化方法(Batch Normalization，BN)，传统的深度神经网络在训练时，每一层的输入的分布都在变化，导致训练变得困难。BN 是一个非常有效的正则化方法，可以让大型卷积网络的训练速度加快很多倍，同时大幅提高分类准确率。BN 在用于神经网络某层时，会对每一个批次数据进行标准化(Normalization)处理，使输出规范化到标准正态分布。

Inception V3 将一个较大的二维卷积拆成两个较小的一维卷积，比如将 7×7 卷积拆成 1×7 卷积和 7×1 卷积。这种做法节约了大量参数，能够加速运算并减小了模型过拟合的风险。这种非对称的卷积结构拆分，其结果比对称地拆为几个相同的小卷积核效果更好，可以处理更多、更丰富的空间特征，增加了特征多样性。而 Inception V4 主要是在 V3 的基础上结合了 ResNet，将错误率进一步减少到 3.08%。

4. ResNet

对于许多的计算机视觉任务来说，特征表示的深度至关重要。而网络层数加深带来的副作用是训练过程中容易过拟合，使得分类正确率达到饱和后下降。

残差网络(Residual Network)用跨层连接(Shortcut Connections)拟合残差项(Residual Representations)的手段来解决深层网络难以训练的问题，将网络的层数推广到前所未有的规模，作者在 ImageNet 数据集上使用了一个 152 层的残差网络，深度是 VGG 网络的 8 倍但复杂度却更低，在 ImageNet 测试集上达到 3.57%的 Top-5 错误率，这个结果赢得了 ImageNet 2015 分类任务的第一名，也成为现在众多网络的基础架构。

对于过拟合问题，通过例如批标准化的技术很大程度上可以缓解，而对于正确率退化问题的研究较少，而 ResNet 正是着眼于此。一个较浅的网络达到最优的正确率之后，考虑在网络后面加入几个 $\boldsymbol{y}=\boldsymbol{x}$ 的全等映射，分类误差应该不会上升，这种通过全等映射直接将浅层拷贝并传入深层的做法，正是 ResNet 的核心思想。如图 11.17 所示，将输入表示为 $\boldsymbol{x}$，期望输出表示为 $H(\boldsymbol{x})$，用堆叠的非线性层来拟合另一个映射 $F(\boldsymbol{x})=H(\boldsymbol{x})-\boldsymbol{x}$，这个映射就是需要学习的目标。ResNet 不再学习一个完整的输出 $H(\boldsymbol{x})$，而去学习输入与输出之间的残差 $H(\boldsymbol{x})-\boldsymbol{x}$，降低了学习的难度。另外，信息在层间传递时，存在损耗问题。通过将浅层信息传入深层在某种程度上解决了这个问题，保证信息的完整性。

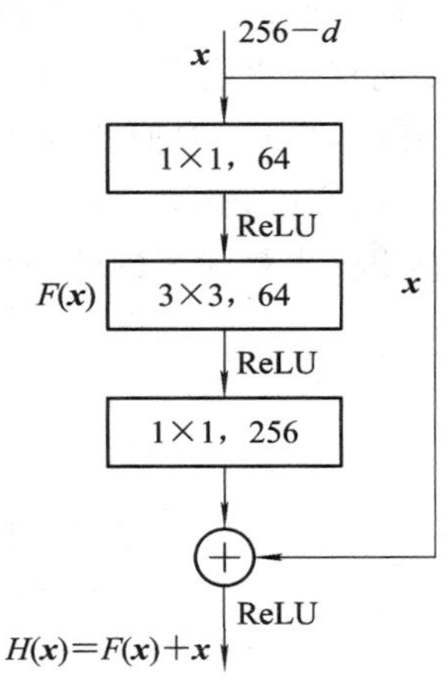

图 11.17　跨层连接示意图

5. DenseNet

DenseNet 顾名思义，是一种具有密集连接的卷积神经网络，继承发扬了 ResNet 的思想。在该网络中，如图 11.18 所示，任何两层之间都有直接的连接，即网络每一层的输入均是前面所有层输出的并集，而该层所学习的特征图被直接传给其后面所有层作为输入，数据聚合采用的是拼接而非 ResNet 中的相加。这种连接方式使得参数更少，特征和梯度的传递更加有效，网络也更加容易训练。在达到相同准确率的情况下，DenseNet 所需的参数和浮点操作数远小于 ResNet。

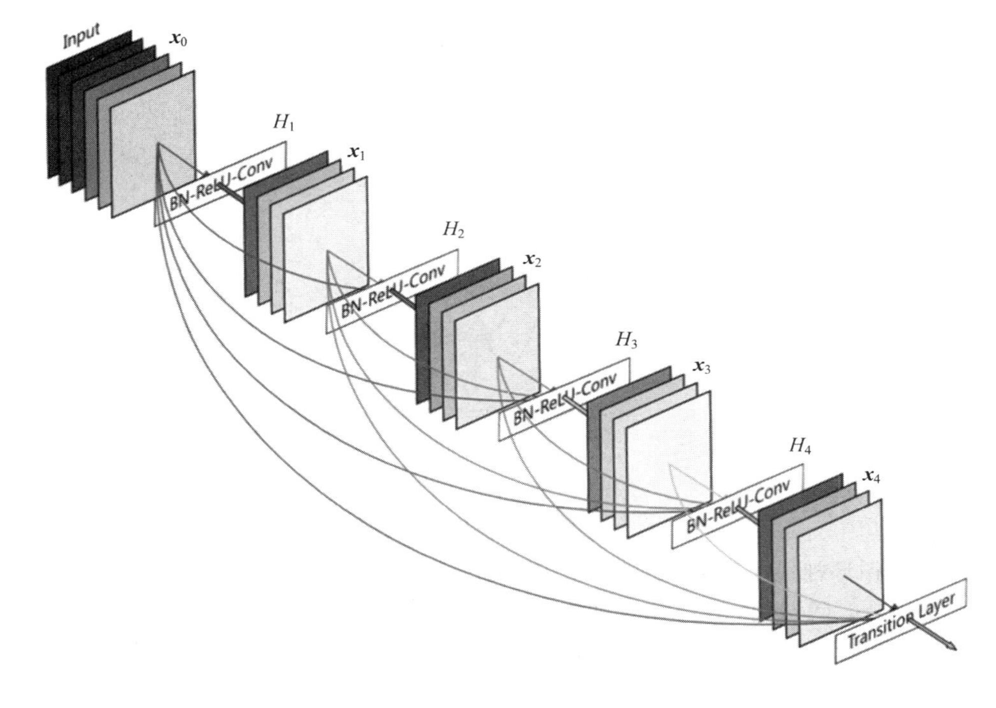

图 11.18　DenseNet 网络结构图

11.4　深度循环神经网络

在传统的神经网络中，一般认为所有的输入彼此之间是相互独立的，但是对于某些任务这种思想并不适合，如想预测一句话的下一个词语，最好可以知道之前的词语，这时传统的神经网络就出现了障碍，循环神经网络(Recurrent Neural Networks，RNN)就是针对这类问题而设计的。RNN 在处理当前数据时，会考虑前面已经出现过的数据信息，输出依赖于之前的计算。序列数据具有明显的特点，其前后之间具有很强的关联性，前面出现的数据对后面的数据是有影响的。RNN 是一种具有记忆功能的网络，记忆可以捕获目前位置已经出现的信息，十分适用于处理序列数据，而且循环神经网络可以拓展到更长的序列甚至可变序列。

11.4.1 循环神经元

传统的神经网络大部分都是前馈神经网络，这些网络的激活一般都是单方向的，即从输入层流向输出层。循环神经网络与前馈神经网络很相似，但其最大的特点是具有反向连接性。我们首先来分析一个循环神经元。如图 11.19(a)所示，是一个最简单的 RNN 模型。

这个简单的 RNN 仅由一个循环神经元组成，它接收输入，然后通过隐层产生一个输出，再将输出返回给神经元。在每一个时间迭代 t，这个循环神经元接收输入 $\boldsymbol{x}_{(t)}$ 以及上一个时间迭代的神经元的输出 $\boldsymbol{y}_{(t-1)}$，这里的输入为向量，输出为标量。我们将这个循环神经元按照时间轴来展开，这种方式可以被称作按照时间展开网络，如图 11.19(b)所示。

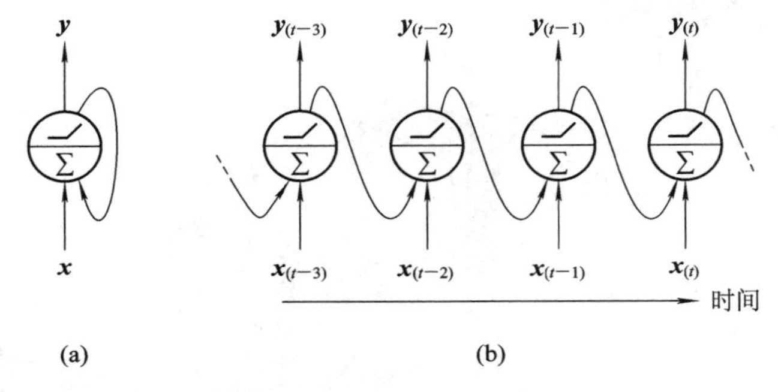

图 11.19　单个循环神经元

在单独的循环神经元的基础上，我们可以很容易地创建一层循环神经元，如图 11.20 所示。在每一个时间迭代 t 处，每个神经元同时接收输入向量 $\boldsymbol{x}_{(t)}$ 和前一个时间迭代的输出向量 $\boldsymbol{y}_{(t-1)}$。与单个神经元不同的是，这时的输入和输出都是向量形式。

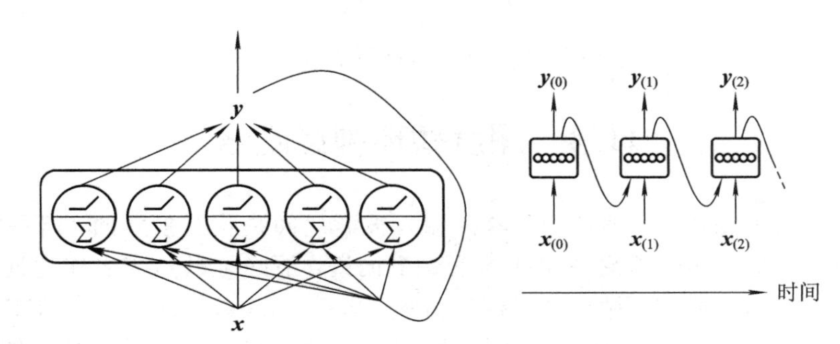

图 11.20　单层循环神经元

在单层的循环神经元中，对于每个神经元，都有两个输入，因此也具有两个权重，一个是输入 $\boldsymbol{x}_{(t)}$ 的权重，另一个是来自前一个时间迭代的输出 $\boldsymbol{y}_{(t-1)}$ 的权重。我们将这两个权重分别记作 $\boldsymbol{w}_x$ 和 $\boldsymbol{w}_y$。

因此，我们可以表示出单个样本的单个循环神经网络的输出：

$$\boldsymbol{y}_{(t)} = \phi(\boldsymbol{x}_{(t)}^{\mathrm{T}} \cdot \boldsymbol{w}_x + \boldsymbol{y}_{(t-1)}^{T} \cdot \boldsymbol{w}_y + b) \tag{11.6}$$

其中，$\boldsymbol{y}_{(t)}$是时间迭代 t 的输出，$\boldsymbol{x}_{(t)}$是时间迭代 t 的输入，$\boldsymbol{y}_{(t-1)}$是前一个时间迭代 t 的输出，b 是偏置项，$\phi(\cdot)$是激活函数，如 ReLU 函数等。

对于多个输入，或者说一个小批次的输入，与一般前馈神经网络类似，可以计算整个小批次网络的整层输出如下：

$$\boldsymbol{Y}_{(t)} = \phi(\boldsymbol{X}_{(t)} \cdot \boldsymbol{W}_x + \boldsymbol{Y}_{(t-1)} \cdot \boldsymbol{W}_y + \boldsymbol{b}) \tag{11.7}$$

其中，$\boldsymbol{Y}_{(t)}$是一个 $m \times n_{\text{neurous}}$ 的矩阵，它包含了时间迭代 t 上的一个小批次中每个样本的一层的输出。m 是一个小批次中样本的个数，n_{neurous} 是这层循环神经元的数量。$\boldsymbol{X}_{(t)}$ 是一个 $m \times n_{\text{inputs}}$ 的矩阵，即所有样本输入，n_{inputs} 是样本特征的数量。$\boldsymbol{W}_x$ 是一个 $n_{\text{inputs}} \times n_{\text{neurous}}$ 的矩阵，代表当前时间迭代输入的连接权重。$\boldsymbol{W}_y$ 是一个 $n_{\text{neurous}} \times n_{\text{neurous}}$ 的矩阵，代表前一个时间迭代输出的连接权重。$\boldsymbol{b}$ 是一个大小为 n_{neurous} 的向量，即所有神经元的偏置项。我们可以进一步将输出 $\boldsymbol{Y}_{(t)}$ 写作

$$\boldsymbol{Y}_{(t)} = \phi([\boldsymbol{X}_{(t)} \quad \boldsymbol{Y}_{(t-1)}] \cdot \boldsymbol{W} + \boldsymbol{b}) \tag{11.8}$$

其中，$\boldsymbol{W} = [\boldsymbol{W}_x \quad \boldsymbol{W}_y]^{\mathrm{T}}$ 是一个大小为 $(n_{\text{inputs}} + n_{\text{neurous}}) \times n_{\text{neurous}}$ 的矩阵，代表权重 $\boldsymbol{W}_x$ 和 $\boldsymbol{W}_y$ 的连接。

可以看出，$\boldsymbol{Y}_{(t)}$ 是关于 $\boldsymbol{X}_{(t)}$ 和 $\boldsymbol{Y}_{(t-1)}$ 的函数，而 $\boldsymbol{Y}_{(t-1)}$ 又是关于 $\boldsymbol{X}_{(t-1)}$ 和 $\boldsymbol{Y}_{(t-2)}$ 的函数，以此类推。当 $t=0$ 时，$\boldsymbol{Y}_{(t)}$ 是一个关于所有输入的函数，即是关于 $\boldsymbol{X}_{(0)}, \boldsymbol{X}_{(1)}, \boldsymbol{X}_{(2)}, \cdots, \boldsymbol{X}_{(t)}$ 的函数。

11.4.2 RNN 网络

单个循环神经元或者单层的循环神经元是非常基本的单元，它在时间迭代 t 的输出是之前所有时间迭代的输入的函数，我们可以将它看作是一种形式的记忆，因此，由这些循环神经元所组成的 RNN 是一种具有记忆功能的网络。RNN 具有许多种形式。

RNN 可以将一个序列作为输入，并且同时输出一个序列，如图 11.21 所示。这样的网络模型可以用于预测股票的价格等。比如输入过去 N 天的价格，网络可以预测出未来一天的价格。

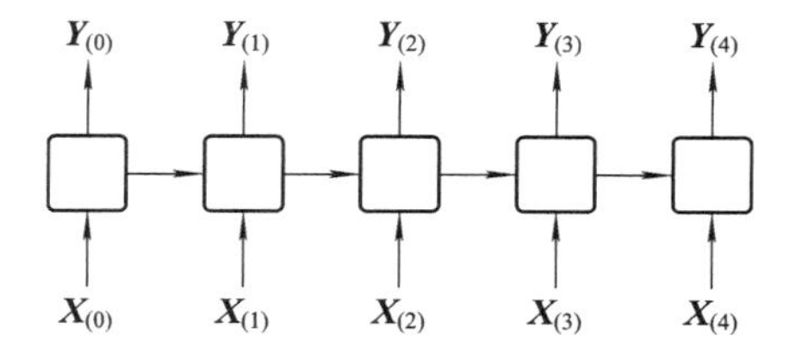

图 11.21 序列到序列

此外，我们可以将序列作为输入，忽略除了最后一个输出以外的所有输出，这样可以得到一个从序列输入到向量输出的网络，如图 11.22 所示。

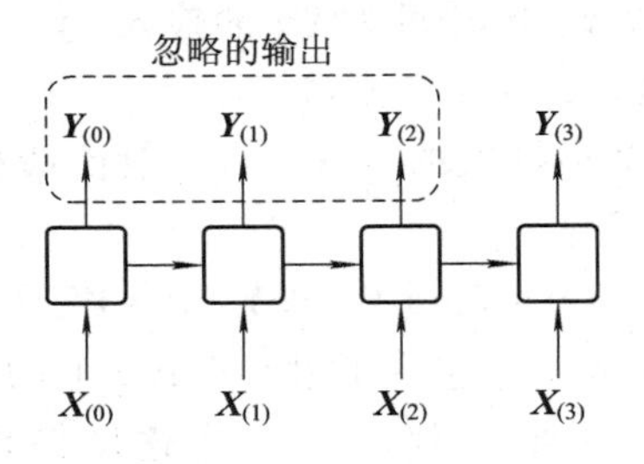

图 11.22　序列到向量

与序列到向量的网络相反，我们也可以在第一个时间迭代输入单一样本，其他输入均为 0，而输出一个序列，如图 11.23 所示。例如，我们希望输入一幅图像而得到这幅图像的标题。

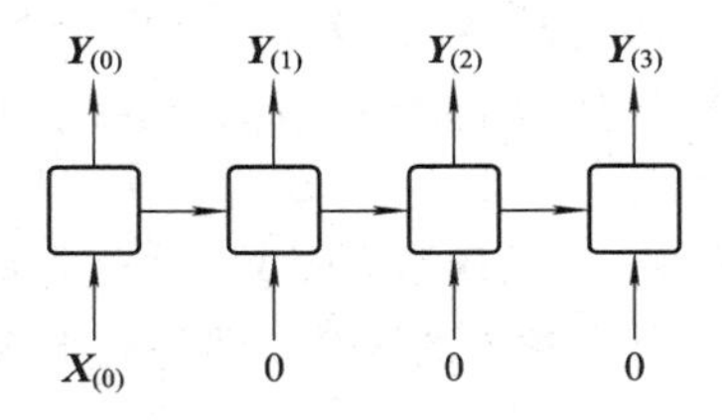

图 11.23　向量到序列

还有一种较为复杂的网络结构，如图 11.24 所示。其中包括一个从序列到向量的编码器网络和一个从向量到序列的解码器网络。这种网络应用广泛，如可以用来将一句话从一种语言翻译成另外一种语言。网络输入一种语言的句子，编码器首先将这句话转换为单个向量的表示，之后再由解码器将这些向量解码成另外一种语言的句子。在这类问题上，该网络相比上述的序列到序列的网络有很大改进。

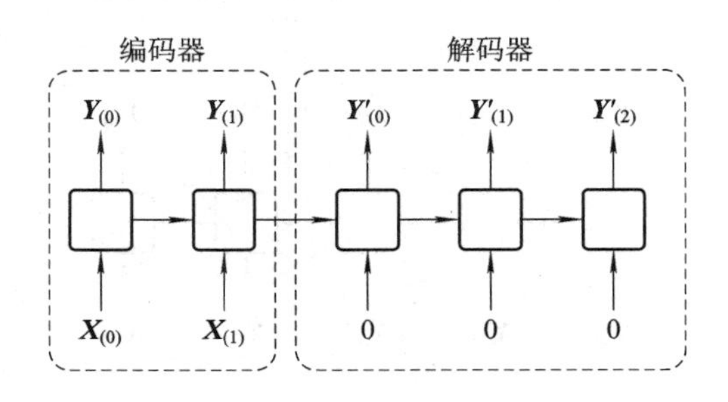

图 11.24　编码器-解码器网络

由于 RNN 网络与普通的神经网络结构有着明显的不同，因此在训练方式上也存在着差异。训练一个 RNN 网络的关键在于，首先要对网络按照时间展开，然后再使用反向传播技术，将这种策略称为基于时间的反向传播(Back Propagation Through Time，BPTT)。过程如图 11.25 所示。

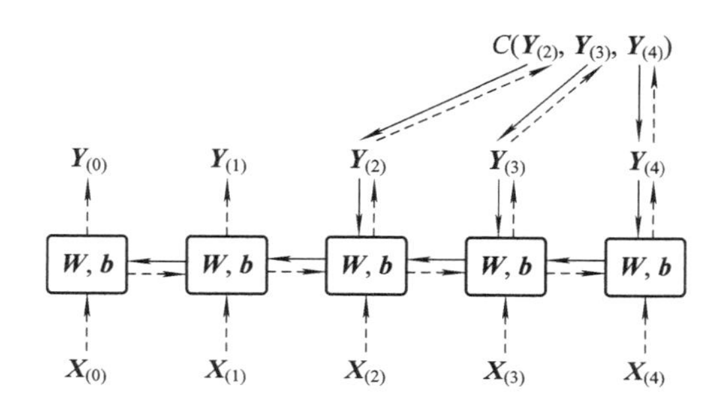

图 11.25　基于时间的反向传播

首先，将一个 RNN 网络按时间展开，按照图中虚线所示进行正向传播，并用一个损失函数 $C(\boldsymbol{Y}_{(t_{\min})}, \boldsymbol{Y}_{(t_{\min}+1)}, \cdots, \boldsymbol{Y}_{(t_{\max})})$ 来对网络的输出进行评估，其中，$t_{\min}$和 $t_{\max}$代表了第一个和最后一个时间迭代，然后沿着图中实线采用损失函数的梯度进行反向传播，最后使用梯度计算的值来对网络参数进行更新，图中损失函数使用的是网络的最后三个输出 $\boldsymbol{Y}_{(2)}$，$\boldsymbol{Y}_{(3)}$，$\boldsymbol{Y}_{(4)}$ 进行计算，并未使用 $\boldsymbol{Y}_{(0)}$，$\boldsymbol{Y}_{(1)}$，所以梯度也不通过这两个输出进行流动。

对于很多任务，单层的 RNN 显然是不够的，这时，常见做法是将神经元进行堆叠，从而形成多层循环神经元组成的 RNN 网络，即深度 RNN 网络。如图 11.26 所示，是一个三层的 RNN 网络。

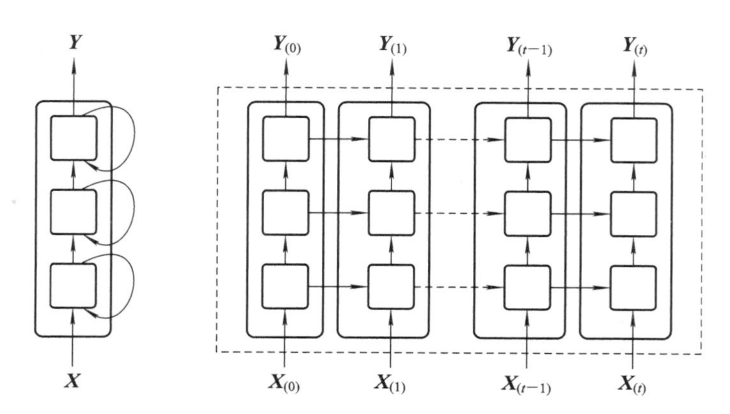

图 11.26　深度 RNN

对于一个很长的序列来说，RNN 需要训练很多个时间迭代，这就使展开的 RNN 成为了一个非常深的网络。和其他深度网络一样，可能会遇到许多问题，比如梯度消失、梯度爆炸等，对于 RNN 来说，最普遍和最简单的解决办法是，训练期间仅仅在有限的时间迭代上进行展开，这种策略被称为时间截断反向传播，但是这也导致模型无法学习长期的模式。除此之外，长序列的 RNN 还可能面临记忆衰退的问题，即在过一段时间后，网络刚开始输入的记忆已经消失，这对训练有着很大的影响。为了解决这个问题，引入了一些其他类型的长期记忆单元，比如 LSTM 等。

11.4.3 LSTM 网络

长短时记忆网络(Long Short Term Memory，LSTM)是一种时间递归神经网络，适用于处理和预测时间序列中间隔和延迟相对较长的重要事件。LSTM 的出现解决了 RNN 网络中记忆衰退的问题。基于 LSTM 的系统可以完成语言翻译、机器人控制、图像分析、文档摘要、语音识别、图像识别、疾病预测、点击率和股票预测、音乐合成等任务。

LSTM 与 RNN 的区别在于，它在算法中加入了一个判断信息有用与否的“处理器”，这个处理器作用的结构被称为 Cell。一个 Cell 中放置了三扇门，分别叫作输入门、遗忘门和输出门。一个信息进入 LSTM 的网络中，可以根据规则来判断是否有用。只有符合算法认证的信息才会被留下，不符合算法认证的信息则通过遗忘门被遗忘。现已证明，LSTM 是解决长序依赖问题的有效技术，并且这种技术的普适性非常高，因此该技术带来的可能性变化非常多。

在标准 RNN 中，这个重复的结构模块只有一个简单的结构，例如一个 Tanh 层，如图 11.27 所示。

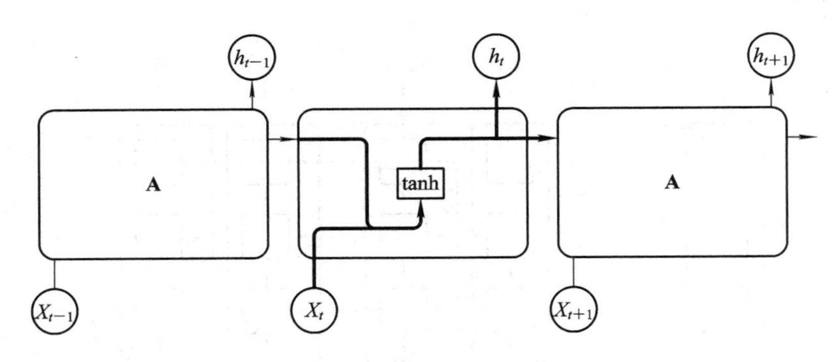

图 11.27 标准 RNN

RNN 只是把上一次的状态当成本次的输入。而 LSTM 在状态的更新和状态是否参与输入都做了灵活的选择，具体选什么，则一起交给神经网络的训练机制来训练。LSTM 的结构如图 11.28 所示。

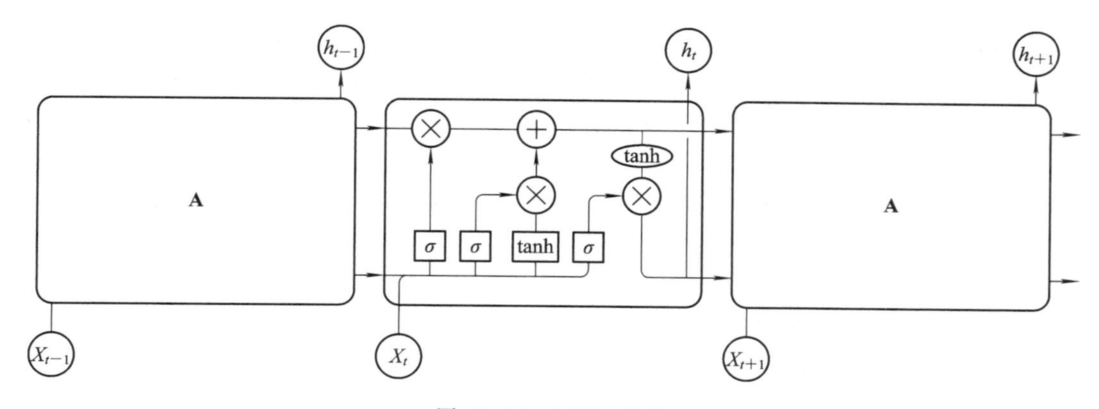

图 11.28 LSTM 结构

在图 11.28 中，每一条直线传输整个向量，从一个节点的输出到其他节点的输入。圆圈代表逐点的操作，诸如向量的和，长方形矩阵是学习到的神经网络层。合在一起的线表示向量的连接，分开的线表示内容被复制，然后分发到不同的位置。图例中各形状代表含义如图 11.29 所示。

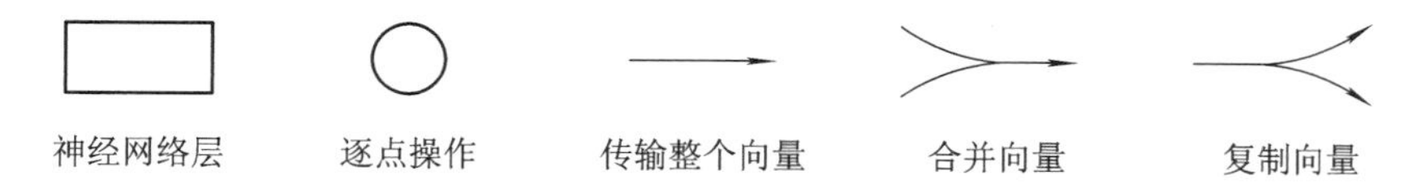

图 11.29 图例中形状代表

LSTM 的关键在于整个 Cell 的状态和穿过 Cell 的水平线。Cell 状态类似于传送带，直接在整个网络上运行，只有一些少量的线性交互。信息在上面流动保持不变会很容易。LSTM 的 Cell 如图 11.30 所示。

若上面矩阵中的水平线无法实现添加或者删除信息，则添加信息主要通过门(Gates)的结构来实现，如图 11.31 所示。门可以实现选择性地让信息通过，主要可通过一个 Sigmoid 的神经层和一个逐点相乘的操作来实现。

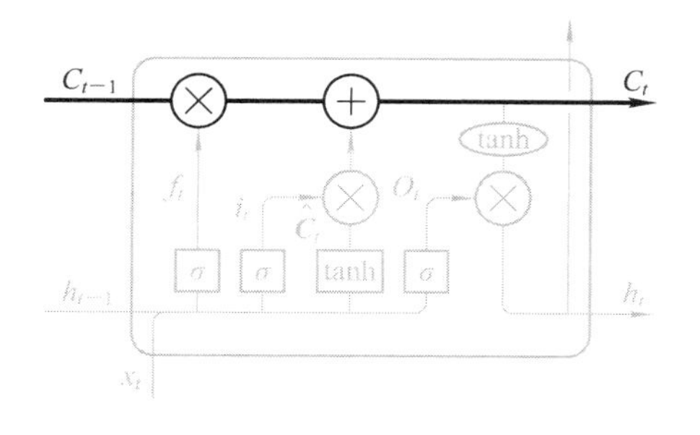

图 11.30 LSTM 的 Cell

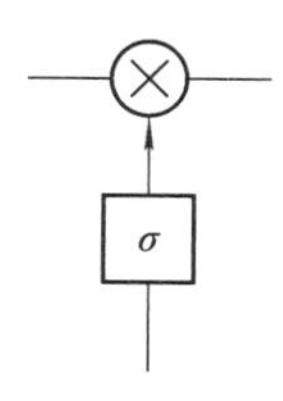

图 11.31 门结构

Sigmoid 层输出(是一个向量)的每个元素都是在 0 和 1 之间的实数，表示对应信息通过的权重(或者占比)，例如，0 表示“禁止任何信息通过”，1 表示“所有信息通过”。LSTM 通过三个这样的结构来实现信息的保护和控制。这三个门分别为输入门、遗忘门和输出门。

1）遗忘门

在 LSTM 中的第一步是决定我们从细胞状态中丢弃什么信息。这个决定通过遗忘门完成。该门会读取 h_{t-1} 和 $\boldsymbol{x}_t$，输出一个在 0 到 1 之间的数值给每个在细胞状态 C_{t-1} 中的数字。1 表示“完全保留”，0 表示“完全舍弃”。在这个问题中，细胞状态可能包含当前主语的性别，因此正确的代词可以被选择出来。当我们看到新的主语时，希望忘记旧的主语。图 11.32 是遗忘门的结构。

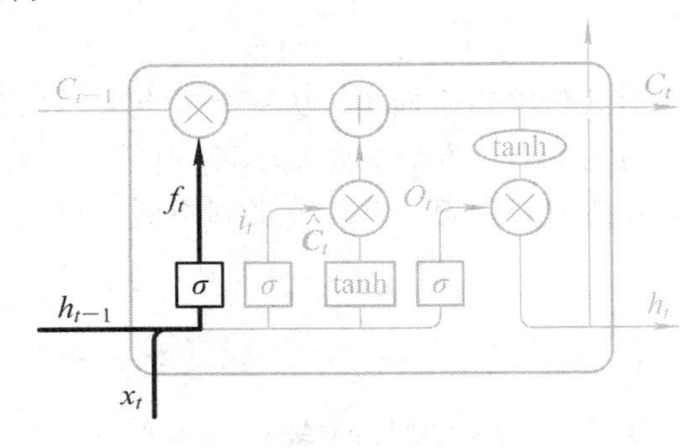

图 11.32　遗忘门

遗忘门的输出 f_t 计算公式为

$$f_t = \sigma(W_f \cdot [h_{t-1}, \boldsymbol{x}_t] + b_f) \tag{11.9}$$

其中，h_{t-1} 表示上一个 Cell 的输出，$\boldsymbol{x}_t$ 表示当前细胞的输入，σ 表示 Sigmod 函数。

2）输入门

输入门的功能可以分成两部分，如图 11.33 所示。一部分是找到那些需要更新的细胞状态，另一部分是把需要更新的信息更新到细胞状态中。其中 tanh 层就是要创建一个新的

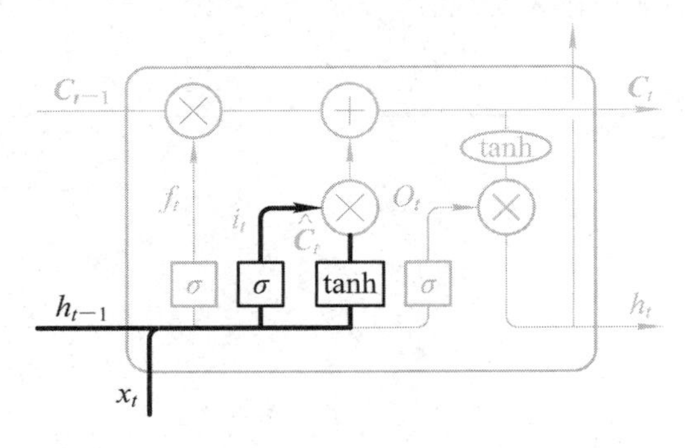

图 11.33　输入门

细胞状态值向量 $\boldsymbol{C}_t$，然后将其加入到状态中。当 Cell 状态完成“遗忘”后，下一步是决定让多少新的信息加入到 Cell 状态中来。第一步，构建输入门的 Sigmoid 层(决定哪些信息需要更新)和 tanh 层(用来生成更新内容向量 $\hat{\boldsymbol{C}}_t$)；第二步，将第一步中构建的两个层联合起来，对 Cell 的状态进行更新。

$$i_t = \sigma(\boldsymbol{W}_i \cdot [h_{t-1}, \boldsymbol{x}_t] + b_i) \tag{11.10}$$

$$\hat{\boldsymbol{C}}_t = \tanh(\boldsymbol{W}_C \cdot [h_{t-1}, \boldsymbol{x}_t] + b_C) \tag{11.11}$$

式(11.10)和式(11.11)中 h_{t-1} 表示的是一个细胞的输出，$\boldsymbol{x}_t$ 表示的是当前细胞的输入，σ 表示 Sigmoid 函数。

接下来更新旧细胞状态，如图 11.34 所示。$\boldsymbol{C}_{t-1}$ 更新为 $\boldsymbol{C}_t$。我们把旧状态 $\boldsymbol{C}_{t-1}$ 与 f_t 相乘，丢弃信息，接着加上 $i_t * \hat{\boldsymbol{C}}_t$ 使细胞状态获得新的信息，这样就完成了细胞状态的更新，即

$$\boldsymbol{C}_t = f_t * \boldsymbol{C}_{t-1} + i_t * \hat{\boldsymbol{C}}_t \tag{11.12}$$

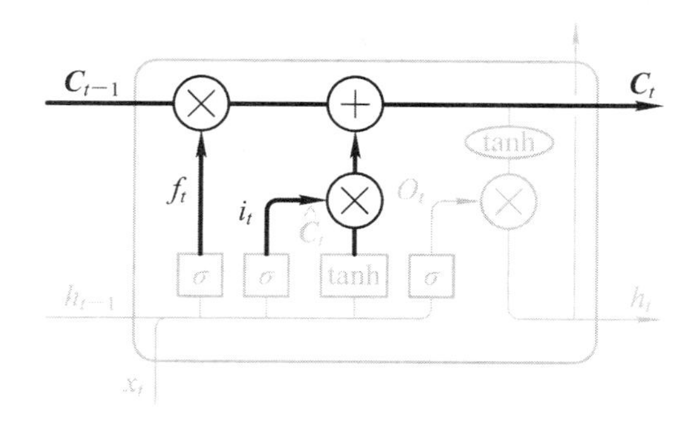

图 11.34　更新旧 Cell 状态

式(11.12)中将旧状态 $\boldsymbol{C}_{t-1}$ 与 f_t 相乘，丢弃不必要的信息，再加上由更新状态的程度进行变化的新的候选值 $i_t * \hat{\boldsymbol{C}}_t$。

3) 输出门

在输出门(见图 11.35)中，通过一个 Sigmoid 层来确定哪部分的信息将输出，接着对细胞状态通过 tanh 进行处理并将它和 Sigmoid 门的输出相乘，得到最终输出部分，即

$$O_t = \sigma(\boldsymbol{W}_o[h_{t-1}, \boldsymbol{x}_t] + b_o) \tag{11.13}$$

$$\boldsymbol{C}_t h_t = O_t * \tanh(\boldsymbol{C}_t) \tag{11.14}$$

式(11.13)中的 h_{t-1} 表示上一个细胞的输出，$\boldsymbol{x}_t$ 表示当前细胞的输入，σ 表示 Sigmoid 函数，O_t 为确定输出的信息。式(11.14)中将确定输出的信息 O_t 与细胞状态 $\boldsymbol{C}_t$ 相乘得到输出。

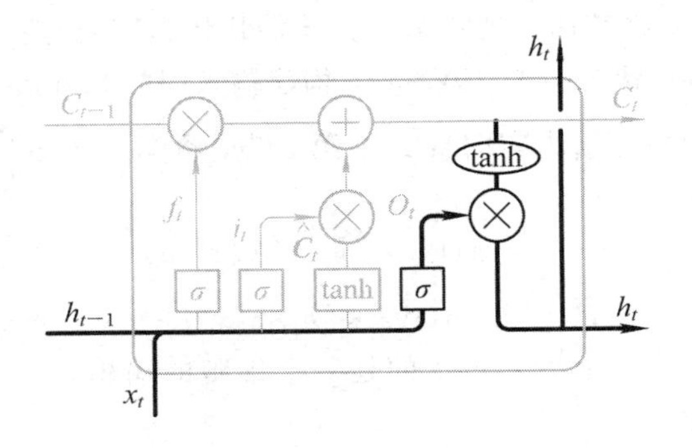

图 11.35　输出门

11.4.4　循环网络应用

深度循环和递归神经网络在自然语言处理领域取得了诸多成果，例如情感分析、机器翻译和问答系统等。和传统方法相比，深度循环和递归神经网络的重要特点是采用向量表示各种级别的元素，传统方法采用很精细的方法标注，而深度神经网络采用向量表示单词、短语、逻辑表达式和句子，然后通过搭建多层神经网络自主学习。

深度循环神经网络已经被成功用于自然语言处理，如语句合法性检查、词向量表达、词性标注等。在循环神经网络中，目前使用最广泛的、最成功的模型是长短时记忆神经网络，该模型通常比 RNN 能够更好地表达对长短时的依赖。下面对几种应用任务做简要分析。

1）机器翻译

机器翻译类似于语言模型，输入是一个源语言的词序列(例如，德语)，我们想输出一个目标语言的词序列(例如，英语)。不同语种的区别导致输出只能在计算机获取整个输入语句之后开始，因为翻译句子的第一个词可能需要从整个输入句子获取信息，如图 11.36 所示。

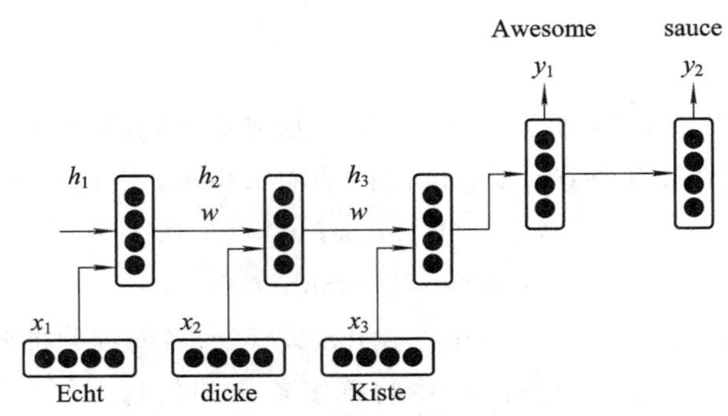

图 11.36　LSTM 应用于机器翻译

2）语音识别

语音识别是指给定一段声音信号，预测该声音信号对应的某种指定源声音的语句以及该语句的概率值。

3）语言模型和文本生成

给定一个词序列，我们想要预测每个词在给定前面的词的条件概率。语言模型能够度量一个句子的可能性，这是机器翻译的重要输入(高概率的句子通常是正确的)。通过预测下一个词的输出可以得到一个生成模型，这允许我们通过在输出概率中采样来生成下一个文本。借助于训练数据，可以生成各种类型的文本。在语言模型中，输入通常是一个词序列(例如，编码 One-Hot 向量)，输出是待预测的词序列。当训练网络时，设置 $O_t=\boldsymbol{x}_{t+1}$，这样就能得到时刻 t 的输出为正确的下一个词。

4）图像描述生成

和卷积神经网络一样，循环神经网络也在无标注图像描述自动生成中得到应用。将卷积神经网络与循环神经网络结合，图像描述可自动生成，该组合模型能够根据图像的特征生成描述。

11.5 生成对抗网络

11.5.1 概述

生成对抗网络(Generative Adversarial Net，GAN)由 Ian Goodfellow 于 2014 年提出，它是一种无监督模型，可以用于解决按文本生成图像、提高图像分辨率、药物匹配、检索特定模式等任务。GAN 同时训练两个模型，通过两种模型间的对抗训练方式来估计生成模型分布。

11.5.2 基本思想

GAN 模型的优化过程是一个“二元极小极大博弈(minmax Two-Player Game)”问题，博弈方分别由生成模型 G 和判别模型 D 充当。生成模型 G 捕捉样本数据的分布，判别模型是一个二分类器，估计一个样本来自于训练样本(而非生成样本)的概率。生成模型 G 和判别模型 D 一般都是非线映射函数，例如多层感知机、卷积神经网络等。

下面通过图 11.37 来讲述 GAN 训练的基本思想，图(a)是一个判别模型 D，当输入训练样本 $\boldsymbol{x}$ 时，期待输出高概率(接近 1)；图(b)下半部分是生成模型，输入是一些服从某一简单分布(例如高斯分布)的随机噪声 $\boldsymbol{z}$，输出是与训练样本相同尺寸的生成样本。向判别模型 D 输入生成样本，对于 D 来说期望输出低概率(判断为生成样本)，对于生成模型 G 来说要尽量“欺骗”D，使判别模型输出高概率(误判为真实训练样本)，从而形成竞争与对抗。

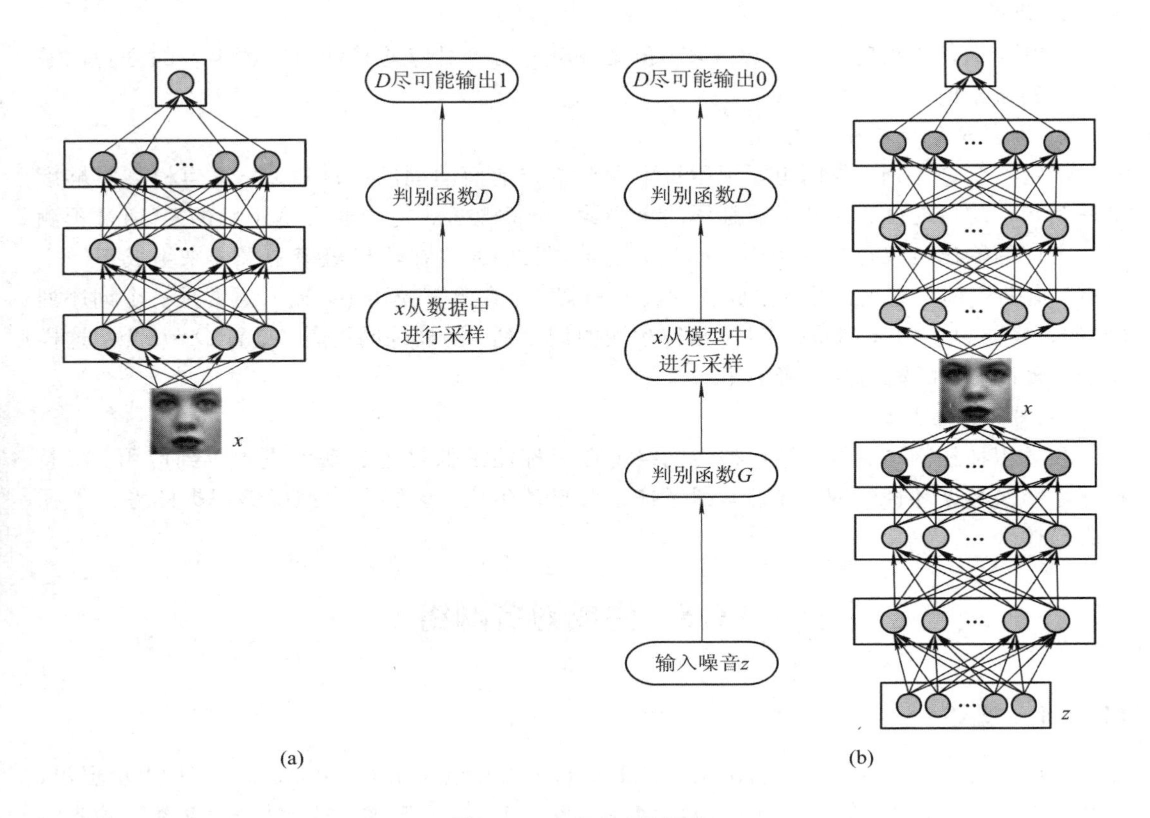

图 11.37　生成对抗网络

11.5.3　基本模型及训练过程

GAN 受博弈论中的零和博弈启发，将生成问题视作判别模型和生成模型这两个网络的对抗和博弈。GAN 模型没有损失函数，优化过程是一个“二元极小极大博弈”问题：

$$\min_G \max_D V(D, G) = E_{\boldsymbol{x} \sim P_{\text{data}(\boldsymbol{x})}}[\log D(\boldsymbol{x})] + E_{\boldsymbol{z} \sim P_{z(\boldsymbol{z})}}[\log(1 - D(G(\boldsymbol{z})))] \quad (11.15)$$

式(11.15)是关于判别模型 D 和生成模型 G 的价值函数(Value Function)，训练判别模型 D 最大概率地分对训练样本的标签(最大化 $\log D(\boldsymbol{x})$)，训练生成 G 最大化判别模型 D 的损失，即最小化 $\log(1-D(G(\boldsymbol{z})))$。训练过程中固定一个网络，更新另一个网络的参数，交替迭代，使得对方的错误最大化，最终，生成网络 G 能估测出训练样本的分布。生成模型 G 隐式地定义了一个概率分布 $P_g(x)$，希望 $P_g(x)$ 收敛到数据真实分布 $P_{\text{data}}(x)$。在任意函数 G 和 D 的空间，存在唯一解。此时生成模型 G 恢复了训练样本的分布，判别模型 D 均处等于 1/2。

11.5.4 GAN的优缺点及变体

与其他的生成模型相比，GAN 的优点有：

(1) GAN 是一种生成模型，相比于其他的生成模型，它只用到反向传播，而不需利用马尔可夫链进行反复采样，不需在学习过程中进行推断。

(2) 由实际结果推断，GAN 可以生成更清晰、锐利的图片。

(3) 不需要遵循任何种类的因式分解模型，对生成器和判别器的网络形式没有要求。

然而，在实际的应用中，GAN 也存在很多缺陷：

(1) 理论认为 GAN 应该在达到纳什平衡时有卓越的表现，但是目前并没有很好的方法可以达到纳什平衡。

(2) GAN 存在训练不稳定、梯度消失、模式崩溃(Model Collapse)的问题。

(3) GAN 不适合处理离散形式数据，比如文本。

GAN 是近期广受关注的机器学习方法之一，基于 GAN 的变体层出不穷，如条件生成对抗网络(Conditional Generative Adversarial Networks，CGAN)、深度卷积生成对抗网络(Deep Convolutional Generative Adversarial Networks)、信息最大化生成对抗网络(Interpretable Representation Learning by Information maximizing Generative Adversarial Networks，infoGAN)、最小二乘生成对抗网络(Least Squares Generative Adversarial Networks，LSGAN)、Wasserstein 生成对抗网络 (Wasserstein Generative Adversarial Networks，WGAN)等。下面针对原始 GAN 存在的问题进行了改进，简要介绍比较经典的几种模型。

1. CGAN

与其他的生成模型相比，GAN 不再要求一个假设的数据分布，而是直接使用一种分布进行采样，从而在理论上可以达到完全逼近真实数据。然而，由于 GAN 的建模方式太过自由，会导致模型的训练不可控。CGAN 提出了一种带条件约束的 GAN，在生成模型和判别模型中均引入了条件变量 y。CGAN 将额外信息 y 输送给判别模型和生成模型，作为输入层的一部分。这里条件变量 y 可以是类别标签或来自不同模态的数据等，用来指导数据生成。在生成模型中，先验输入噪声 P_z 和条件信息 y 组成了联合隐层表征。对抗训练框架在隐层表征的组成方式方面很灵活。与 GAN 类似，CGAN 的目标函数是带有条件概率的二人极小极大值博弈，即

$$\min_G \max_D V(D, G) = E_{x\sim P_{\text{data}}(x)}[\log D(\boldsymbol{x} \mid y)] + E_{z\sim P_z(z)}[\log(1 - D(G(\boldsymbol{z} \mid y)))] \tag{11.16}$$

CGAN 的网络框架如图 11.38 所示。

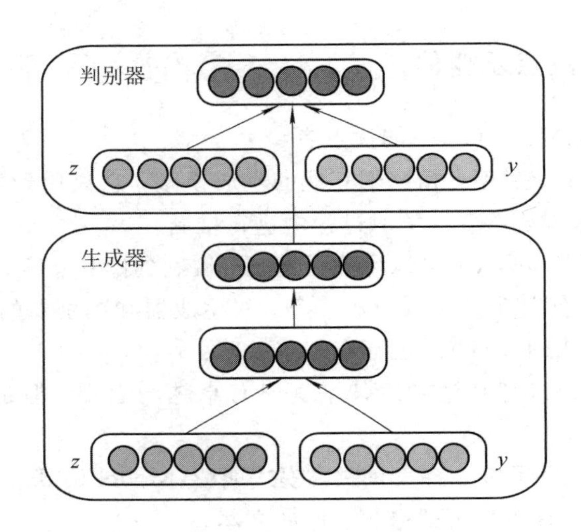

图 11.38　CGAN 的架构

2. DCGAN

将有监督学习的 CNN 架构扩展到 GANs 时会遇到困难，DCGAN 找到了一类结构，可以在多种数据集上稳定地训练，并且生成更高分辨率的图像，DCGAN 的结构如图 11.39 所示。相比于原始 GAN，DCGAN 主要有以下几点的改进：

（1）判别模型：使用带步长的卷积取代空间池化，允许网络学习自身的空间下采样，从而使得 GAN 的训练更加稳定和可控。

（2）生成模型：使用微步幅卷积，允许网络学习自身的空间上采样。

（3）消除全连接层。

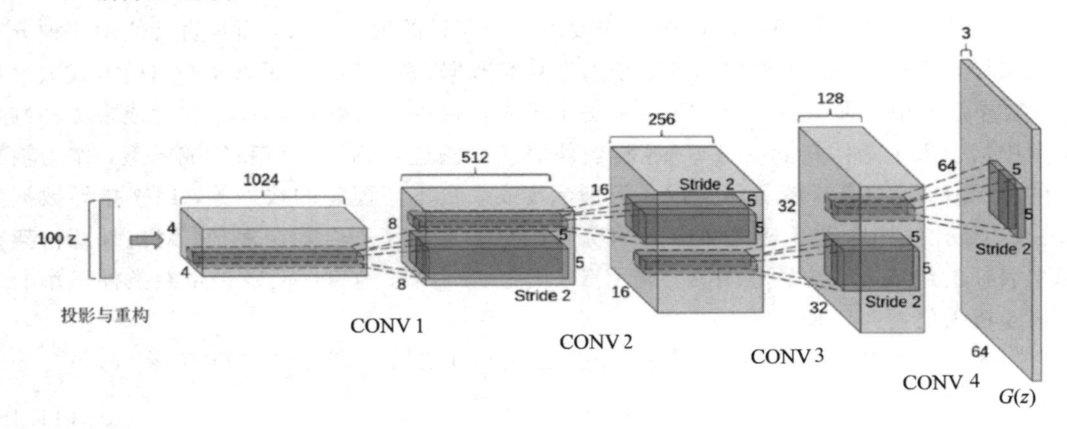

图 11.39　DCGAN 的架构

3. WGAN

上面提到，GAN的训练对超参数特别敏感，需要精心设计。原始GAN中关于生成模型和判别模型的迭代存在问题。按照通常理解，如果判别模型训练地很好，应该对生成模型的提高有很大作用，但实际中恰恰相反，如果将判别模型训练地很充分，生成模型甚至会变差。这是因为在近似最优判别模型条件下，最优化生成模型的loss等价于最小化P_r和P_g之间的JS散度，由于P_r和P_g几乎不可能有不可忽略的重叠，使得它们无论相距多远，JS散度都是常数log2，导致生成模型的梯度近似为0，梯度消失。同时，由于生成模型的距离度量不合理，GAN的训练还存在着Collapse Mode问题，即生成样本多样性不足。

WGAN通过使用Wasserstein距离替代JS散度对生成对抗网络进行优化。Wasserstein距离又叫Earth-Mover(EM)距离，定义为

$$W(P_r, P_g) = \inf_{\gamma \sim \prod(P_r, P_g)} E_{(x, y) \sim \gamma}[\| x - y \|] \tag{11.17}$$

其中，$\prod(P_r, P_g)$是P_r与P_g所有可能的联合分布的集合。Wasserstein距离相比KL散度、JS散度的优越性在于，即便两个分布没有重叠，Wasserstein距离仍然能够反映它们的远近。

相比于DCGAN，WGAN主要从损失函数的角度对GAN改进，损失函数改进后的WGAN即使在全链接层上也能得到很好的结果，WGAN对GAN的改进主要有：

(1) 判别模型最后一层去掉Sigmoid。

(2) 生成模型和判别模型的损失函数不取log。

(3) 对更新后的权重强制截断到一定范围内，例如[-0.01, 0.01]，以满足Lipschitz连续性条件。

(4) WGAN解决了模式崩溃(Collapse Mode)的问题，生成结果多样性。

11.5.5 GAN的应用

随着GAN理论的不断完善，GAN逐渐展现出了非凡的魅力，在许多领域都得到了广泛的应用。

GAN是一种生成模型，其最主要的应用是真实数据分布的建模以及生成，包括图像、视频以及一些文本和音乐。在图像方面，GAN在单图像超分辨率任务、交互式图像生成、图像编辑，以及图像到图像的翻译等方面都得到了一定的应用。在NLP领域，GAN可以生成文本，也可以根据文本生成图像。

习　题

1. 请参照本章中所介绍的AlexNet卷积网络模型，其conv1层的滤波器尺寸为11×11×3，卷积核共有96个，卷积步长为4，最大池化层MaxPool 1层的池化尺寸为3×3，

池化步长为2，当输入图像的尺寸为(227×227×3)时，试分别计算卷积层与池化层的参数量，以及每一层单个神经元的感受野大小和经过池化后的特征图大小。

2. 请推导RNN的反向传播过程，并简单说明RNN中存在的问题以及改进思路。

3. 试述解决生成对抗网络训练困难的方案。

参考文献

[1] 焦李成，赵进，杨淑媛等. 深度学习、优化与识别[M]. 北京：清华大学出版社，2017.

[2] GOODFELLOW I, BENGIO Y, COURVILLE A. Deep Learning[M]. Canterbury: MIT press, 2016.

[3] RUSSAKOVSKY O, JIA Deng, HAO Su, et al. Imagenet Large Scale Visual Recognition Challenge [J]. International Journal of Computer Vision, 2015, 115(3): 211-252.

[4] KRIZHEVSKY A, SUTSKEVER I, HINTON G E. Imagenet Classification with Deep Convolutional Neural Networks[C]//Advances in Neural Information Processing Systems. 2012: 1097-1105.

[5] SIMONYAN K, ZISSERMAN A. Very Deep Convolutional Networks for Large-scale Image Recognition [J]. arXiv preprint arXiv: 1409.1556, 2014.

[6] SZEGEDY C, LIU Wei, JIA Yangqing, et al. Going Deeper with Convolutions[C]//Proceedings of the IEEE Conference on Computer Vision and Pattern Recognition. 2015: 1-9.

[7] HE Kaiming, ZHANG Xiangyu, REN Shaoqing, et al. Deep Residual Learning for Image Recognition[C]// Proceedings of the IEEE Conference on Computer Vision and Pattern Recognition. 2016: 770-778.

[8] HUANG Gao, LIU Zhuang, MAATEN L V D, et al. Densely Connected Convolutional Networks [C]//Proceedings of the IEEE Conference on Computer Vision and Pattern Recognition. 2017: 4700-4708.

[9] GOODFELLOW I, POUGET Abadie J, MIRZA M, et al. Generative Adversarial Nets[C]// Advances in Neural Information Processing Systems. 2014: 2672-2680.

[10] RADFORD A, METZ L, CHINTALA S. Unsupervised Representation Learning with Deep Convolutional Generative Adversarial Networks[J]. arXiv preprint arXiv: 1511.06434, 2015.

[11] MIRZA M, OSINDERO S. Conditional Generative Adversarial Nets[J]. arXiv preprint arXiv: 1411.1784, 2014.

[12] CHEN Xi, DUAN Yan, HOUTHOOFT R, et al. Infogan: Interpretable Representation Learning by Information Maximizing Generative Adversarial Nets [C]//Advances in Neural Information Processing Systems. 2016: 2172-2180.

[13] ARJOVSKY M, CHINTALA S, BOTTOU L. Wasserstein gan[J]. arXiv preprint arXiv: 1701.07875, 2017.

[14] LEDIG C, THEIS L, HUSZÁR F, et al. Photo-realistic Single Image Super-resolution Using a Generative Adversarial Network[C]//Proceedings of the IEEE Conference on Computer Vision and Pattern Recognition. 2017: 4681-4690.

第12章 强化学习

强化学习(Reinforcement Learning，RL)是近年来人工智能领域最热门的领域之一。不同于传统的模式识别问题，强化学习主要针对序列决策问题，通过试错的方式与环境交互，随着时间的推移学习到一个最优策略。本章首先介绍强化学习的基础知识，然后从不同的角度介绍了几个有代表性的强化学习算法。

12.1 强化学习简介

我们知道生物能够通过与环境的交互，来逐步适应环境。那机器能否完成同样的事情呢？这就是强化学习所要研究的问题。

使用强化学习能够让机器学会在环境中不断做出决策，获得奖励，取得优秀的成绩。这些成绩，是通过不断的试错，不断的尝试，积累经验来获得的。

强化学习也叫增强学习，是机器学习中的一个领域，强调如何基于环境而行动，以取得最大化的预期利益。其灵感来源于心理学中的行为主义理论，即有机体如何在环境给予的奖励或惩罚的刺激下，逐步形成对刺激的预期，产生能获得最大利益的习惯性行为。这个方法具有普适性，因此在许多领域都有研究，例如博弈论、控制论、运筹学、信息论、仿真优化方法、多主体系统学习、群体智能、统计学以及遗传算法等。

图 12.1 总结了强化学习的五个基础概念，即智能体(Agent)、环境(Environment)、动

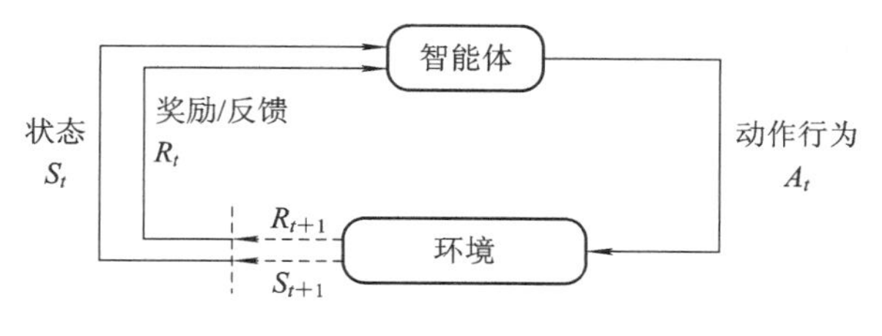

图 12.1　强化学习的过程表示

作行为(Action)、状态(State)以及奖励/反馈(Reward)。在上述反馈循环中，下标 t 和 $t+1$ 表示时间，用来区分不同的状态。强化学习与监督学习、无监督学习等其他形式的机器学习不同，我们只能将其视为一系列依次发生的状态一动作对的序列。

智能体(Agent)：是动作的执行者，例如配送货物的无人机、电子游戏中奔跑跳跃的超级马里奥，或者是玩家。

动作行为(Action)：是智能体可以做出的所有可能动作的集合。动作的含义不难领会，但应当注意的是，智能体要在一系列潜在的动作列表中进行选择。在电子游戏中，这一系列动作可包括向左或向右跑、不同高度的跳跃、蹲下和站立不动。在股票市场中，这一系列动作可包括购买、出售或持有一组证券及其衍生品中的任意一种。无人飞行器的动作选项则包括三维空间中的许多不同的速度和加速度。

状态(State)：是智能体当下具体的处境，亦即在一个特定的时间和地点，一种具体的配置使得智能体与工具、障碍、敌人或奖品等其他重要的事物相互产生关系。

奖励(Reward)：是用于衡量智能体的动作是否成功的反馈。例如，在电子游戏中，如果马里奥碰到一枚金币，就能赢得分数。在任意给定的状态下，智能体以动作的形式向环境发送输出，而环境则返回主体的新状态(根据以前的状态产生)及奖励(如果有的话)。奖励能有效地评估智能体的行为。

本书之前讨论了很多监督学习的算法，它们都是一些非常经典的机器学习方法。监督学习的任务是学习一个模型，使模型从数据中学习，根据给定的输入得到对应的输出。而强化学习希望智能体根据给定的状态得到使回报最大的行动。监督学习和强化学习很相似，都可以看成是学习事物之间的映射，并且两者都需要大量的数据进行训练，但是监督学习和强化学习所需的训练数据类型不同。监督学习需要的是标签数据，而强化学习需要的是带有奖励或反馈的交互数据。

12.2 强化学习的数学基础

从12.1节可知，强化学习能够让机器学会在环境中不断做出决策，获得奖励，取得优秀的成绩。马克思说过，一种科学只有成功地运用数学时，才算达到了真正完善的地步。强化学习理论需要在什么数学框架下进行研究？如何把智能体和环境的交互用数学语言表示？答案就是马尔可夫决策过程(Markov Decision Process，MDP)。

在概率论和统计学中，马尔可夫决策过程提供了一个数学模型，用于处理在部分随机、部分可由决策者控制的状态下，如何进行决策的问题。

这里说的智能体和环境的交互分为两个方面，一是环境对智能体的影响，即状态 S_t；一是智能体对环境的影响，即动作 A_t。整个交互过程，可以表示为一个状态序列{S_1，A_1，

S_2，A_2，…，A_{t-1}，S_t}。

12.2.1 马尔可夫决策过程

马尔可夫决策过程是强化学习理论推导的基础，通过这个数学框架，强化学习中的交互过程可以很好地以概率论的形式表示。下面我们首先介绍马尔可夫性，然后介绍马尔可夫过程，最后介绍马尔可夫决策过程。

马尔可夫性是指系统的下一个状态 S_{t+1} 仅和当前的状态 S_t 有关，而与之前的状态无关。形式化定义即：状态 S_t 是马尔可夫状态或者说该状态满足马尔可夫性，当且仅当 $P[S_{t+1}|S_t]=P[S_{t+1}|S_1, \cdots, S_t]$。从定义中可以看出当前的状态 S_t 蕴含了所有相关的历史状态信息 S_1，…，S_{t-1}。

马尔可夫性描述的是每个状态的性质，但是我们需要的是描述一个状态序列的工具。一个马尔可夫过程(Markov Chain/Process)是一个无记忆的随机过程，即一些马尔可夫状态的序列。马尔可夫过程是一个二元组(S，$\boldsymbol{P}$)，其中 S 是有限状态集合，$\boldsymbol{P}$ 是状态转移概率矩阵。对于一个具体的状态 s 和它的下一个状态 s'，它们的状态转移概率，就是从 s 转移到 s'的概率，定义为 $P_{ss'}^a=P[S_{t+1}=s'|S_t=s, A_t=a]$。若有 n 种状态可以选择，那么状态转移概率矩阵定义为

$$\boldsymbol{P}=\begin{bmatrix} P_{11} & \cdots & P_{1n} \\ \vdots & \vdots & \vdots \\ P_{n1} & \cdots & P_{nn} \end{bmatrix}$$

矩阵的第 i 行表示若当前状态为 i，那么它的下一状态为 1，2，…，n 的概率分别为 P_{i1}，P_{i2}，…，P_{in}。而基本的马尔可夫决策过程，一般由五元组(S，A，$\boldsymbol{P}$，R，γ)描述。各个元素含义如下：

S：状态集合。

A：动作集合。

$\boldsymbol{P}$：状态转移概率矩阵。

R：奖励值/奖励值函数，$R_s^a=E[R_{t+1}|S_t=s, A_t=a]$，每一个状态对应一个值，或者一个状态动作对(State-Action)对应一个奖励值。

γ：折扣因子，一个 0～1 之间的数。一般随着时间的延长，作用越来越小，表明越远的奖励对当前的贡献越少。

强化学习的目标是给定一个马尔可夫决策过程，寻找最优策略。这里的策略是指状态到动作行为的映射关系，也就是一个状态可以对应一个动作，或者对应不同动作的概率(常常用概率来表示，概率最高的即最值得执行的动作)。状态与动作的关系其实就是输入与输出的关系，而状态到动作的过程称之为一个策略，一般用 π 表示。策略是从状态到动作的

一种映射。因此一个动作 a 可以表示为 $a=\pi(s)$，或者用概率形式表示为 $\pi(a|s)=P[A_t=a|S_t=s]$。

下面以一个机器人找金币的游戏为例来解释上述概念，如图 12.2 所示。这个游戏是常用且经典的实例，用于解释马尔可夫决策过程，希望能加深读者的理解。

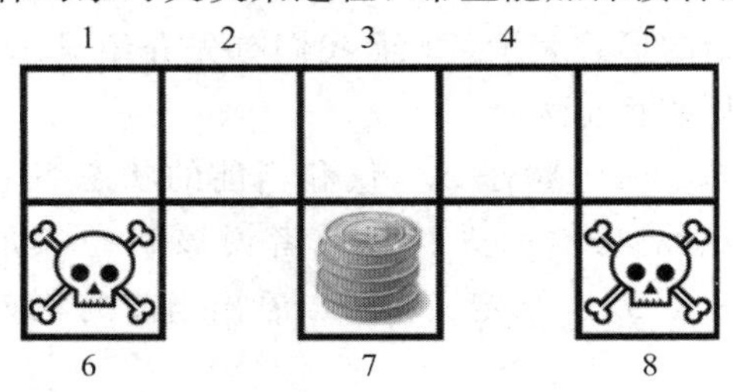

图 12.2　金币游戏

图 12.2 为这个游戏的简化网格图。序号 1～8 代表网格图的位置，其中序号 6 和 8 的骷髅代表死亡区域，序号 7 的金币代表获胜区域。游戏开始时，小机器人的初始位置是不定的，小机器人从初始位置出发寻找金币，进入死亡区域或者找到金币，则结束本次游戏。

对照上面介绍的五元组，将这个游戏建模为马尔可夫决策过程。状态集合 $S=\{1, 2, 3, 4, 5, 6, 7, 8\}$；动作集合 $A=\{\text{up}, \text{down}, \text{right}, \text{left}\}$；奖励值 $R_{s=5}^{a=\text{down}}=-1$，$R_{s=1}^{a=\text{down}}=-1$，$R_{s=3}^{a=\text{down}}=1$，其他 $R_{s=*}^{a=*}=0$；状态转移概率矩阵 P 举例如下：$P_{12}^{\text{right}}=P[S_{t+1}=2|S_t=1, A_t=\text{right}]=1$，$P_{37}^{\text{down}}=1$，$P_{16}^{\text{down}}=1$，$P_{21}^{\text{left}}=1$；折扣因子 γ 可以假定为 0.9；若 $\pi(a|s)=0.25$，则表示小机器人将以相同的概率任意选择向上、向下、向左、向右。

12.2.2　状态值函数与状态动作值函数

强化学习的目标是给定一个马尔可夫决策过程，寻找最优策略。所谓的最优策略是指得到的总回报最大。给定策略 $\pi(a|s)$，智能体和环境之间一次完整交互过程的轨迹 τ 所得到的累计奖励称为总回报(Return)，定义如下：

$$G_t = R_{t+1} + R_{t+2} + R_{t+3} + \cdots + R_T \tag{12.1}$$

但是，这个公式并不容易计算。如果能在有限的步数完成游戏，即环境中有一个特殊的终止状态，当到达终止状态时，智能体和环境的交互过程就结束了，即轨迹 τ 是有限长度的。但是如果环境中没有终止状态，则游戏无限进行下去，此时式(12.1)中的 $T=\infty$，即

$$G_t = R_{t+1} + R_{t+2} + R_{t+3} + \cdots = \sum_{k=0}^{\infty} R_{t+k+1} \tag{12.2}$$

为了使式(12.2)的无穷级数收敛，用折扣因子来降低远期回报的权重，修正后的公式为

$$G_t = R_{t+1} + \gamma R_{t+2} + \gamma^2 R_{t+3} + \cdots = \sum_{k=0}^{\infty} \gamma^k R_{t+k+1} \tag{12.3}$$

策略和状态转移都有一定的随机性，每次试验得到的轨迹是一个随机序列，其收获的

总回报也不一样。于是采用确定的期望值 $V^{\pi}(s)$描述为

$$V^{\pi}(s)=E_{\pi}[G_t \mid S_t=s]=E_{\pi}\left[\sum_{k=0}^{\infty}\gamma^k R_{t+k+1} \mid S_t=s\right] \tag{12.4}$$

我们称 $V^{\pi}(s)$为给定策略 π 的状态值函数。

相应地，我们定义状态动作值函数，写作 $Q^{\pi}(s, a)$：

$$Q^{\pi}(s, a)=E_{\pi}[G_t \mid S_t=s, A_t=a]=E_{\pi}\left[\sum_{k=0}^{\infty}\gamma^k R_{t+k+1} \mid S_t=s, A_t=a\right] \tag{12.5}$$

下面，对公式(12.4)进行简单的变换，有

$$\begin{aligned} V^{\pi}(s) &= E_{\pi}[G_t \mid S_t=s] \\ &= E_{\pi}[R_{t+1}+\gamma R_{t+2}+\gamma^2 R_{t+3}+\cdots \mid S_t=s] \\ &= E_{\pi}[R_{t+1}+\gamma(R_{t+2}+\gamma R_{t+3}+\cdots) \mid S_t=s] \\ &= E_{\pi}[R_{t+1}+\gamma G_{t+1} \mid S_t=s] \\ &= E_{\pi}[R_{t+1}+\gamma V^{\pi}(S_{t+1}) \mid S_t=s] \end{aligned} \tag{12.6}$$

式(12.6)被称为状态值函数的贝尔曼(Bellman)方程。从公式上看，当前状态的值与下一步的值以及当前的反馈有关。它表明状态值函数是可以通过迭代来进行计算的。状态值函数计算过程如图 12.3 所示。

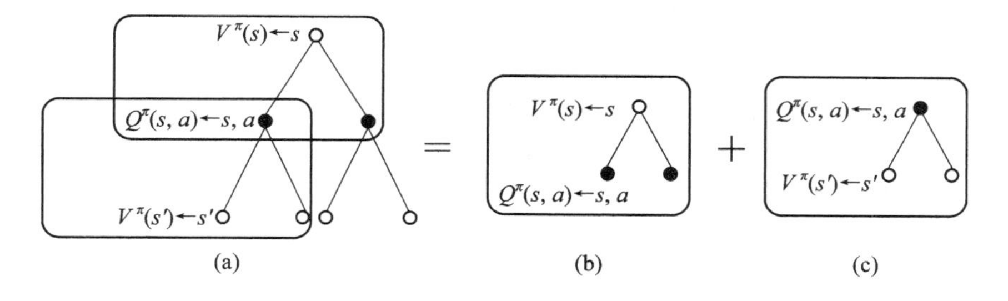

图 12.3　状态值函数计算过程

同理，对公式(12.5)进行变换，得到状态动作值函数的 Bellman 方程为

$$Q^{\pi}(s, a)=E_{\pi}[R_{t+1}+\gamma Q^{\pi}(S_{t+1}, A_{t+1}) \mid S_t=s, A_t=a] \tag{12.7}$$

图 12.3 为状态值函数的计算分解示意图，其中，空心圆圈表示状态，实心圆圈表示状态动作对。图 12.3(b)给出了状态值函数与状态动作值函数的关系。计算公式为

$$V^{\pi}(s)=\sum_{a\in A}\pi(a \mid s)Q^{\pi}(s, a) \tag{12.8}$$

图 12.3(c)为状态动作值函数

$$Q^{\pi}(s, a)=R_s^a+\gamma\sum_{s'\in S}P_{ss'}^a V^{\pi}(s') \tag{12.9}$$

将式(12.9)代入式(12.8)，可以得到

$$V^{\pi}(s)=\sum_{a\in A}\pi(a\mid s)\left(R_s^a+\gamma\sum_{s'\in S}P_{ss'}^a V^{\pi}(s')\right) \tag{12.10}$$

图 12.4 为状态动作值函数的计算分解示意图，可表示为

$$V^{\pi}(s')=\sum_{a'\in A}\pi(a'\mid s')Q^{\pi}(s',a') \tag{12.11}$$

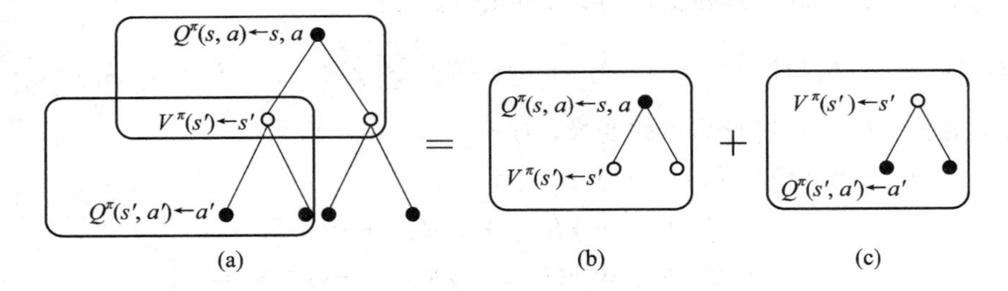

图 12.4　状态动作值函数计算过程

将式(12.11)代入式(12.9)，得到状态动作值函数为

$$Q^{\pi}(s,a)=R_s^a+\gamma\sum_{s'\in S}P_{ss'}^a\sum_{a'\in A}\pi(a'\mid s')Q^{\pi}(s',a') \tag{12.12}$$

计算状态值函数的目的是构建学习算法，从数据中得到最优策略。每个策略对应一个状态值函数，最优策略自然对应着最优状态值函数。

最优状态值函数 $V^*(s)$，为所有策略中值最大的值函数，即 $V^*(s)=\max\limits_{\pi}V^{\pi}(s)$；最优状态动作值函数 $Q^*(s,a)$，为所有策略中值最大的状态动作值函数，即 $Q^*(s,a)=\max\limits_{\pi}Q^{\pi}(s,a)$。

由式(12.10)和式(12.12)分别得到最优状态值函数和最优状态动作值函数的 Bellman 最优方程为

$$V^{\pi}(s)=\max_a R_s^a+\gamma\sum_{s'\in S}P_{ss'}^a V^*(s') \tag{12.13}$$

$$Q^{\pi}(s,a)=R_s^a+\gamma\sum_{s'\in S}P_{ss'}^a\max_{a'}Q^*(s',a') \tag{12.14}$$

12.3　强化学习算法

我们将强化学习的问题纳入马尔可夫决策过程的框架下进行解决。本节将从不同角度，对现有的强化学习算法进行归类，让大家先有一个宏观的认识，然后详细讲解几个重要的强化学习算法。

1. 按不同的建模方法

强化学习方法可以分为两种基本方法。一种是基于模型的方法，让智能体理解环境，

并建立一个模型来描述环境的反馈，利用这个模型做出动作规划来采取下一步的策略；另一种是基于无模型的方法，比较常用，不尝试去理解环境，即不对环境进行建模，只根据环境的反馈来采取下一步的动作。

2. 按不同的求解方法

通过马尔可夫决策过程对强化学习进行建模，强化学习的目标是求解最优的策略。求解方法有两种：(1) 策略迭代；(2) 值迭代。相应地可以将强化学习分为基于策略的和基于值的。基于策略的强化学习算法，目标是找到最优策略，通过分析所处的环境，直接输出下一步要采取的各种动作的概率，然后根据概率采取行动，也就是学习到一个好的动作执行者(Actor)；基于值的强化学习算法，目标是找到最优奖励总和，输出的是所有动作的值，根据最高值来选动作，这类方法不能选取连续的动作，也就是学习到一个好的评论者(Critic)。

3. 按不同的迭代更新策略

更新方法有两种，一种是回合更新，另一种是单步更新。将强化学习想象成是在玩游戏，游戏回合有开始和结束。回合更新指的是游戏开始后，要等游戏结束，再总结这一回合中的所有得失，更新行为准则；而单步更新则是在游戏进行中每一步都在更新，不用等待游戏的结束，边玩边学习。

12.3.1 基于模型的动态规划方法

基于模型的强化学习问题可以用动态规划的方法来解决。动态规划大体思路是，首先将一个复杂的问题切分成一系列简单的子问题，然后求解这些简单的子问题，最后将这些子问题的解结合起来，变成复杂问题的解。同时将简单子问题的解保存起来，如果下一次遇到了相同的子问题，就不用再重新进行计算。

马尔可夫决策过程满足 Bellman 方程，该方程是一个递归的过程，能够被递归的切分成子问题，同时它有值函数，保存了每一个子问题的解。正因为该方程，使得马尔可夫决策过程满足这两个特性，当前是最优步，以后仍旧选择最优步。因此它能通过动态规划来求解。针对马尔可夫决策过程，切分成的子问题就是在每个状态下应该选择的动作是什么，马尔可夫决策过程的子问题是以一种递归的方式存在，这一时刻的子问题取决于上一时刻的子问题选择了哪个动作。

用动态规划的方法来求解马尔可夫决策过程问题，一般有两种途径：策略迭代和值迭代。

1. 策略迭代

策略迭代目的是通过迭代计算值函数的方式来使策略收敛到最优。策略迭代，本质上是直接使用 Bellman 方程而得到的。先随机初始化一个策略 (π_0)，计算这个策略下每个状态的值函数 (V_0)；根据当前的值函数，采用贪心算法来找到当前最优的策略，得到新策略

(π_1)；计算新策略下每个状态的值（V_1）… 重复此过程，直到收敛。计算一个策略下每个状态的值，称为策略评估；根据状态值得到新策略，称为策略改进。

策略迭代中，每次迭代可以分为两步：

（1）策略评估：计算当前策略下每个状态的值函数。策略评估可以通过 Bellman 方程进行迭代计算 $V^\pi(s)$，如果状态数有限，则可以通过直接求解 Bellman 方程来得到 $V^\pi(s)$。

（2）策略改进：根据值函数，通过贪婪算法来更新策略。

2. 值迭代

策略迭代中的策略评估和策略改进是轮流交替进行的，其中策略评估也是通过一个内部迭代来进行计算的，其计算量比较大。事实上，不需要每次计算出每个策略对应的精确值函数，也就是说内部迭代不需要执行到完全收敛。

值迭代方法将策略评估和策略改进两个过程合并，直接计算出最优策略。假设最优策略 π^* 对应的值函数称为最优值函数，那么最优状态值函数 $V^*(s)$和最优状态-动作值函数 $Q^*(s, a)$的关系为

$$V^*(s) = \max_a Q^*(s, a) \tag{12.15}$$

根据 Bellman 方程可知，最优状态值函数 $V^*(s)$和最优状态-动作值函数 $Q^*(s, a)$也可以进行迭代计算。

值迭代方法通过直接优化 Bellman 最优方程，迭代计算最优值函数。完整的值迭代方法描述如图 12.5 所示。

输入：马尔可夫决策过程五元组：S、A、P、R、γ

过程：(1) 初始化：任意 $s \in S$，$V(s)=0$

(2) **repeat**

(3) 　任意，$s \in S$，$V(s) = \max_a R_s^a + \gamma \sum_{s' \in S} P_{ss'}^a V^*(s')$

(4) **until** 任意 $s \in S$，$V(s)$收敛

(5) 计算 $Q(s, a) = R_s^a + \gamma \sum_{s' \in S} P_{ss'}^a V(s')$

(6) 任意 $s \in S$，$\pi(s) = \arg\max_a Q(s, a)$

输出：策略 π

图 12.5　值迭代方法

12.3.2　基于无模型的强化学习方法

12.3.1 节讲解了在已知模型时，利用动态规划的方法求解马尔可夫决策问题。以下的内容是基于无模型的强化学习算法。

解决无模型的马尔可夫决策问题是强化学习算法的精髓。无模型的强化学习算法主要包括蒙特卡罗(Monte-Carlo，MC)方法和时间差分(Temporal Difference，TD)方法。

1. 蒙特卡罗方法

将从某个起始状态开始执行到终止状态的一次遍历 $\{S_1, A_1, S_2, A_2, \cdots, A_{t-1}, S_t\}$ 称为试验(episode)，需要进行多次试验。状态值函数和状态动作值函数的计算实际上是计算返回值的期望，动态规划的方法是利用模型来计算该期望。在没有模型时，我们采用蒙特卡罗方法来计算该期望，即利用随机样本来估计期望。

蒙特卡罗强化学习是利用经验平均来代替随机变量的期望。假设每个状态的值函数的取值等于多个试验的回报 G_t 的平均值，它需要每个试验是完整的流程，即一定要执行到终止状态。我们知道状态值函数的表达式为 $V^{\pi}(s)=E_{\pi}[G_t | S_t=s]$，即每个状态的值函数是回报的期望值，而在蒙特卡罗策略评估的假设下，值函数的取值由期望简化为均值。

因此在本算法中，需要记录两个值，状态 s 被访问到的次数 $N(S_t)$ 以及每次访问时回报之和 $\sum_{t=1}^{N(S_t)} G_t$，遍历完所有的试验之后，得到状态 s 下，值函数取值为

$$V(S_t)=\sum_{t=1}^{N(S_t)} \frac{G_t}{N(S_t)} \tag{12.16}$$

而这里有两种访问次数的记录方式，一种是在一个试验中只记录第一次访问到的 s，一种是一个试验中每次访问到 s 都记录下来。即针对一次新的访问，先前次数加 1：$N(S_t)=N(S_t)+1$，然后更新

$$V(S_t)=V(S_t)+\frac{1}{N(S_t)}(G_t-V(S_t)) \tag{12.17}$$

在一些其他方法中，也会将 $\frac{1}{N(S_t)}$ 设置成一个常数 α，不随着访问次数增加，即

$$V(S_t)=V(S_t)+\alpha(G_t-V(S_t)) \tag{12.18}$$

2. 时间差分学习方法

蒙特卡罗采样方法一般需要拿到完整的轨迹，才能对策略进行评估并更新模型，因此效率也比较低。

时序差分学习则是基于 Bootstrapping 思想，即在中间状态中会估计当前可能获得的回报，并且更新之前状态能获得的回报。因此它不需要走完一个试验的全部流程就能获得回报。在最简单的 TD 算法 TD(0) 中，这个估计回报为 $R_{t+1}+\gamma V(S_{t+1})$，称之为 TD 目标，代入式(12.18)，替代掉 G_t 即可得到 TD 算法的值函数更新公式

$$V(S_t)=V(S_t)+\alpha(R_{t+1}+\gamma V(S_{t+1})-V(S_t)) \tag{12.19}$$

$\delta_t = R_{t+1} + \gamma V(S_{t+1}) - V(S_t)$称之为 TD 误差。它代表估计之前和估计之后的回报差值。

TD(0)是指在某个状态 s 下执行某个动作后转移到下一个状态 s'时，估计 s'的回报再更新 s，假如 s 之后执行两次动作转移到 s''时再反回来更新 s 的值函数，那么就是另一种形式，从而根据步长 n 可以扩展 TD 到不同的形式，当步长到达当前试验终点时，就变成了 MC。从而得到统一公式为

$$G_t^{(n)} = R_{t+1} + \gamma R_{t+2} + \cdots + \gamma^{n-1} R_{t+n} + \gamma V(S_{t+n}) \tag{12.20}$$

$$V(S_t) = V(S_t) + \alpha(G_t^{(n)} - V(S_t)) \tag{12.21}$$

如果将不同的 n 对应的回报平均一下，这样能够获得更加鲁棒的结果，而为了有效地将不同回报合并，对每个 n 的回报都赋予一个权重 $1-\lambda$，$(1-\lambda)\lambda$，$(1-\lambda)\lambda^n$，参数是 λ，这样又能得到一组更新值函数的公式

$$G_t^{\lambda} = (1-\lambda)\sum_{n=1}^{\infty}\lambda^{n-1} G_t^{(n)} \tag{12.22}$$

$$V(S_t) = V(S_t) + \alpha(G_t^{\lambda} - V(S_t)) \tag{12.23}$$

时间差分方法包括同策略的 SARSA 方法和异策略的 Q 学习方法。

1) SARSA

SARSA 算法是状态动作值函数版本的时间差分(Temporal Difference，TD)算法。SARSA 利用马尔可夫性质，只利用了下一步信息。SARSA 让系统按照策略指引进行探索，在探索每一步都进行状态值的更新，更新公式如下所示。

$$Q(S_t, A_t) = Q(S_t, A_t) + \alpha(R_t + \gamma Q(S_{t+1}, A_{t+1}) - Q(S_t, A_t)) \tag{12.24}$$

S_t为当前状态，A_t 是当前采取的动作，S_{t+1}为下一步状态，A_{t+1}是下一个状态采取的动作，R_t 是系统获得的奖励，α 是学习率，γ 是衰减因子。

2) Q 学习

Q 学习的思想完全根据值迭代得到。但要明确的是值迭代中每次都对所有的 Q 值更新一遍，也就是所有的状态和动作。但事实上在实际情况下我们无法遍历所有的状态以及所有的动作，我们只能得到有限的系列样本。因此，只能使用有限的样本进行操作。那么，怎么处理? Q 学习提出了一种更新 Q 值的办法：

$$Q(S_t, A_t) \leftarrow Q(S_t, A_t) + \alpha(R_{t+1} + \lambda \max_a Q(S_t, a) - Q(S_t, A_t)) \tag{12.25}$$

虽然根据值迭代计算出 Target-Q 值，但这里并没有直接将这个 Q 值(是估计值)直接赋予新的 Q 值，而是采用渐进的方式类似梯度下降，朝目标迈近一小步，这取决于 α，从而能够减少估计误差造成的影响。类似随机梯度下降，最后可以收敛到最优的 Q 值。

Q 学习的算法框架和 SARSA 类似。Q 学习也是让系统按照策略指引进行探索，在探索每一步都进行状态值的更新。关键在于 Q 学习和 SARSA 的更新公式不一样。

12.3.3 基于策略梯度的强化学习方法

策略梯度的学习是一个基于策略的优化过程，最开始随机生成一个策略，由于这个策略对对象系统一无所知，所以用这个策略产生的动作在对象系统中会得到一个负面奖励。为了获得奖励，需要逐渐改变策略。策略梯度在一轮的学习中使用同一个策略直到该轮结束，通过梯度上升改变策略并开始下一轮学习，如此往复直到累计奖励不再增长。

我们知道在监督学习中一般会选择一种损失函数，如均方误差、交叉熵等来表示真实值和预测值的差距，以此在反向传播中进行参数的更新。在策略梯度学习中同样需要类似的函数来衡量当前的学习效果。

强化学习的目标是最大化长期回报期望，目标也可以写作

$$\pi^* = \arg\max_{\pi} E_{\tau\sim\pi(\tau)}[R(\tau)] \tag{12.26}$$

其中，τ 表示使用策略进行交互得到的一条轨迹，$R(\tau)$表示这条轨迹的总体回报。

用 $J(\theta)$ 表示前面提到的目标函数，将轨迹的期望回报函数展开，可以得到

$$J(\theta) = E_{\tau\sim\pi(\tau)}[R(\tau)] = \int_{\tau\sim\pi(\tau)} \pi_\theta(\tau)R(\tau)\mathrm{d}\tau \tag{12.27}$$

对式(12.27)进行求导可以得到

$$\nabla_\theta J(\theta) = \nabla_\theta \int_{\tau\sim\pi(\tau)} \pi_\theta(\tau)R(\tau)\mathrm{d}\tau = \int_{\tau\sim\pi(\tau)} \nabla_\theta \pi_\theta(\tau)R(\tau)\mathrm{d}\tau \tag{12.28}$$

因为 π_θ 依赖于 θ，无法直接求导，故使用对数求导公式$\nabla \log f(x) = \dfrac{\nabla f(x)}{f(x)}$，将 $f(x)$换成 $\pi_\theta(\tau)$可得

$$\nabla_\theta \pi_\theta(\tau) = \pi_\theta(\tau)\nabla_\theta \log\pi_\theta(\tau) \tag{12.29}$$

因此

$$\nabla_\theta J(\theta) = \int_{\tau\sim\pi(\tau)} \pi_\theta(\tau)R(\tau)\nabla_\theta \log\pi_\theta(\tau)\mathrm{d}\tau \tag{12.30}$$

再根据期望的定义

$$\nabla_\theta J(\theta) = \int_{\tau\sim\pi(\tau)} \pi_\theta(\tau)R(\tau)\nabla_\theta \log\pi_\theta(\tau)\mathrm{d}\tau = E_{\tau\sim\pi(\tau)}[\nabla_\theta \log\pi_\theta(\tau)R(\tau)] \tag{12.31}$$

由于

$$\begin{aligned}\log\pi_\theta(\tau) &= \log p(S_1) + \sum_{t=1}^{T}\log\pi_\theta(A_t \mid S_t) + \log p(S_{t+1} \mid S_t, A_t)R(\tau)\\ &= \sum_{t=1}^{T} R(S_t, A_t)\end{aligned} \tag{12.32}$$

因此可得

$$\nabla_\theta J(\theta) = E_{\tau \sim \pi(\tau)}\left[\left(\sum_{t=1}^{T} \log \pi_\theta(A_t \mid S_t)\right)\left(\sum_{t=1}^{T} R(S_t, A_t)\right)\right] \tag{12.33}$$

至此，即得到目标函数的导数 $\nabla_\theta J(\theta)$，在反向传播中使用学习率 α 与$\nabla_\theta J(\theta)$的乘积作为差值来更新参数θ：

$$\theta = \theta + \alpha \nabla_\theta J(\theta) \tag{12.34}$$

12.3.4 深度强化学习

深度强化学习的研究是随着深度学习的火热而兴起的。深度强化学习采用深度神经网络对马尔可夫决策过程当中相应的量进行了参数化，利用神经网络的非线性性能以及梯度求解的方式进行强化学习问题的求解。Deepmind 于 2013 年提出了第一个深度学习和强化学习相结合的模型——深度 Q 网络(Deep Q Network，DQN)，并在 2015 年进一步完善，发表在 2015 年的杂志《Nature》上。文章将 DQN 应用在计算机玩 Atari 游戏上，不同于以往的做法，仅使用视频信息作为输入，和人类玩游戏一样。在这种情况下，基于 DQN 的程序在多种 Atari 游戏上取得了超越人类水平的成绩。这是深度增强学习概念的第一次提出，并由此开始快速发展。

本节仅介绍 DQN 模型，此外还有其他一系列深度强化学习方法。简单地说，DQN 就是卷积神经网络与 Q 学习的结合。在普通的 Q 学习中，当状态和动作空间是离散的且维数不高时，可使用 Q 值表格储存每个状态动作对的 Q 值，而当状态和动作空间是高维连续时，使用 Q 值表格难以实现。

DQN 的出发点是将 Q 值表格的更新问题变成一个函数拟合问题，相近的状态得到相近的输出动作，通过更新参数 θ 使 Q 函数逼近最优 Q 值 。因此，DQN 就是要设计一个神经网络结构，通过函数来拟合 Q 值，即 $Q(S_t, A_t|\theta) \approx Q'(S_t, A_t)$。但是这种改变存在一些问题：深度学习需要大量带标签的样本来进行监督学习，强化学习只有回报返回值，而且伴随着噪声、延迟(几十毫秒后才返回)、稀疏(很多状态的回报是 0)等问题；深度学习的样本之间独立，强化学习的前后状态相关；深度学习目标分布固定，强化学习的目标分布一直变化，在游戏中，一个关卡和下一个关卡的状态分布是不同的，所以训练好了前一个关卡，下一个关卡又要重新训练；过往的研究表明，使用非线性网络表示值函数时出现不稳定等问题。

那么 DQN 是如何解决上述问题的呢? 它通过 Q 学习使用回报来构造标签；通过经验池(Experience Replay)的方法来解决相关性及非静态分布问题；使用一个神经网络产生当前 Q 值，使用另外一个神经网络产生目标 Q 值。

1. 构造标签

对于函数优化问题，监督学习的一般方法是先确定损失函数，然后求梯度，使用梯度下降等方法更新参数。DQN 则基于 Q 学习来确定损失函数，使目标 Q 值和估计 Q 值相差越小越好。DQN 中的损失函数是

$$L_j(\theta_j)=E[(y_j-Q(\phi_j, A_j; \theta))^2] \tag{12.35}$$

这里 y_j 是根据上一个迭代周期或者目标网络的参数计算出的目标 Q 值，与当前网络结构中的参数无关。

2. 经验回放

经验池的功能主要是解决相关性及非静态分布问题。具体做法是把每个时间步智能体与环境交互得到的转移样本 (S_t, A_t, R_t, S_{t+1}) 储存到回放记忆单元，训练时会随机取出一些用于训练，经验回放可以形象地理解为在回忆中学习。完整的算法流程如图 12.6 所示。

输入：

(1) 初始化容量为 N 的经验缓冲池：D

(2) 初始化状态-动作值模型 Q 和参数 θ

(3) 初始化目标网络 $\hat{Q}$ 和参数 θ^-

(4) **for** 试验＝1，2，…，M **do**

(5) 　初始化环境，得到初始状态 S_1，并预处理得到 $\phi_1=\phi(S_1)$

(6) 　**for** $t=1, 2, \cdots, T$ **do**

(7) 　　以 ε 的概率随机选择一个动作 A_t

(8) 　　或者根据模型选择当前最优 $A_t=\max\limits_{A_t} Q^*(\phi(S_t), A_t; \theta)$

(9) 　　执行动作 A_t，得到新一轮的状态 S_{t+1} 和回报 R_{t+1}

(10) 　　预处理得到 $\phi_t=\phi(S_{t+1})$

(11) 　　将 $(\phi_t, A_t, R_{t+1}, \phi_{t+1})$ 存储到 D 中

(12) 　　从 D 中采样一批样本 $(\phi_j, A_j, R_{j+1}, \phi_{j+1})$

(13) 　　$y_j=\begin{cases} R_{j+1} & \text{对于终止状态} \\ R_{j+1}+\gamma \max\limits_{A_{t+1}} Q(\phi_{j+1}, A_{t+1}; \theta^-) & \text{对于非终止状态} \end{cases}$

(14) 　　根据目标函数 $(y_j-Q(\phi_j, A_j; \theta))^2$ 进行梯度下降法求解

(15) 　　每隔 C 轮完成参数更新 $\theta^- \leftarrow \theta$

(16) 　**end for**

(17) **end for**

输出：参数 θ

图 12.6　DQN 算法

图 12.7 是 Atari 游戏中使用的 DQN 的网络结构，表 12.1 是网络的具体参数，这个网络的输入是 4 个 84×84 的灰度游戏屏幕，输出是每一个可能动作的 Q 值(Atari 中有 18 个动作)。剩下的结构由五层构成：三个卷积层以及两个全连接层。在最后一个全连接层前，最终输出为 512 维的特征向量。经过该全连接层，将特征映射到游戏中的 18 个动作中，每个动作对应一个 Q 值函数的输出，根据这个值来确定最终的策略。

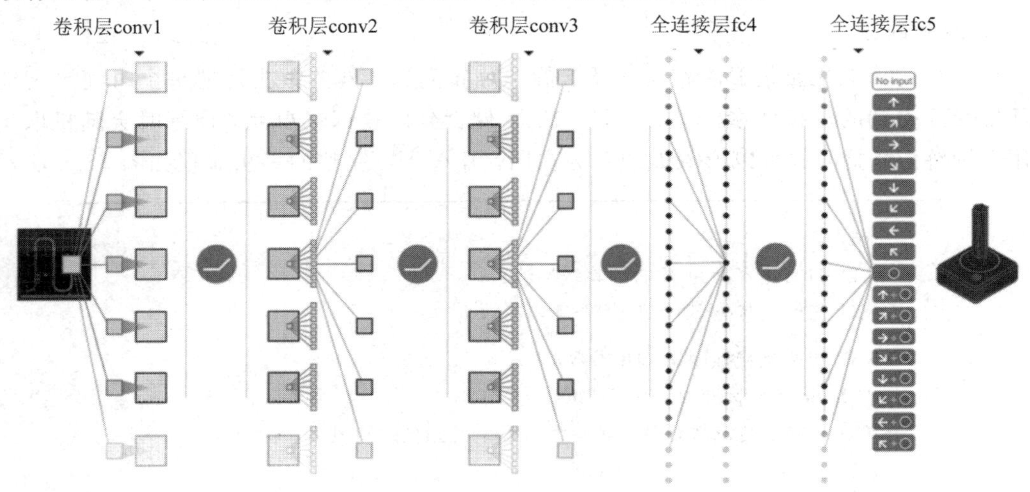

图 12.7　Atari 游戏中使用的 DQN 的网络结构

表 12.1　DQN 的网络参数

层名	输入	卷积核尺寸	步长	卷积核个数	激活函数	输出
conv1	84×84×4	8×8	4	32	ReLU	20×20×32
conv2	20×20×32	4×4	2	64	ReLU	9×9×64
conv3	9×9×64	3×3	1	64	ReLU	7×7×64
fc4	7×7×64			512	ReLU	512
fc5	512			18	Linear	18

习　题

1. 比较基于模型的方法和基于无模型的方法的差别。
2. 比较 SARSA 算法和 Q-Learning 算法的异同。
3. 分析卷积神经网络在深度强化学习中的作用，并编程实现 DQN 算法。

参考文献

[1] SUTTON R S, BARTO A G. Reinforcement Learning: An Introduction[M]. Canterbury: MIT Press, 2018.

[2] WATKINS C J C H, DAYAN P. Q-learning[J]. Machine Learning, 1992, 8(3-4): 279-292.

[3] MNIH V, KAVUKCUOGLU K, SILVER D, et al. Playing Atari with Deep Reinforcement Learning [J]. arXiv preprint arXiv: 1312.5602, 2013.

第13章 宽度学习

宽度学习(Broad Learning System, BLS)是澳门大学的 C. L. Philip Chen 于2018年首先提出的，相比较于当前流行的深度学习算法，它在训练时间上、模型更新上更具竞争力，对于深度学习网络存在的训练时间长，模型复杂度高等方面的改进具有启发作用。

不同于深度学习，宽度学习的增强是通过横向扩展网络来实现的。它既有效减少了参数学习训练的时间，又保证了函数逼近的泛化能力。

宽度学习网络中，输入节点有两类：特征节点和增强节点。因此，在扩展网络时，主要有三种不同的增量学习算法，包括增强节点增量、特征节点增量和输入数据增量。

宽度学习是以随机向量函数链接网络(Random Vector Functional Link Neural Network, RVFLNN)为载体，基本框架通过增加各种节点的个数，来实现网络的横向扩展的一种随机向量单层神经网络学习系统。

13.1　宽度学习提出背景

随着各个领域数据的获取难度越来越低，基于数据搭建的深层结构神经网络已经得到了广泛的应用。目前，具有多层神经网络基本单元堆叠组成的深度置信网络(Deep Belief Networks, DBN)、深度玻尔兹曼机器(Deep Boltzmann Machines, DBM)和卷积神经网络(Convolutional Neural Networks, CNN)等是目前广泛应用的深度学习网络。

深度神经网络通过多层网络节点的堆叠，加以非线性激活函数实现非线性化，其对高维数据能进行较好的数据拟合和表征学习。但是在应用上，为了获得更高的精度，深度网络需要逐渐加深网络层数，在更高维度的空间中学习数据分布特性。网络层数的加深会使得学习参数大幅度增加，网络模型结构复杂度也随之剧增；另一方面，复杂的网络结构往往涉及大量的超参数计算，使得优化算法的计算极度耗时。最重要的是，神经网络作为一种“黑箱”模型，层数的加深使得更加难以在理论上对网络进行分析、改进。

宽度学习的提出，离不开单层前馈神经网络(Single Layer Feedforward Neural Networks，SLFN)和 Yoh-Han Pao 教授在 1990 年代提出的随机向量函数链接神经网络(Random Vector Functional Link Neural Network，RVFLNN)。单层前馈神经网络是一种各神经元分层排列的简单神经网络，它可以全局地逼近给定的目标函数。但是，单层前馈神经网络的训练是基于梯度下降算法的，其泛化性能对于某些参数的设置，例如学习率非常敏感，进而使得网络在训练时，常常收敛不到全局最优解。

针对以上问题，Yoh-Han Pao 教授对单层前馈神经网络做了改进，提出了随机向量函数链接神经网络。随机向量函数链接神经网络不仅可以全局逼近给定的目标函数，而且能保证函数逼近的泛化能力。宽度学习正是以这种网络为基本结构所实现的一种学习系统。

13.2 宽度学习系统简介与随机向量函数链接神经网络

13.2.1 随机向量函数链接神经网络与宽度学习系统

宽度学习系统是基于将映射特征作为随机向量函数链接神经网络一部分输入的思想设计的。因此，首先我们需要对随机向量函数链接神经网络进行简要的介绍。

图 13.1 所示的是 RVFLNN 网络结构。其中，$\boldsymbol{X}$ 为原始输入数据，$\boldsymbol{W}_h$ 为原始数据到增强节点间映射的权重，$\boldsymbol{W}$ 为输入层和增强节点层与输出层连接的权重，$\boldsymbol{Y}$ 为网络的输出。观察网络的输入，该网络将原始输入数据做一个简单的映射激活 $\xi(\boldsymbol{X}\boldsymbol{W}_h+\boldsymbol{\beta}_b)$后，得到增强节点数据。增强节点数据和原始输入数据全部连接到输出层，不难看出，增强节点数据与原始数据一起作为训练输入。

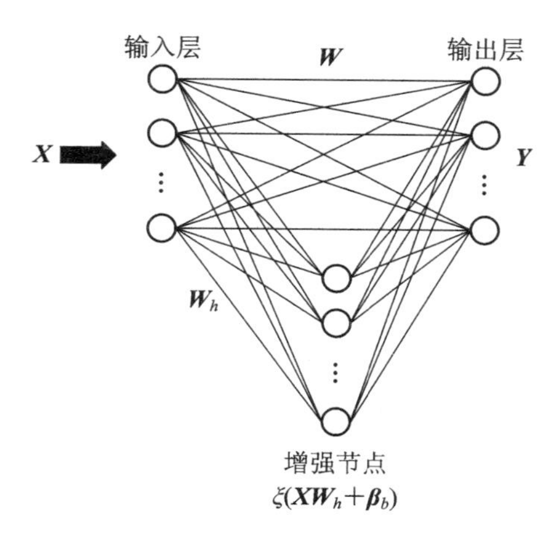

图 13.1 RVFLNN 网络结构

宽度学习系统由这种浅层模型启发，但宽度学习系统变化成为如图 13.2 所示的等价形式。

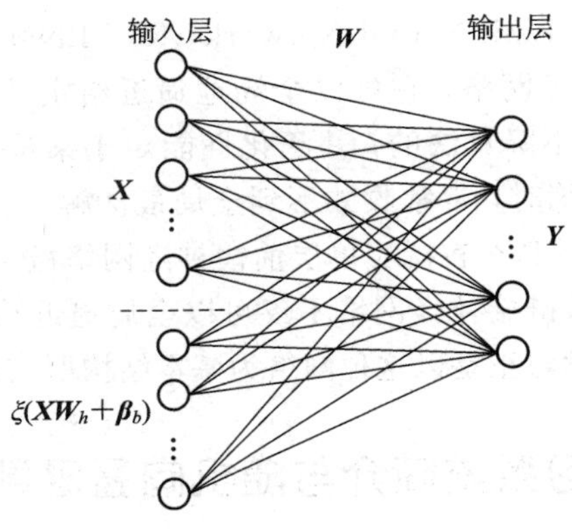

图 13.2 BLS 模型

BLS 模型的基本结构类似图 13.2，图中 $\boldsymbol{X}$ 为原始输入数据，$\boldsymbol{W}_h$ 为原始数据到增强节点间映射的权重，$\boldsymbol{W}$ 为输入层和增强节点层连接至输出层时的权重系数，$\boldsymbol{Y}$ 为网络的输出。BLS 被设计成了一个单层的网络，其输入层的节点包含特征节点和增强节点，它们都直接连接输出层。这样的单层网络结构使得输入层能通过一个 $\boldsymbol{W}$ 矩阵直接映射到输出层，有效地保证了训练速度。

13.2.2 岭回归算法

对于宽度学习系统，由于输入矩阵不一定为方阵，为了求得网络权重，需要使用到岭回归的方法。伪逆的岭回归求解模型形式为

$$\arg\min_{\boldsymbol{W}}: \|\boldsymbol{AW}-\boldsymbol{Y}\|_v^{\sigma_1}+\lambda\|\boldsymbol{W}\|_u^{\sigma_2} \tag{13.1}$$

其中，$\boldsymbol{A}$ 是输入矩阵，$\boldsymbol{W}$ 是网络的权重，$\boldsymbol{Y}$ 是输出。在这里，u、v 表示一种范数正则化，当 $\sigma_1=\sigma_2=u=v=2$ 时，式(13.1)就是一个岭回归模型。宽度学习的网络参数 $\boldsymbol{W}$ 可以通过求解上述模型得到。

通过岭回归算法的计算，可以得到权重 $\boldsymbol{W}$ 的表达式为

$$\boldsymbol{W}=(\lambda\boldsymbol{I}+\boldsymbol{AA}^{\mathrm{T}})^{-1}\boldsymbol{A}^{\mathrm{T}}\boldsymbol{Y} \tag{13.2}$$

在通过伪逆直接求解网络参数时会用到该式。

13.2.3 函数链接神经网络的动态逐步更新算法

通过增加输入层的节点数，网络结构发生了改变，相应的权重需要更新。对于函数链接神经网络，增量更新网络权重的算法是由动态逐步更新算法实现的。值得一提的是，宽度学习的网络更新用到的也是这一方法，如图 13.3 所示。

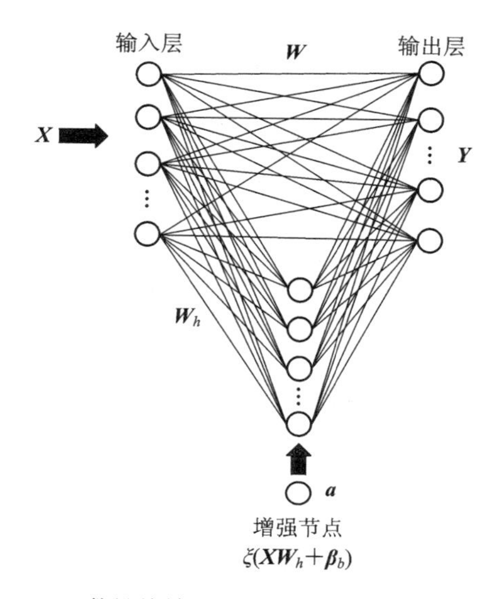

图 13.3　函数链接神经网络的动态逐步更新算法结构

图中的原输入矩阵可以表示为

$$\boldsymbol{A}=[\boldsymbol{X} \mid \xi(\boldsymbol{X}\boldsymbol{W}_h+\beta_h)]$$

这里的 $\boldsymbol{A}$ 是输入层经过扩展后的输入矩阵，其表示一个 $n\times m$ 的矩阵。增加节点 $\boldsymbol{a}$ 后数据矩阵记为 $\boldsymbol{A}_{n+1}=[\boldsymbol{A}|\boldsymbol{a}]$，则 $\boldsymbol{A}_{n+1}$ 的伪逆可以计算如下：

$$\begin{bmatrix}\boldsymbol{A}_n^+ - \boldsymbol{d}\boldsymbol{b}^{\mathrm{T}} \\ \boldsymbol{b}^{\mathrm{T}}\end{bmatrix} \tag{13.3}$$

其中，$\boldsymbol{d}=\boldsymbol{A}_n^+\boldsymbol{a}$，$\boldsymbol{A}_n^+$ 是 $\boldsymbol{A}$ 的广义逆矩阵，

$$\boldsymbol{b}^{\mathrm{T}}=\begin{bmatrix}(\boldsymbol{c})^+ & \boldsymbol{c}\neq\boldsymbol{0} \\ (1+\boldsymbol{d}^{\mathrm{T}}\boldsymbol{d})^{-1}\boldsymbol{d}^{\mathrm{T}}\boldsymbol{A}_n^+ & \boldsymbol{c}=\boldsymbol{0}\end{bmatrix} \tag{13.4}$$

$$\boldsymbol{c}=\boldsymbol{a}-\boldsymbol{A}_n\boldsymbol{d}$$

新的权重更新如下：

$$\boldsymbol{W}_{n+1}=\begin{bmatrix}\boldsymbol{W}_n-\boldsymbol{d}\boldsymbol{b}^{\mathrm{T}}\boldsymbol{Y}_n \\ \boldsymbol{b}^{\mathrm{T}}\boldsymbol{Y}_n\end{bmatrix} \tag{13.5}$$

根据逐步更新算法，当网络的节点数增加时，就可以使用式(13.5)求得更新后的权重。

13.3　宽度学习基本模型

13.3.1　宽度学习基本模型

首先考虑不存在增量的情况，宽度学习模型的形式如图 13.4 所示。

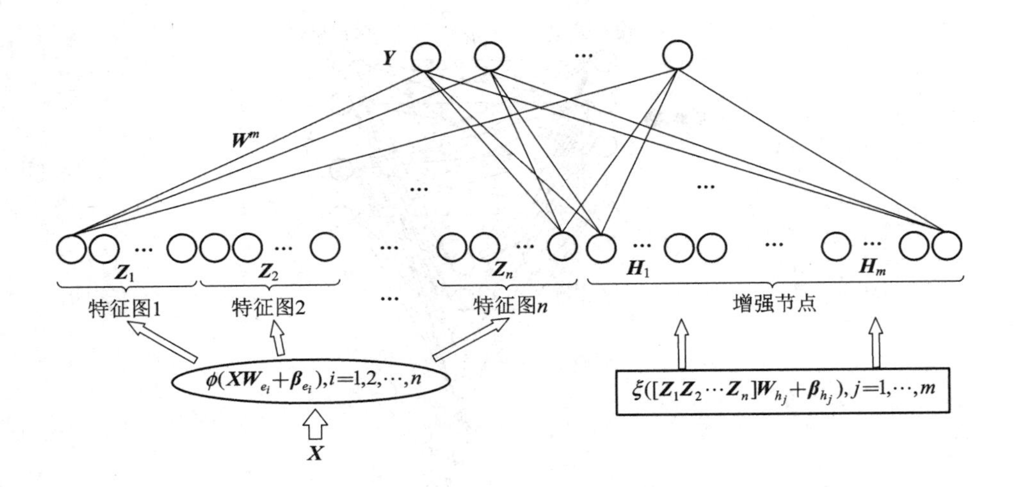

图 13.4　宽度学习基本模型

BLS 的输入矩阵是由两部分组成的：映射节点（Mapped Feature）和增强节点（Enhanced Feature）。通过对原数据矩阵进行线性映射和激活函数变换，可以得到映射节点 $\boldsymbol{Z}$。另外，通过使用多个不同权重 $\boldsymbol{W}$、偏置 $\boldsymbol{\beta}$ 对源数据进行映射，可以得到多组不同的映射节点。假设输入数据为 $\boldsymbol{X}$，激活函数为 ϕ，则第 i 个映射特征 $\boldsymbol{Z}_i$ 为

$$\boldsymbol{Z}_i = \phi(\boldsymbol{X}\boldsymbol{W}_{e_i} + \boldsymbol{\beta}_{e_i}), \quad i = 1, 2\cdots, n \tag{13.6}$$

其中，$\boldsymbol{W}_{e_i}$ 是具有适当维度的随机权重系数，$\boldsymbol{\beta}_{e_i}$ 是相应的偏置。注意，这里矩阵 $\boldsymbol{W}$ 和 $\boldsymbol{\beta}$ 都是随机产生的。同时，记 $\boldsymbol{Z}^i = [\boldsymbol{Z}_1, \boldsymbol{Z}_2, \cdots, \boldsymbol{Z}_i]$ 表示映射特征中前 i 组所有映射特征。

获得映射节点后，我们需要使用映射节点获得增强节点。增强节点是由映射节点经过线性映射和激活函数变换得到的，其第 j 组增强节点为

$$\boldsymbol{H}_j = \xi(\boldsymbol{Z}^n\boldsymbol{W}_{h_j} + \boldsymbol{\beta}_{h_j}), \quad j = 1, 2, \cdots, m \tag{13.7}$$

同时前 j 组所有增强节点被记为

$$\boldsymbol{H}_j = [\boldsymbol{H}_1, \boldsymbol{H}_2, \cdots, \boldsymbol{H}_j]$$

故宽度模型可以表现为

$$\begin{aligned}\boldsymbol{Y} &= [\boldsymbol{Z}_1, \cdots, \boldsymbol{Z}_n \mid \xi(\boldsymbol{Z}^n\boldsymbol{W}_{h_1} + \boldsymbol{\beta}_{h_1}), \cdots, \xi(\boldsymbol{Z}^n\boldsymbol{W}_m + \boldsymbol{\beta}_{h_m})]\boldsymbol{W}^m \\ &= [\boldsymbol{Z}_1, \cdots, \boldsymbol{Z}_n \mid \boldsymbol{H}_1, \cdots, \boldsymbol{H}_m]\boldsymbol{W}^m \\ &= [\boldsymbol{Z}^n \mid \boldsymbol{H}^m]\boldsymbol{W}^m\end{aligned} \tag{13.8}$$

另外，宽度学习的提出者 C. L. Philip Chen 证明了：当 $m \neq n$ 时，其模型和 $m = n$ 是等价的，即

$$\boldsymbol{Y} = [\boldsymbol{Z}^n \mid \boldsymbol{H}^m]\boldsymbol{W}^m \Leftrightarrow [\boldsymbol{Z}^n \mid \boldsymbol{H}^n]\boldsymbol{W}^n \tag{13.9}$$

13.3.2 BLS 增量形式

1. 增强节点的增加

如果宽度学习系统在训练后，其性能结果未达到要求，则应考虑增加节点的个数。当增加 p 个增强节点时，节点增加前输入为 $\boldsymbol{A}^m=[\boldsymbol{Z}^n \mid \boldsymbol{H}^m]$，增加后为 $\boldsymbol{A}^{m+1}=[\boldsymbol{A}^m \mid \xi(\boldsymbol{Z}^n\boldsymbol{W}_{h_{m+1}}+\boldsymbol{\beta}_{h_{m+1}})]$，由动态逐步更新算法，可以有

$$(\boldsymbol{A}^{m+1})=\begin{bmatrix}(\boldsymbol{A}^m)^+-\boldsymbol{D}\boldsymbol{B}^{\mathrm{T}}\\ \boldsymbol{B}^{\mathrm{T}}\end{bmatrix} \tag{13.10}$$

其中

$$\begin{aligned}\boldsymbol{D}&=(\boldsymbol{A}^m)^+\,\zeta(\boldsymbol{Z}^n\boldsymbol{W}_{h_{m+1}}+\boldsymbol{\beta}_{h_{m+1}})\\ \boldsymbol{B}^{\mathrm{T}}&=\begin{bmatrix}(\boldsymbol{C})^+ & \boldsymbol{C}\neq\boldsymbol{0}\\ (\boldsymbol{I}+\boldsymbol{D}^{\mathrm{T}}\boldsymbol{D})^{-1}\boldsymbol{D}^{\mathrm{T}}\boldsymbol{A}_n^+ & \boldsymbol{C}=\boldsymbol{0}\end{bmatrix}\\ \boldsymbol{C}&=\xi(\boldsymbol{Z}^n\boldsymbol{W}_{h_{m+1}}+\boldsymbol{\beta}_{h_{m+1}})-\boldsymbol{A}^m\boldsymbol{D}\end{aligned} \tag{13.11}$$

新的权重 $\boldsymbol{W}$ 更新为

$$\boldsymbol{W}^{n+1}=\begin{bmatrix}\boldsymbol{W}_n-\boldsymbol{D}\boldsymbol{B}^{\mathrm{T}}\boldsymbol{Y}_n\\ \boldsymbol{B}^{\mathrm{T}}\boldsymbol{Y}_n\end{bmatrix} \tag{13.12}$$

2. 映射节点的增加

若增加的映射节点为

$$\boldsymbol{Z}_{n+1}=\phi(\boldsymbol{X}\boldsymbol{W}_{e_{n+1}}+\boldsymbol{\beta}_{e_{n+1}})$$

那么对应增加的增强节点的权重 $\boldsymbol{W}$ 也会改变，如图 13.5 所示，重新生成节点为

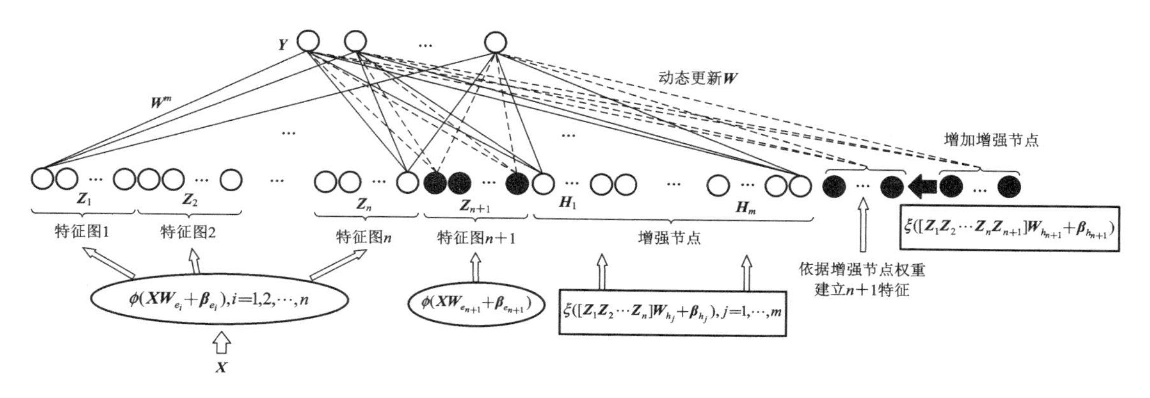

图 13.5 映射节点的增加增量学习

$$\boldsymbol{H}_{ex_m} = [\xi(\boldsymbol{Z}_{n+1}\boldsymbol{W}_{ex_1} + \boldsymbol{\beta}_{ex_1}), \cdots, \xi(\boldsymbol{Z}_{n+1}\boldsymbol{W}_{ex_m} + \boldsymbol{\beta}_{ex_m})] \tag{13.13}$$

这里的 $\boldsymbol{H}_{ex_m}$ 是作为额外的节点增加到网络当中的。

3. 输入数据的增加

输入数据的增加是 BLS 中最重要的增量形式，如图 13.6 所示，也是我们在学习过程中最常见的增量形式。若新增加的样本为 $\boldsymbol{X}_a$，$\boldsymbol{A}_n^m$ 表示有 n 组映射节点和 m 组增强节点的初始输入矩阵，那么对应于增加的数据的输入矩阵可以表示为

$$\boldsymbol{A}_x = [\varphi(\boldsymbol{X}_a\boldsymbol{W}_{e_1} + \boldsymbol{\beta}_{e_1}), \cdots, \varphi(\boldsymbol{X}_a\boldsymbol{W}_{e_n} + \boldsymbol{\beta}_{e_n}) \mid \xi(\boldsymbol{Z}_x^n\boldsymbol{W}_{h_1} + \boldsymbol{\beta}_{h_1}), \cdots, \xi(\boldsymbol{Z}_x^n\boldsymbol{W}_{h_m} + \boldsymbol{\beta}_{h_m})] \tag{13.14}$$

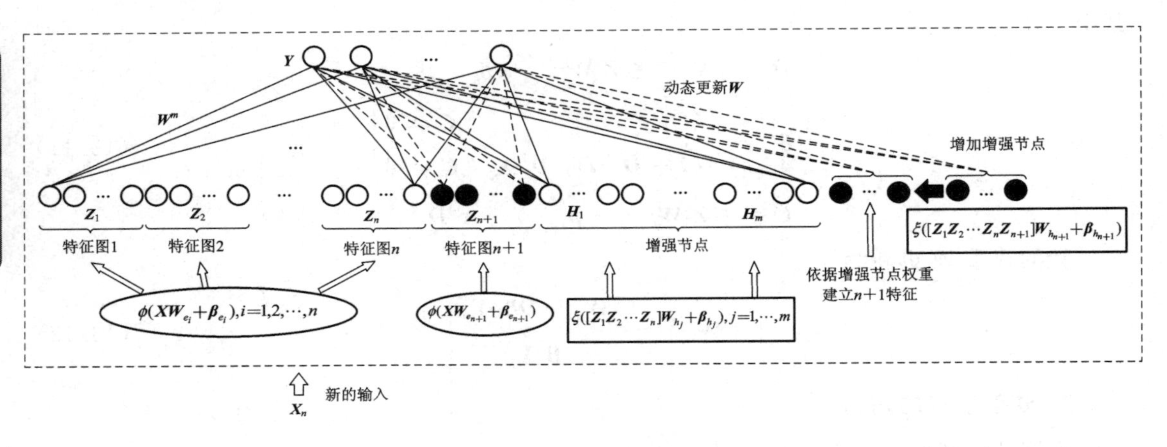

图 13.6　输入数据的增加增量学习

式(13.14)中的参数是初始网络中产生的参数，因此，可以将更新后的输入矩阵表示为

$$ {}^{x}\boldsymbol{A}_n^m = \begin{bmatrix} \boldsymbol{A}_n^m \\ \boldsymbol{A}_x^{\mathrm{T}} \end{bmatrix} \tag{13.15}$$

$$({}^{x}\boldsymbol{A}_n^m)^{-1} = [(\boldsymbol{A}_n^m)^{+} - \boldsymbol{B}\boldsymbol{D}^{\mathrm{T}}, \boldsymbol{B}]$$

其中 $\boldsymbol{D}^{\mathrm{T}} = \boldsymbol{A}_x^{\mathrm{T}}(\boldsymbol{A}_n{}^m)^{+}$，

$$\boldsymbol{B}^{\mathrm{T}} = \begin{bmatrix} (\boldsymbol{C}\boldsymbol{T})^{+} & \boldsymbol{C} \neq \boldsymbol{0} \\ (\boldsymbol{A}_n^m)^{+}\boldsymbol{D}^{\mathrm{T}}(\boldsymbol{I} + \boldsymbol{D}^{\mathrm{T}}\boldsymbol{D})^{-1} & \boldsymbol{C} = \boldsymbol{0} \end{bmatrix}$$

$$\boldsymbol{C} = \boldsymbol{A}_x^{\mathrm{T}} - \boldsymbol{D}^{\mathrm{T}}\boldsymbol{A}_n^m$$

新的权重 $\boldsymbol{W}$ 更新为

$$ {}^{x}\boldsymbol{W}_n^m = \boldsymbol{W}_n^m + \boldsymbol{B}(\boldsymbol{Y}_a^{\mathrm{T}} - \boldsymbol{A}_x^{\mathrm{T}}\boldsymbol{W}_n^m)$$

13.4 宽度学习的优势特性

机器学习技术应用于数据的潜在特性挖掘，这种技术可以被分类为两种：描述性和预测性。描述性包括聚类、关联和概括，旨在对数据属性进行特征描述；预测性包括回归、分类等，其目的是对数据特性进行归纳并进行预测。

1. 分类更准确

分类问题主要用于解决实例数据的分类问题，实现对目标的预测。近年来，由于数据获取难度降低，数据量大幅度增加，进而导致模型复杂难以学习。但宽度学习的快速增量模型使得网络动态发展，不需要模型的重建，大大降低了模型的训练时间消耗。另外，MNIST 数据集实验结果证明，宽度学习系统易于扩展到其他神经网络，可以实现对数据更高的分类精确度。实验中，宽度学习训练时间只需要 21.2546 秒，但与此同时还能保证 89.27%的精确度。可见，与其他深度学习算法的结果相比，宽度学习算法在速度和精度上具有一定竞争力。

2. 回归更精确

回归是预测性数据挖掘模型之一，其通过方程与多个数值型随机连续变量建立关系，进而分析数据属性值内的依赖关系。陈俊龙团队在对数据维度为 1 万～3 万的 20 万个数据测试中发现，在 3～50 分钟之内，宽度学习都能够很快地找到神经网络的权重，且表现出较高的精度，具体比较结果参见表 13.1。

表 13.1 SVM，LSSVAM，ELM，BLS 和模糊 BLS 在 UCI 数据集上上回归精度比较(标准均方误差)

数据集	SVM		LSSVM		ELM		BLS		Fussy BLS	
	训练	测试	训练	测试	训练	测试	训练	测试	训练	测试
Abalone	0.0748	0.0773	0.0717	0.0756	0.0756	0.0777	0.0737	0.0754	0.0732	0.0754
Basketball	0.0804	0.0767	0.0826	0.0744	0.0801	0.0719	0.0834	0.0659	0.0830	0.0657
Cleveland	0.1032	0.1514	0.1039	0.1256	0.1038	0.1281	0.1040	0.1199	0.1014	0.1154
Pyrim	0.0130	0.1549	0.0225	0.1133	0.0767	0.1376	0.0420	0.0578	0.0418	0.0462
Strike	0.0584	0.1053	0.0463	0.1007	0.0592	0.1043	0.0503	0.1001	0.0453	0.0994

总之，宽度学习算法主要有两个明显特点：

(1) 宽度学习的运行速度快。相比较深度学习长时间高代价的训练，宽度学习的增量机制使得模型更易于扩展，且扩展成本更低。即使有额外的节点添加到系统中，训练算法也可实时快速更新网络参数，这种方式对于一些实时性要求高的任务具有很大吸引力。

（2）网络权重容易更新，宽度学习结构简单，其通过代数及最优化方法就能快速求解，大大节省了重新训练网络的代价。

习　题

1. 宽度学习的增量形式有哪些？阐述各种增量学习算法的流程。
2. 写出宽度学习系统中首次网络权重计算公式以及权重迭代算法公式。

参考文献

[1] LIU Z, CHEN C L P. Broad learning system: Structural Extensions on Single-layer and Multi-layer Neural Networks. 2017 International Conference on Security, Pattern Analysis, and Cybernetics (SPAC), Shenzhen, 2017: 136 - 141.

[2] HINTON G E, SALAKHUTDINOV R R. Reducing the Dimensionality of Data with Neural Networks. Science, 200, 313(5786): 504 - 507.

[3] HINTON G. A Practical Guide to Training Restricted Boltzmann Machines[J]. Momentum, 2019, 9(1): 926.

[4] HRIZHEVSKY A, SUTSKEVER I, HINTON G E. ImageNet Classification with Deep Convolutional Neural Networks. In Proceedings of the Neural Information Processing Systems Conference NIPS, Lake Tahoe, NV, USA, 2012: 3 - 6.

[5] PAO Y H, PARK G H, SOBAJIC D J. Learning and Generalization Charateristics of the Random Vector Functional-link Net[J]. Neurocomputing, 1994(2): 163 - 180.

第14章 图卷积神经网络

当今世界中许多重要的数据集都是以拓扑图或者是网络的形式出现的，比如社交网络、知识图表、蛋白质交互网络、万维网等。然而直到最近，人们才开始关注将神经网络模型泛化以处理这种结构化数据集。在过去几年里，一些论文重新回顾了这个问题，尝试将神经网络一般化并应用在任意图结构数据中。

14.1 图卷积理论基础

深度学习中最常见的方法——卷积神经网络已经在计算机视觉以及自然语言处理等领域达到了非常卓越的水平，这些方向中所用到的数据可以被称作是一种欧几里得数据(Euclidean Data)，如图 14.1 所示。欧几里得数据最显著的特征就是有规则的空间结构，例如图片是规则的正方形栅格，语音是规则的一维序列。而这些数据结构能够用一维、二维的矩阵表示，因此，卷积神经网络处理起来很高效。因为 CNN 能够高效地处理这种数据结构，所以可挖掘其中所存在的特征表示。

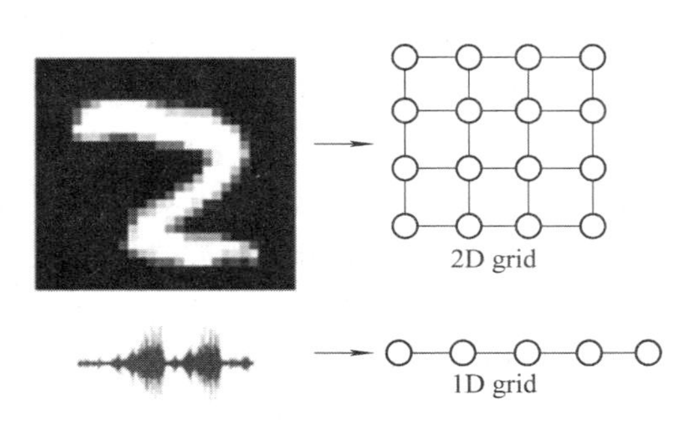

图 14.1　欧几里得数据举例

但是，现实生活中有很多数据并不具备规则的空间结构，称为非欧几里得数据(Non Euclidean Data)，例如推荐系统、电子交易、计算几何、脑信号、分子结构等抽象出的图结构，这类数据属于图结构的数据(Graph-structured Data)。这些图结构中每个节点的连接都不尽相同，有的节点有三个连接，有的节点有两个连接，是不规则的数据结构。CNN 等神经网络结构并不能有效地处理这样的数据。因此，本节主要阐述如何使用 CNN 高效地处理图结构的数据。

图结构是一种数据格式，它可以用于表示社交网络、通信网络、蛋白分子网络等，图结构中的节点表示网络中的个体，连线表示个体之间的连接关系。许多机器学习任务(如社团检测等)都需要用到图结构数据，图卷积神经网络的出现为解决这些问题提供了新的思路。图 14.2 是一个简单的图结构数据。

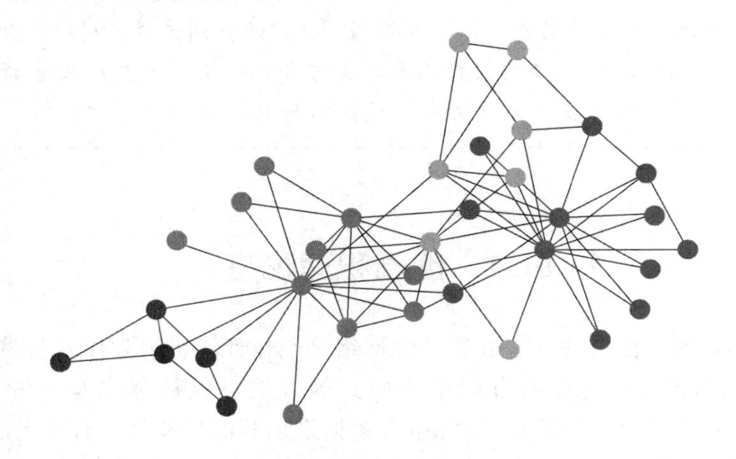

图 14.2 某空手道俱乐部社交网络拓扑示意

由图 14.2 可以看出，图结构中有两个基本的特性：一是每个节点都有自己的特征信息；二是图结构中的每个节点具有结构信息。因此总的来讲，在图结构数据中，要同时考虑到节点的特征信息以及结构信息，如果靠手工规则来提取这些信息，必将失去很多隐蔽和复杂的模式。那么有没有一种方法能自动化地同时得到图结构的特征信息与结构信息呢?

由此提出图卷积神经网络(Graph Convolution Network，GCN)。CNN 无法处理非欧几里得数据，即传统的离散卷积在非欧几里得结构的数据上无法保持平移不变性，因为在拓扑图中每个顶点的相邻顶点数目都可能不同，那么也就无法用一个同样尺寸的卷积核来进行卷积运算。然而人们又希望在拓扑图上有效地提取空间特征来进行学习，所以 GCN 成为研究重点。另一方面，当数据不是拓扑结构的网络时，也会用到 GCN。

14.2 图卷积推导

14.2.1 卷积提取图特征

GCN 的本质目的是提取拓扑图的空间结构，图卷积网络从卷积方式上可以分为两种：

(1) 光谱域卷积，即将卷积网络的滤波器与图信号同时搬移到傅里叶域以后进行处理。

(2) 空间域卷积，即将图结构中的节点在空间域中相连、达成层级结构，进而进行卷积。

1. 空间域卷积

空间域卷积(也叫作顶点域)就是提取拓扑图上的空间特征，找出每个顶点相邻的邻域。这里涉及两个问题：

(1) 如何确定感受野。

(2) 感受野按照什么方式来处理包含不同数目邻域的特征。

Nieppert M 针对这两个问题提出了一种 PATCHY-SAN (Select-Assemble-Normalize) 方法，通过以下三个步骤构建卷积分片：

(1) 从图结构中选择一个固定长度的节点序列；

(2) 对序列中的每个节点，收集固定大小的邻域集合；

(3) 对由当前节点及其对应的邻域构成的子图进行规范化，作为卷积结构的输入。

通过上述三个步骤构建出所有的卷积分片之后，利用卷积结构分别对每个分片进行操作。具体示意图如图 14.3 所示。

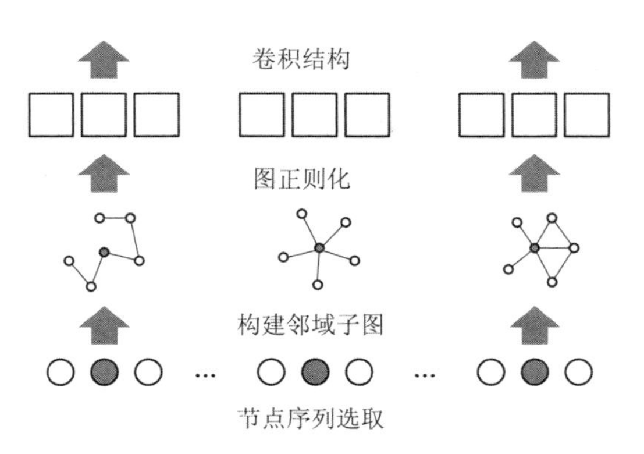

图 14.3 PATCHY-SAN 方法

总体上讲，用 N 个固定 size$=k$ 的子图来表示输入的图，再将这 N 个子图结构正则化后，生成一个 $N*k$ 维的向量，作为传统的 CNN 的输入，进行学习。这其实是一个从图结构到向量的映射的预处理过程。

这种方法的主要缺点是每个顶点提取出来的邻域不同，使得计算处理必须针对每个顶点并且提取特征的效果并没有卷积效果好。

2. 光谱域卷积

光谱域是 GCN 的理论基础，借助图结构的理论可以实现拓扑图上的卷积操作。通过图上的傅里叶变化，定义图结构上的卷积，最后与深度学习结合得到图卷积网络。

图傅里叶变换以及图卷积的定义都用到了图的拉普拉斯矩阵，首先介绍拉普拉斯矩阵。

对于 $G=(V, E)$，其拉普拉斯矩阵为 $\boldsymbol{L}=\boldsymbol{D}-\boldsymbol{A}$，其中 $\boldsymbol{D}$ 是顶点的度矩阵(对角矩阵)，对角线上元素依次为各个顶点的度，$\boldsymbol{A}$ 是图结构的邻接矩阵。常用的拉普拉斯矩阵实际有三种：

(1) $\boldsymbol{L}=\boldsymbol{D}-\boldsymbol{A}$：定义的拉普拉斯矩阵,也称为组合拉普拉斯算子。

(2) $\boldsymbol{L}^{sys}=\boldsymbol{D}^{-1/2}\boldsymbol{L}\boldsymbol{D}^{-1/2}$：定义的对称规范化的拉普拉斯算子，很多 GCN 的研究中使用的是这种拉普拉斯矩阵。

(3) $\boldsymbol{L}^{rw}=\boldsymbol{D}^{-1}\boldsymbol{A}$ ：定义的随机游走归一化拉普拉斯矩阵。

拉普拉斯矩阵有很多良好的性质，首先拉普拉斯矩阵是对称矩阵，可以进行特征分割(谱分解)，这和 GCN 的光谱域对应；其次拉普拉斯矩阵只在中心顶点和一阶相连的顶点上有非 0 元素，其余均为 0；最后通过拉普拉斯算子与拉普拉斯矩阵进行类比更容易理解卷积定理，因此在 GCN 中，拉普拉期矩阵得到了很好的应用。

14.2.2 GCN 推导

GCN 的核心是基于拉普拉斯矩阵的谱分解，拉普拉斯矩阵是半正定对称矩阵，有如下几个性质：对称矩阵一定有 n 个线性无关的特征向量；半正定矩阵的特征值一定非负；对称矩阵的特征向量相互正交，即所有特征向量构成的矩阵为正交矩阵。

由上可知，拉普拉斯矩阵可以进行谱分解，且分解后有特殊的形式。拉普拉斯矩阵的谱分解为

$$\boldsymbol{L}=\boldsymbol{U}\begin{pmatrix}\lambda_1 & & \\ & \ddots & \\ & & \lambda_n\end{pmatrix}\boldsymbol{U}^{-1} \tag{14.1}$$

其中 $\boldsymbol{U}=(\boldsymbol{u}_1, \boldsymbol{u}_2, \cdots, \boldsymbol{u}_n)$，是列向量为单位特征向量的矩阵，$\begin{pmatrix}\lambda_1 & & \\ & \ddots & \\ & & \lambda_n\end{pmatrix}$ 是 n 个特征值

构成的对角阵。由于 $\boldsymbol{U}$ 是正交矩阵，即 $\boldsymbol{U}\boldsymbol{U}^{\mathrm{T}}=\boldsymbol{E}$，所以特征分解又可以写成 $\boldsymbol{L}=\boldsymbol{U}\begin{pmatrix}\lambda_1 & & \\ & \ddots & \\ & & \lambda_n\end{pmatrix}\boldsymbol{U}^{\mathrm{T}}$。

接下来将卷积运算推广到图结构。

卷积定理：函数卷积的傅里叶变换是函数傅里叶变换的乘积，即对于函数 $f(t)$ 与 $h(t)$，两者的卷积是其函数傅里叶变换乘积的逆变换

$$f*h=\boldsymbol{U}^{-1}[\hat{f}(w)\hat{h}(w)]=\frac{1}{2\pi}\int\hat{f}(w)\hat{h}(w)\mathrm{e}^{\mathrm{i}\omega t}\mathrm{d}w \tag{14.2}$$

类比到图结构上并把傅里叶变换的定义代入，f 与卷积核 h 在图结构上的卷积可按下列步骤求出：

(1) f 的傅里叶变换为 $\hat{f}=\boldsymbol{U}^{\mathrm{T}}f$。

(2) 卷积核 h 的傅里叶变换写成对角矩阵的形式，即

$$\begin{pmatrix}\hat{h}(\lambda_1) & & \\ & \ddots & \\ & & \hat{h}(\lambda_n)\end{pmatrix}$$

$\hat{h}(\lambda_l)=\sum_{i=1}^{N}h(i)u_l^*(i)$ 是根据需要设计的卷积核 h 在图结构上的傅里叶变换。

(3) 两者的傅里叶变换乘积即为 $\begin{pmatrix}\hat{h}(\lambda_1) & & \\ & \ddots & \\ & & \hat{h}(\lambda_n)\end{pmatrix}\boldsymbol{U}^{\mathrm{T}}f$。

(4) 乘以 $\boldsymbol{U}$ 求两者傅里叶变换乘积的逆变换，则求出卷积

$$(f*h)_G=\boldsymbol{U}\begin{pmatrix}\hat{h}(\lambda_1) & & \\ & \ddots & \\ & & \hat{h}(\lambda_n)\end{pmatrix}\boldsymbol{U}^{\mathrm{T}}f \tag{14.3}$$

由此图卷积公式可以表示为：

$$(f*h)_G=\boldsymbol{U}((\boldsymbol{U}^{\mathrm{T}}h)\odot(\boldsymbol{U}^{\mathrm{T}}f))$$

其中，$\odot$ 表示哈达马积，对于两个向量，就是进行内积运算；对于维度相同的两个矩阵，即相应元素的乘积运算。

深度学习中的图卷积与式(14.3)推导出的图卷积公式有很大不同，但是万变不离其宗，式(14.3)是基础。深度学习中的卷积是要设计含有可训练的共享参数核，从式(14.3)

来看，图卷积中的卷积参数是diag $(\hat{h}(\lambda_l))$。

Bruna J 提出的第一代 GCN 简单地把 diag$(\hat{h}(\lambda_l))$变成了卷积核 diag(θ_l)，即

$$y_{\text{output}} = \sigma\left(\boldsymbol{U}\begin{pmatrix} q_1 & & \\ & \ddots & \\ & & q_n \end{pmatrix}\boldsymbol{U}^{\mathrm{T}}\boldsymbol{x}\right) \tag{14.4}$$

式(14.4)就是标准的第一代 GCN 中的层，其中 $\sigma(\cdot)$是激活函数，$\begin{pmatrix} q_1 & & \\ & \ddots & \\ & & q_n \end{pmatrix}$ 与三层神经网络中的权值一样是任意的参数，通过初始化赋值，然后利用误差反向传播进行调整，$\boldsymbol{x}$ 就是图结构上对应于每个顶点的特征向量。

然而第一代 GCN 存在着一些弊端，即每一次前向传播，均需计算 $\boldsymbol{U}$、diag(θ_l)和 $\boldsymbol{U}^{\mathrm{T}}$ 三者的乘积，特别是对于大规模的图结构，计算代价较高，并且卷积核需要 n 个参数。

Defferrard M 提出的第二代 GCN 把$\hat{h}(\lambda_l)$巧妙地设计成 $\sum_{j=0}^{K}\alpha_j\lambda_l^i$，即

$$y_{\text{output}} = \sigma\left(\boldsymbol{U}\begin{pmatrix} \sum_{j=0}^{K}\alpha_j\lambda_1^j & & \\ & \ddots & \\ & & \sum_{j=0}^{K}\alpha_j\lambda_n^j \end{pmatrix}\boldsymbol{U}^{\mathrm{T}}\boldsymbol{x}\right) \tag{14.5}$$

利用矩阵乘法进行变换得到

$$\begin{pmatrix} \sum_{j=0}^{K}\alpha_j\lambda_1^j & & \\ & \ddots & \\ & & \sum_{j=0}^{K}\alpha_j\lambda_n^j \end{pmatrix} = \sum_{j=0}^{K}\alpha_j\boldsymbol{\Lambda}^j \tag{14.6}$$

进而可以导出

$$\boldsymbol{U}\sum_{j=0}^{K}\alpha_j\boldsymbol{\Lambda}^j\boldsymbol{U}^{\mathrm{T}} = \sum_{j=0}^{K}\alpha_j\boldsymbol{U}\boldsymbol{\Lambda}^j\boldsymbol{U}^{\mathrm{T}} = \sum_{j=0}^{K}\alpha_j\boldsymbol{L}^j \tag{14.7}$$

式(14.7)成立是因为 $\boldsymbol{L}^2=\boldsymbol{U\Lambda U}^{\mathrm{T}}\boldsymbol{U\Lambda U}^{\mathrm{T}}=\boldsymbol{U\Lambda}^2\boldsymbol{U}^{\mathrm{T}}$ 且 $\boldsymbol{U}^{\mathrm{T}}\boldsymbol{U}=\boldsymbol{E}$，于是式(14.4)就变成了

$$y_{\text{output}} = \sigma\left(\sum_{j=0}^{K}\alpha_j\boldsymbol{L}^j\boldsymbol{x}\right) \tag{14.8}$$

其中(α_1, α_2, …, α_K)是任意的参数，通过初始化赋值，然后利用误差反向传播进行调整。这个方法设计的卷积核优点在于卷积核只有 K 个参数，一般 $K \ll n$，并且矩阵变换后不需要做特征分解，可直接使用拉普拉斯矩阵 $\boldsymbol{L}$ 进行变换，计算复杂度变为$O(n)$。

从推导中可以得到 GCN 的一些特征：GCN 是对卷积神经网络在图结构上的自然推广；它能同时对节点特征信息与结构信息进行端对端学习，是目前对图结构学习任务的最佳选择；图卷积适用性极广，适用于任意拓扑结构的节点与图结构。

14.3 图卷积应用

14.3.1 自适应图卷积网络简介

腾讯联合德克萨斯大学阿灵顿分校提出自适应图卷积神经网络(Adaptive Graph Convolutional Neural Networks, AGCN)，可接受任意图结构和规模的数据作为输入。AGCN 网络结构如图 14.4 所示。

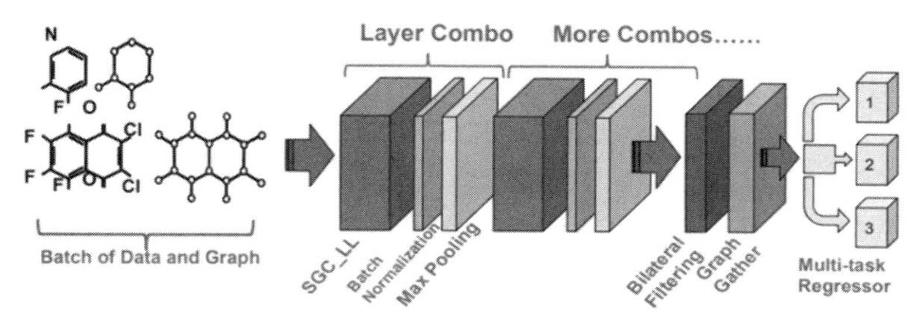

图 14.4 AGCN 网络结构

图卷积中的滤波器大多是为固定和共享图结构而构建的。但是，对于大多数真实数据而言，图结构的大小和连接性都是不同的。研究人员提出了一种有泛化能力且灵活的图卷积，它可以使用任意图结构的数据作为输入。通过这种方式，可以在训练时为每个图结构构建一个任务驱动的自适应图(Adaptive Graph)，并且为了有效地学习这种图结构，提出了一种距离度量学习方法。

由 14.1 节我们已经了解到，尽管卷积神经网络 CNN 被证明可成功解决大量机器学习问题，但是它们通常要求输入为张量。而对于这种图结构的情况，CNN 支持在栅格上进行卷积的平稳性和复合性无法再得到满足。因此，在图结构数据上重构卷积算子是非常有必要的。

然而，把 CNN 从规则栅格扩展到不规则栅格并不容易。为了有效地构建卷积核，早期图卷积假定数据仍然是低维的。由于卷积器根据节点度区别处理各个节点，卷积核过分关注于局部而不灵活，因此无法学习复杂图结构(带有无法预测且灵活的节点连接性，如分子和社交网络)的层次表征。当前图卷积遇到了以下瓶颈问题：图度(Graph Degree)受限；输入数据必须共享同样的图结构；图结构固定，且非通过训练学得，无法从拓扑结构中学习。

针对图卷积的一些瓶颈，提出了一种新型频谱图卷积网络，其输入可以是多种图结构的原始数据，例如包含不同数量苯环的有机分子。该网络不使用共享频谱核，而是给批量中的每个样本一个特定的图结构拉普拉斯矩阵，客观描述其独特拓扑结构。根据其独特的图拓扑，定制化图结构拉普拉斯算子将带来定制化的频谱滤波器。但是，它无法保证内在图结构上的卷积器能够提取所有有意义的特征。因此，在这个方法中训练了一个残差图结构以发现内在图结构中不包含的残差子结构。此外，为了确保残差图结构是特定任务的最佳补充，同时设计了一个机制，即在训练其余图卷积时学习残差图结构。

AGCN 特点如下：

(1) 构建独特的图结构拉普拉斯算子。为一个批量中的每个样本构建和学习独特的残差拉普拉斯矩阵，将学得的残差图结构拉普拉斯算子添加到初始图结构上。

(2) 学习用于生成残差图结构的距离度量。通过学习共享的最优距离度量参数，图结构的拓扑结构随着预测网络的训练而更新。

(3) 卷积中的特征嵌入。在卷积前，先进行顶点特征变换，使得顶点内不同特征之间和不同顶点特征均联系起来。

(4) 接受灵活的图结构输入。鉴于(1)和(2)，网络可以输入不同的图结构和图结构大小，因此对图度没有限制。

具有图拉普拉斯学习的频谱图卷积层称为 SGC-LL。自适应图卷积网的具体方法有如下两种。

1. 为图更新训练度量

该方法中，新的光谱滤波器对拉普拉斯矩阵 $\boldsymbol{L}$ 而不是系数 θ_k 进行参数化。给定原始拉普拉斯 $\boldsymbol{L}$、特征 $\boldsymbol{X}$ 和参数 Γ，函数 $F(\boldsymbol{L}, \boldsymbol{X}, \Gamma)$ 输出更新的拉普拉斯 $\widetilde{\boldsymbol{L}}$，那么滤波器将表示为

$$g_\theta = \sum_{k=0}^{K-1} (F(\boldsymbol{L}, \boldsymbol{X}, \Gamma))^k \tag{14.9}$$

所以 SGC-LL 层的输出定义为

$$Y = \boldsymbol{U} g_\theta(\boldsymbol{\Lambda}) \boldsymbol{U}^{\mathrm{T}} \boldsymbol{X} = \boldsymbol{U} \sum_{k=0}^{K-1} (F(\boldsymbol{L}, \boldsymbol{X}, \Gamma))^k \boldsymbol{U}^{\mathrm{T}} \boldsymbol{X} \tag{14.10}$$

对于图结构化数据，欧几里得距离不再是测量顶点相似性的良好度量。因此，距离度量需要与训练期间的任务和特征一起自适应学习。在度量学习中，算法分为有监督学习和无监督学习。以无监督方式获得的最佳度量最小化了簇内距离并且最大化了簇间距离。对于标记数据集，学习目标是找到度量最小化损失。$\boldsymbol{x}_i$ 和 $\boldsymbol{x}_j$ 之间的广义马氏距离表示为

$$D(\boldsymbol{x}_i, \boldsymbol{x}_j) = \sqrt{(\boldsymbol{x}_i - \boldsymbol{x}_j)^{\mathrm{T}} \boldsymbol{M} (\boldsymbol{x}_i - \boldsymbol{x}_j)} \tag{14.11}$$

如果 $\boldsymbol{M}=\boldsymbol{I}$，则方程(14.9)可以认为是欧几里得距离。在该模型中，对称正半定矩阵 $\boldsymbol{M}=\boldsymbol{W}_d\boldsymbol{W}_d^{\mathrm{T}}$，其中 $\boldsymbol{W}_d$ 是 SGC-LL 层的可训练权重之一。$\boldsymbol{W}_d\in\mathbf{R}^{d\times d}$ 是我们测量 $\boldsymbol{x}_i$ 和 $\boldsymbol{x}_j$ 之间的欧几里德距离的空间的变换基础。然后，我们使用距离来计算高斯核

$$G(\boldsymbol{x}_i,\ \boldsymbol{x}_j)=\exp\frac{D(\boldsymbol{x}_i,\ \boldsymbol{x}_j)}{2\sigma^2} \tag{14.12}$$

在 $\boldsymbol{G}$ 归一化之后，我们获得密集的邻接矩阵 $\boldsymbol{A}$。在该模型中，最优度量 $\hat{\boldsymbol{W}}_d$ 是构建图结构拉普拉斯集 $\{\hat{\boldsymbol{L}}\}$ 以最小化预测损失的度量。

2. 特征变换的重新参数化

在 CNN 中，卷积层的输出特征是来自最后一层的所有特征图的总和，其中它们是由独立滤波器计算的。这意味着新功能不仅建立在相邻顶点上，还依赖于其他顶点的特征。但是，对于图卷积，在同一图结构上为不同的顶点特征创建和训练单独的拓扑结构是不可解释的。为了构建顶点内和顶点间特征的映射，在 SGC-LL 层，引入了应用于输出特征的变换矩阵和偏置矢量。因此 SGC-LL 层输出特征的重新参数化表示为

$$Y=(\boldsymbol{U}g_\theta(\boldsymbol{\Lambda})\boldsymbol{U}^{\mathrm{T}}\boldsymbol{X})\boldsymbol{W}+b \tag{14.13}$$

在第 i 层，变换矩阵 $\boldsymbol{W}_i\in\mathbf{R}^{d_i\times 1}$ 和偏置 $b_i\in\mathbf{R}^{d_i\times 1}$ 与度量 M_i 一起被训练，其中 d_i 是特征维度。总体上讲，在每个 SGC-LL 层，具有 $O(d_id_{i-1})$ 学习复杂度的参数 $\{M_i,\ \boldsymbol{W}_i,\ b_i\}$，与输入图形大小或程度无关。在下一个 SGC-LL 层，光谱滤波器将构建在具有不同度量的另一个特征域中。SGC-LL 层的运算如图 14.5 所示。

输入：$\boldsymbol{X}=\{\boldsymbol{X}_i\}$，$\boldsymbol{L}=\{\boldsymbol{L}_i\}$，$\alpha$，$M$，$b$

步骤：(1) **for** 每一个小批量中的第 i 年图样本 **do**

(2) $\hat{A}_i\leftarrow$式(14.11)和式(14.12)

(3) $\boldsymbol{L}_{\mathrm{res}}(i)\leftarrow\boldsymbol{I}-\tilde{\boldsymbol{D}}_i^{-1/2}\tilde{\boldsymbol{A}}_i\tilde{\boldsymbol{D}}_i^{-1/2}$ $\quad\tilde{\boldsymbol{D}}_i=\mathrm{diag}(\tilde{\boldsymbol{A}}_i)$

(4) $\tilde{\boldsymbol{L}}_i=\boldsymbol{L}_i+\alpha\boldsymbol{L}_{\mathrm{res}}(i)$

(5) $Y_i\leftarrow$式(11.13)

(6) **end for**

输出：$\boldsymbol{Y}=\{Y_i\}$

图 14.5 SGC-LL 层的运算

SGC-LL 的特点是学习最优距离度量和特征变换，进而学习残差图拉普拉斯矩阵。目前，AGCN 是首个允许任意图结构和规模的频谱图卷积方法，残差图拉普拉斯的监督式训练使得模型更适合预测任务。

14.3.2 基于时空图卷积网络的骨架识别

行人动作识别主要从多个模态的角度来进行研究，即：外观、深度、光流以及身体骨骼。其中动态的人类骨骼点通常是最具有信息量的，且能够和其他模态进行互补，但是研究这个方面的工作很少。动态的骨骼模态可以自然地表达为时间序列的人体关节位置；行人的动作可以看作是分析这些运动模式。当前的方法主要是简单地将关节坐标构成特征向量，然后应用时间分析理论。这些方法的能力有限，因为它们并没有挖掘这些关节之间的空间关系，但这对于理解行为来说，是非常重要的。

为了克服这些困难，Yan S 提出了一种新方法，可以自动地捕获嵌入在关节空间配置中的空间信息，以及它们的时间动态信息，这是深度神经网络的优势。但是骨骼点的数据是一种图结构，而不是 2D 或者 3D 的网格，所以，很难利用当前的 CNN 来直接处理这些数据。GCNs 将 CNN 拓展到任意图结构，受到了很大关注，并且得到了广泛的应用，因此作者将 GCNs 用在大型数据集上来建模动态图形，如：人类骨架序列。该方法通过将 GCN 拓展到时空图模型，称为 ST-GCN(Spatial-Temporal Graph Model)。如图 14.6 所示，这个模型是在一个骨骼图的序列上构建的，每个节点对应了人体的关节。

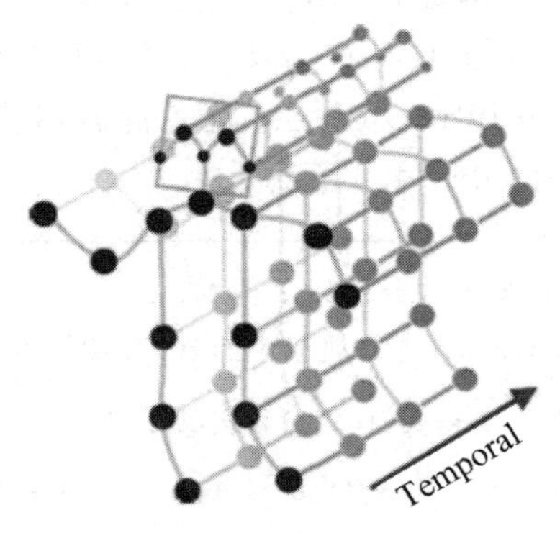

图 14.6 时空图示例

时空图模型构建的具体方法如下：

1. 骨架图

骨架序列可以通过图结构的方式进行定义，用时空图 $G=(V, E)$ 来对序列中的 N 个关节点和内部与帧间连接进行表示。节点定义为 V_{ti}，t 表示第几帧，i 表示第几个关节点，$F(V_{ti})$ 表示第 t 帧第 i 关节点的特征向量。骨架序列构造时空图的步骤：第一步，帧内的关节点按人体结构进行连接；第二步，相邻帧的对应关节点进行连接，这样构建出来的时空图，可以适合于各种动作算法提取的关节点，是相对自然的构建方式，不需要考虑对齐问题。边可以分为空间边和时间边两个子集，分别用 E_s 和 E_f 来表示。

2. 图卷积

图卷积分为空间图和时间图卷积。

1）空间图卷积

将节点和空间边当作 2D 网格，那么卷积操作的输出也要保持 2D 网格，这里限定步长为 1，并设计合理的 padding。假设卷积核尺寸为 $K \times K$，输入特征为 f_{in}，用 $\boldsymbol{x}$ 表示关节点空间位置，那么卷积操作可表示为

$$f_{\text{out}}(\boldsymbol{x}) = \sum_{h=1}^{K}\sum_{w=1}^{K} f_{\text{in}}(p(\boldsymbol{x}, h, w)) \cdot w(h, w) \tag{14.14}$$

函数 p 为采样函数，即映射函数。确定哪些元素参与权重计算，例如图像卷积中，采样函数就是像素为 $\boldsymbol{x}$ 位置在附近大小为卷积尺寸的区域，是一种确定邻域的方法。而权重函数也就是一种映射过程，即指明采用的区域按什么次序与权重相乘的一种映射关系。输入邻域某个像素 V_{tj}，返回该像素对应的权重。整理公式空间图卷积定义为

$$f_{\text{out}}(v_{ti}) = \sum_{v_{ti} \in B(v_{ti})} \frac{1}{Z_{ti}(v_{ti})} f_{in}(v_{tj}) \cdot w(l_{ti}(v_{tj})) \tag{14.15}$$

公式中多了一项归一化 l_{ti} 操作，是为了平衡不同邻域大小对输出的贡献。

2）时空图卷积

只需要对应修改采样函数和权重映射函数，即可扩展到时空图上，设置采样区域为相邻几帧。权重映射函数根据相邻帧的图结构有序特点，可以设置如下映射函数，当做一种对应寻址的操作，即第几个维度上的第几个矩阵元素。

$$B(v_{ti}) = \left\{ v_{qj} \mid d(v_{tj}, v_{ti}) \leqslant K, \ |q-t| \leqslant \left[\frac{\Gamma}{2}\right] \right\} \tag{14.16}$$

$$l_{ST}(v_{qj}) = l_{ti}(v_{tj}) + \left(q - t + \left[\frac{\Gamma}{2}\right]\right) \times K \tag{14.17}$$

3. 分配策略

根据上面对图卷积的定义，这里需要设计关于邻域子集的分配策略，主要有以下几种（如图 14.7 所示）：

（1）Uni-labeling：认为领域内都属于一个子集，即 $K=1$，那么就相当于是对邻域特征向量的平均与一个权值作用。

（2）Distance Partitioning：认为邻域内分为两个子集，当前节点一个，周围相邻节点一个，即 $K=2$。

（3）Spatial Configuration Partitioning：认为邻域内节点子集的划分依赖到人体中心的距离，可以分为三个子集，即 $K=3$。

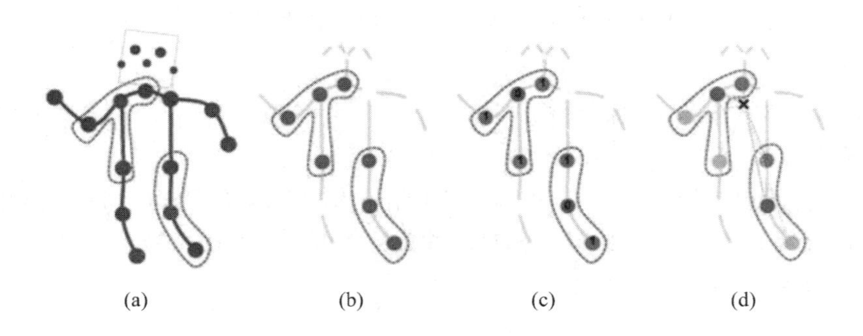

图 14.7 分配策略示例

为了提高性能，考虑到不同节点在识别时对周围节点的影响，可以设计 mask 作用于时空图卷积上，相当于对应空间边的权重。

时空图卷积，可以先计算空间卷积，再计算时间卷积。空间边可以用邻接矩阵来构建，单位阵表示自己连接，例如采用 Uni-labeling，空间图卷积计算公式为

$$f_{\text{out}} = \boldsymbol{\Lambda}^{-\frac{1}{2}}(\boldsymbol{A}+\boldsymbol{I})\boldsymbol{\Lambda}^{-\frac{1}{2}} f_{\text{in}}\boldsymbol{W}$$

习　题

1. 试分析图卷积神经网络与 CNN 在卷积层、池化层的差异，并说明各自的应用场景。
2. 请用卷积定理推导出图卷积的卷积核。
3. 编程实现图卷积神经网络并在文本分类任务上的应用。

参考文献

[1] KRIZHEVSKY A, SUTSKEVER I, HINTON G E. Imagenet Classification with Deep Convolutional Neural Networks[C]//Advances in Neural Information Processing Systems. 2012: 1097-1105.

[2] LE Cun Y, BENGIO Y. Convolutional Networks for Images, Speech, and Time Series[J]. The Handbook of Brain Theory and Neural Networks, 1995, 3361(10): 1995.

[3] NIEPERT M, AHMED M, KUTZKOV K. Learning Convolutional Neural Networks for Graphs [C]//International Conference on Machine Learning. 2016: 2014-2023.

[4] SANDRYHAILA A, MOURA J M F. Discrete Signal Processing on Graphs[J]. IEEE Transactions on Signal Processing, 2013, 61(7): 1644-1656.

[5] BRUNA J, ZAREMBA W, SZLAM A, et al. Spectral Networks and Locally Connected Networks on Graphs[J]. arXiv preprint arXiv: 1312.6203, 2014.

[6] DEFFERRARD M, BRESSON X, VANDERGHEYNST P. Convolutional Neural Networks on Graphs with Fast Localized Spectral Filtering[C]//Advances in Neural Information Processing Systems. 2016: 3844-3852.

[7] LI R, WANG S, ZHU F, et al. Adaptive Graph Convolutional Neural Networks[J]. arXiv preprint arXiv: 1801.03226, 2018.

[8] YAN S, XIONG Y, LIN D. Spatial Temporal Graph Convolutional Networks for Skeleton-based Action Recognition[J]. arXiv preprint arXiv: 1801.07455, 2018.

[9] KIPF T N, WELLING M. Semi-Supervised Classification with Graph Convolutional Networks[J]. 2016.

[10] QI C R, SU H, MO K, et al. Pointnet: Deep Learning on Point Sets for 3d Classification and Segmentation[J]. Proc. Computer Vision and Pattern Recognition (CVPR), IEEE, 2017, 1(2): 4.

[11] BRONSTEIN M M, BRUNA J, LE Cun Y, et al. Geometric Deep Learning: Going beyond Euclidean Data[J]. IEEE Signal Processing Magazine, 2017, 34(4): 18-42.

[12] BRUALDI R A, RYSER H J. Combinatorial Matrix Theory[M]. Cambridge: Cambridge University Press, 1991.

[13] NEWMAN M E J, GIRVAN M. Finding and Evaluating Community Structure in Networks[J]. Physical review E, 2004, 69(2): 026114.

[14] YANG J, MCAULEY J, LESKOVEC J. Community Detection in Networks with Node Attributes [C]//Data Mining (ICDM), 2013 IEEE 13th international conference on. IEEE, 2013: 1151-1156.

第15章 语音、文本、图像与视频模式识别

伴随着模式识别技术的飞速发展，模式识别在社会生活和科学研究的许多方面有着巨大的现实意义，已被广泛应用于人工智能、机器学、神经生物学、医学、侦探学以及考古学、宇航科学和武器技术等重要领域。模式识别技术的快速发展和应用极大地促进了国民经济建设和国防科技现代化建设。

本章主要围绕基于SVM的手写体数字识别技术、基于BP神经网络的图像识别技术、基于高斯混合模型的说话人识别技术以及基于VGG19的视频行人检测技术展开了讨论，并对模式识别技术如何应用于人类生活进行描述。

15.1 基于SVM的手写体数字识别技术

15.1.1 手写体数字识别背景

21世纪的经济发展日新月异，金融领域也向市场化迈进，各种票据数量日益增长，一些票据如进账单票据、个人凭证、各种发票票据，以及支票票据等，都需要实现快速高效的大批量处理。手写体数字识别的研究目标就是希望通过计算机，来模拟人工，从而自动识别纸张上的手写体阿拉伯数字。因此，我们可以利用手写体字符识别技术，利用计算机自动录入票据等数字信息，来替代传统的人工处理方式，解决人工处理过程中存在的时效性差、成本高、工作量大且效率低的问题。目前，手写体数字识别主要包括脱机识别以及联机识别。其中，联机手写体数字的识别已经取得了很好的成就，且识别技术也较为简单，而在脱机手写体数字识别过程中，手写体数字容易受人们的书写习惯、主观情绪及客观环境状况等各类因素的影响，这类因素主要包括以下三方面：

(1) 书写习惯。不同的人在书写时有自己不同的习惯，有人书写的字体比较整齐，也有人书写的字体比较潦草，这使得书写同一个数字时各不相同，各具特色，从而对识别系统进行数字识别时困难增加。

（2）主观情绪。在书写过程中，人们的主观情绪对于书写的字体或产生一定的影响。比如对于较为放松、悠闲的人，书写时字体一般都会较为整洁、结构也相对简单，容易辨识。但如果人们因某些原因而书写时很紧张的话，字体就会变得潦草，结构复杂且难以辨认，最终将增加识别系统的困难度。

（3）客观环境状况。人们在书写时所处的环境因素，也会增加手写体数字识别的困难程度。例如识别一张比较洁白、干净的纸张上的字符对比于识别一张比较污浊、脏的纸张上的字符，干净的纸张上的字符识别过程就会更加简单。

15.1.2 手写体数字识别流程

手写体数字识别是一种融合多门学科，如图像处理、机器学习以及模式识别等多个内容的复杂问题，在一般情况下，手写体数字图像预处理、手写体数字特征提取以及手写体数字分类识别就是手写体数字识别系统的三个主要部分。手写体数字识别流程图如图 15.1 所示。

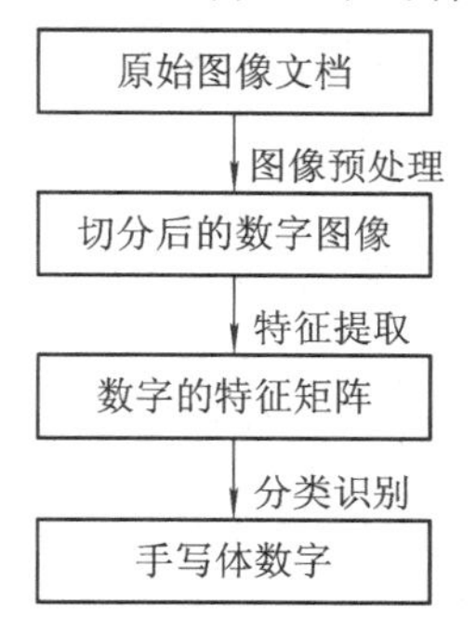

图 15.1 手写体数字识别流程图

15.1.3 手写体数字识别算法

本实例用手写体数字图像标准库中的 MNIST 数据集作为实验数据集，该数据集的训练集样本有 60 000 个，测试集样本有 10 000 个，图 15.2 为部分 MNIST 手写体数字图像。

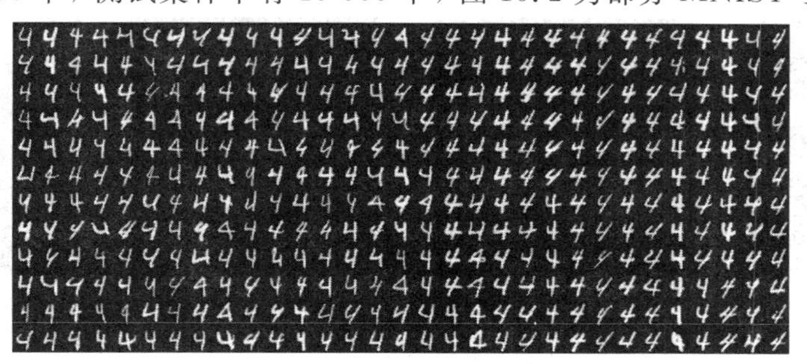

图 15.2 部分 MNIST 手写体数字图像

图 15.3 为本实例中设计的手写体数字识别算法流程图，主要包括预处理、特征提取、分类识别三个过程。

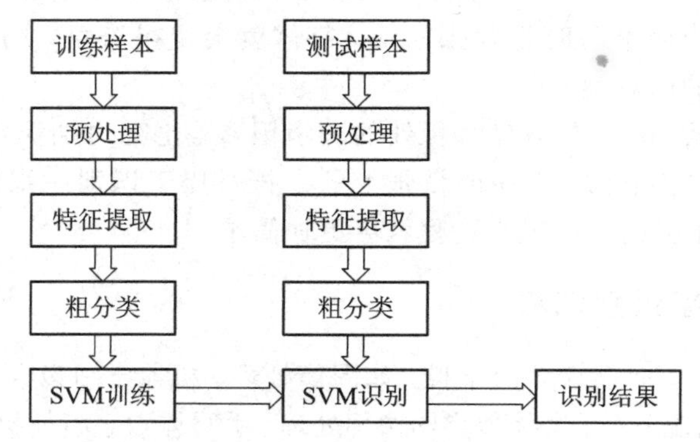

图 15.3　手写体数字识别算法流程图

受到扫描设备质量、扫描分辨率、扫描光线等因素的影响，手写体数字在利用扫描设备转换为数字图像的过程中，会出现字迹模糊、字体倾斜、污点出现等现象，从而会影响最终手写体数字的识别结果。因此，对手写体字符图像进行预处理，就显得尤为重要。一般情况下，二值化、归一化、图像去噪以及细化等就是手写体数字预处理过程。

1. 预处理

在实际操作中，由于我们手写体数字图像通常都是利用扫描仪等图像采集设备获得的RGB 图像，所以先对图像进行灰度化处理可以方便后续处理，计算复杂度也会降低。同时，由于采集数据的过程，通常都会出现各种噪声点，这种噪声点可能会严重干扰最终识别结果，因此对图像进行去噪处理就显得至关重要，本实例中对数字图像进行去噪处理采用的是中值滤波算法。

此外，为了使得图像处理的复杂度进一步简化，本实例采用 K-means 算法对手写体数字图像进行了二值化处理。其中，选取 64 与 192 为聚类中心，利用 Canny 法提取字符轮廓，用数学形态学方法细化字符获得细化后的字符骨架，处理效果图如图 15.4 所示。

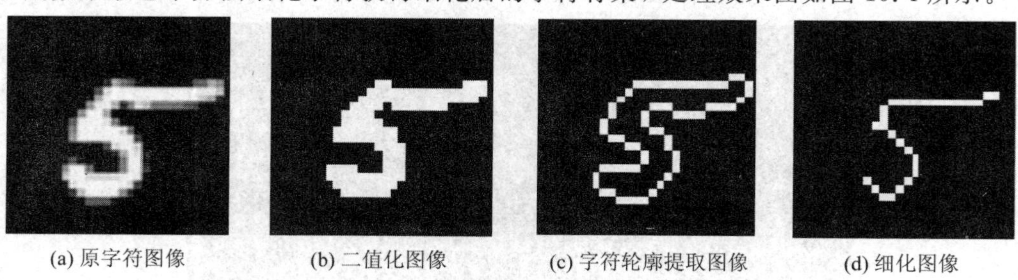

(a) 原字符图像　(b) 二值化图像　(c) 字符轮廓提取图像　(d) 细化图像

图 15.4　预处理效果图展示

对于“0”和“9”这种带圈的数字，在进行字符轮廓提取时会出现内、外两个字符轮廓，如图 15.5(a)所示。相比于内轮廓，外轮廓一方面字符信息保留更加丰富，另一方面在书写过程中变化更多，因此我们选用图 15.5(b)中的外轮廓。

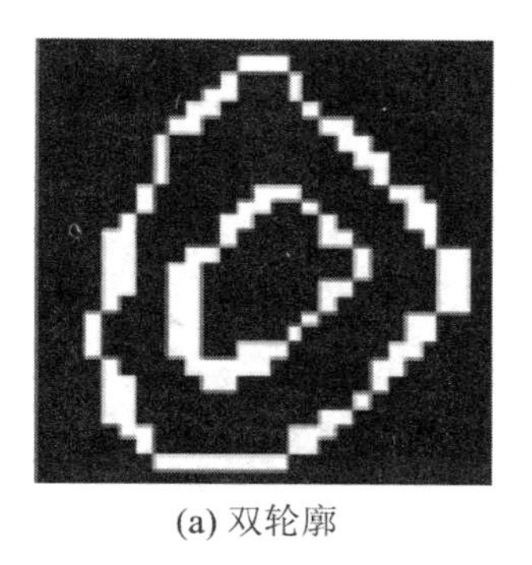

(a) 双轮廓

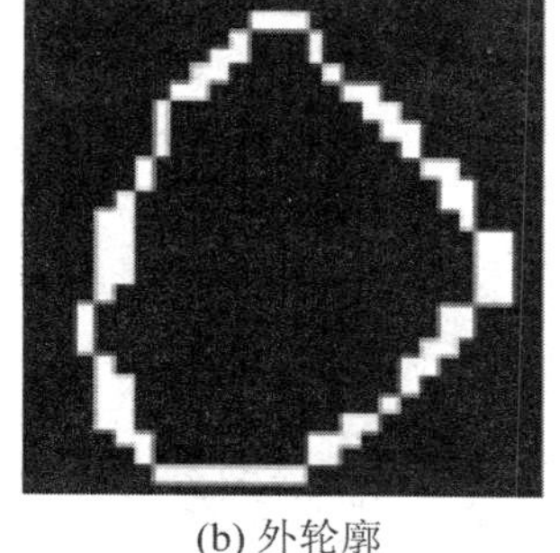

(b) 外轮廓

图 15.5　手写体数字 0 的轮廓图像

由于手写体数字书写时比较自由，书写的人不同，获得的字体也不同，大小也不规整，因此识别起来困难度高。对手写体数字进行字符归一化时，可以进行位置归一化和尺寸大小归一化两种归一化策略。图 15.6 中所示的是手写体数字 0 的两种形态，我们对这两幅图分别进行尺寸大小归一化操作，但在归一化结果图 15.7 中我们发现，字符与边框的距离在两幅图中差异较大，从而会影响最终的识别结果。为了解决这个问题，我们一般在进行尺寸归一化之前，会按字符的高度或者宽度对图像进行剪裁，对字符在图像中的位置进行调整，从而达到确保字符与边界的距离之和最小的效果。

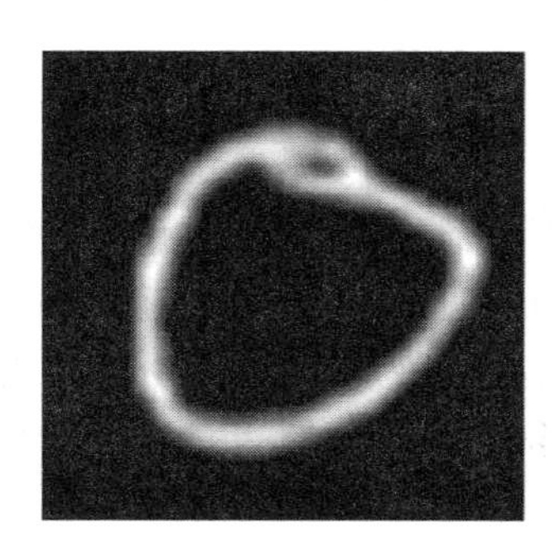

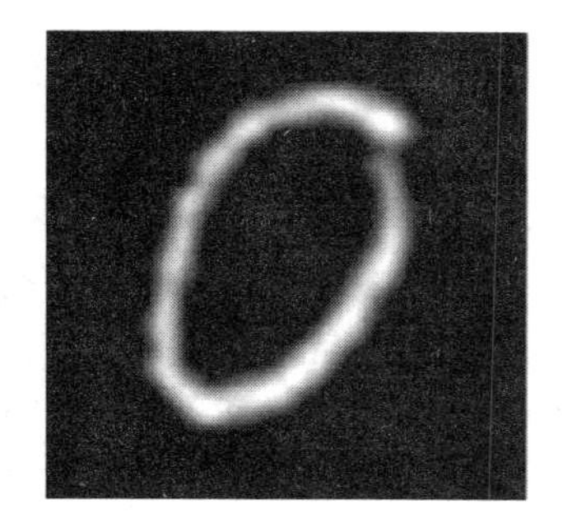

图 15.6　手写体数字 0 的两种形态

手写体数字图像归一化具体算法步骤如下：

(1) 检测手写体数字图像中字符的高度与宽度，如图 15.7(a)所示；

(2) 按照手写体数字图像中字符的宽度与高度对字符图像进行剪裁，如图 15.7(b)所示；

(3) 保持图像原始高宽比不变的状态下，根据字符宽度与高度两者中的最大值对剪切所得到的图像按比例进行缩放，实现字符尺寸大小归一化，如图 15.7(c)所示；

(4) 对步骤(3)得到的手写体字符图像进行背景补全操作，并把图像尺寸大小归一化为 28×28，如图 15.7(d)所示。

此时，通过归一化得到的字符图像中，高和宽之比不变，且在剔除了很多无用的背景像素之后，字符也能位于方框的中间位置。

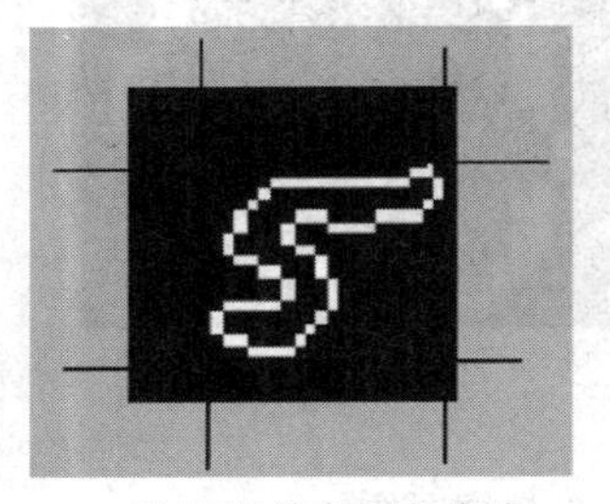

(a) 检测字符高度与宽度

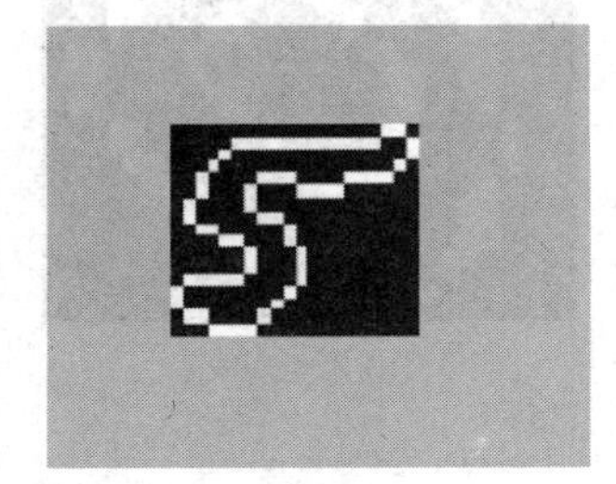

(b) 按字符高度与宽度剪切的图像

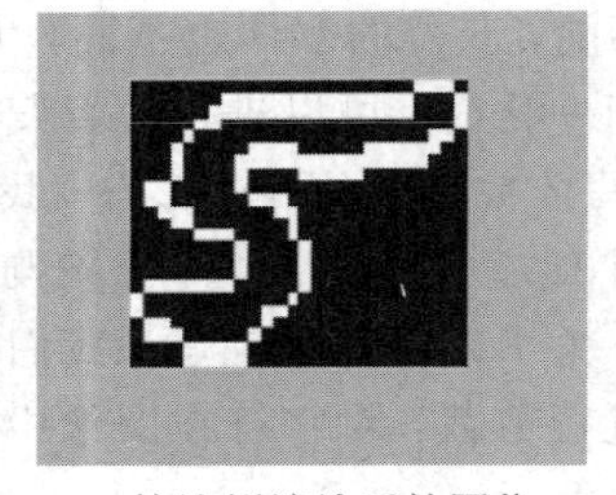

(c) 按比例缩放后的图像

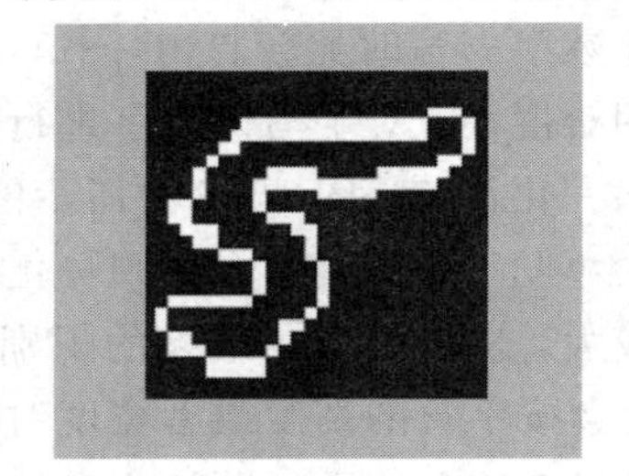

(d) 补背景后的图像

图 15.7　字符归一化过程变化图

2. 特征提取

上述过程实现了手写体数字图像预处理过程，下一步要实现手写体数字图像的特征提取过程。本实例中，我们首先获取手写体字符图像的链码直方图特征，并根据链码计算，获得一阶差分链码直方图，然后根据获得的一阶差分链码计算出方向转折点，再将最开始获得的链码直方图特征与根据一阶差分链码计算得到的方向转折点进行特征组合，使得最终每个小区域内有九个特征向量。本实例在实验过程中对图像大小归一化为 28×28，分块操作时分块的大小设置为 7×7。

图 15.8 是手写体字符 5 经过预处理和字符轮廓提取后用 8 -方向表示的效果图。图 15.9 与图 15.10 分别是图 15.7 中手写体字符 5 的链码直方图与一阶差分链码直方图。表 15.1 是提取到的字符每个小区域特征向量的组成，最后应有 4×4×9=144 维特征向量。

0	0	0	0	0	0	0	0	0	0	0	0	0	0	0	0	0	0	0	0	0	0	0	1	1	8	0
0	0	0	0	0	0	0	0	1	1	1	1	1	1	1	1	1	1	1	1	1	1	2	6	0	6	7
0	0	0	0	0	0	0	2	0	0	0	0	0	0	0	0	0	0	0	0	0	0	0	0	0	0	7
0	0	0	0	0	0	2	0	6	0	0	0	0	0	0	0	0	0	0	0	0	0	0	2	0	6	6
0	0	0	0	0	2	6	0	2	2	0	0	0	0	2	0	0	0	2	0	0	0	0	6	0	6	0
0	0	0	0	2	6	2	0	2	6	0	0	0	0	6	0	0	0	6	0	0	0	0	0	6	0	0
0	0	0	0	3	0	0	0	0	0	6	5	5	5	0	0	0	0	0	6	5	5	5	5	0	0	0
0	0	0	0	3	0	0	0	0	7	0	0	0	0	4	5	5	5	5	0	0	0	0	0	0	0	0
0	0	1	2	6	2	0	0	0	8	0	0	0	0	0	0	0	0	0	0	0	0	0	0	0	0	0
0	0	3	0	6	0	2	0	2	6	1	1	8	0	0	0	0	0	0	0	0	0	0	0	0	0	0
0	0	0	4	0	0	0	0	0	2	0	6	0	7	0	0	0	0	0	0	0	0	0	0	0	0	0
0	0	0	0	4	5	6	0	0	2	0	2	6	7	0	0	0	0	0	0	0	0	0	0	0	0	0
0	0	0	0	0	0	4	5	5	6	2	0	0	8	0	0	0	0	0	0	0	0	0	0	0	0	0
0	0	0	0	0	0	0	0	0	4	0	0	2	6	7	0	0	0	0	0	0	0	0	0	0	0	0
0	0	0	0	0	0	0	0	0	3	0	0	0	0	7	0	0	0	0	0	0	0	0	0	0	0	0
0	0	0	0	0	0	0	0	0	3	0	0	0	0	7	0	0	0	0	0	0	0	0	0	0	0	0
0	0	1	1	1	1	1	1	2	6	2	0	2	6	6	0	0	0	0	0	0	0	0	0	0	0	0
0	2	6	0	0	0	0	0	0	2	2	0	6	6	0	0	0	0	0	0	0	0	0	0	0	0	0
0	3	6	0	2	0	0	0	0	0	0	0	6	0	0	0	0	0	0	0	0	0	0	0	0	0	0
0	0	4	0	6	2	0	0	0	2	6	6	0	0	0	0	0	0	0	0	0	0	0	0	0	0	0
0	0	3	5	5	6	0	0	0	6	6	0	0	0	0	0	0	0	0	0	0	0	0	0	0	0	0
0	0	0	0	0	4	0	0	0	7	0	0	0	0	0	0	0	0	0	0	0	0	0	0	0	0	0
0	0	0	0	0	3	5	5	5	5	0	0	0	0	0	0	0	0	0	0	0	0	0	0	0	0	0

图 15.8　字符 5 的 8-方向表示

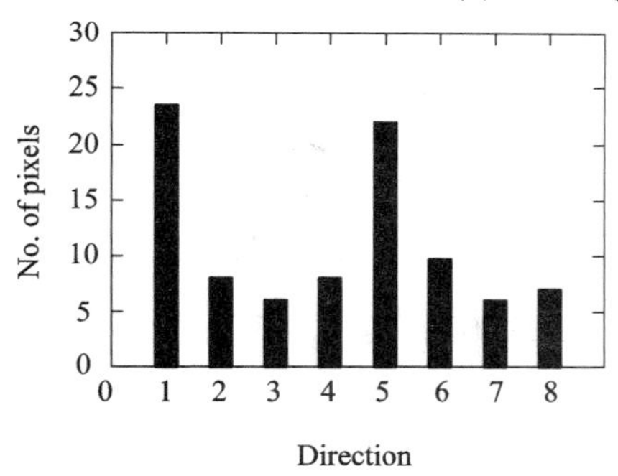

图 15.9　字符 5 的链码直方图

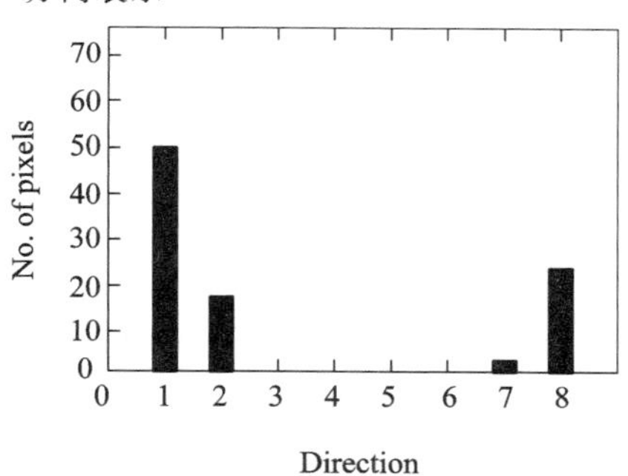

图 15.10　字符 5 的一阶差分链码直方图

表 15.1　每个小区域的特征向量组成

方向 1 频数	方向 2 频数	方向 3 频数
方向 4 频数	方向 5 频数	方向 6 频数
方向 7 频数	方向 8 频数	DTP 的频数

为了使手写体数字进行训练与识别更加便捷，我们按矩阵的形式把提取的特征向量进行存储，其中，一个手写体字符的特征向量对应于矩阵中的每一行，具体格式如公式(15.1)所示，其中 n 为样本的统计个数。

$$
\begin{cases}
\text{标签 1} \quad \text{方向 1 频数} \quad \text{方向 2 频数}\cdots\text{DTP 频数} \quad \text{方向 1 频数}\cdots\text{DTP 频数} \\
\text{标签 2} \quad \text{方向 1 频数} \quad \text{方向 2 频数}\cdots\text{DTP 频数} \quad \text{方向 1 频数}\cdots\text{DTP 频数} \\
\quad \vdots \\
\text{标签 } n \quad \text{方向 1 频数} \quad \text{方向 2 频数}\cdots\text{DTP 频数} \quad \text{方向 1 频数}\cdots\text{DTP 频数}
\end{cases}
\tag{15.1}
$$

15.1.4 基于 SVM 的手写体数字识别

本实例的手写体数字识别分类分为粗分类和细分类两步。如图 15.11 所示，我们先对手写体数字进行粗分类，再用 SVM 进行细分类，这样不仅能够提高数字识别效率，也能有效降低计算复杂度。

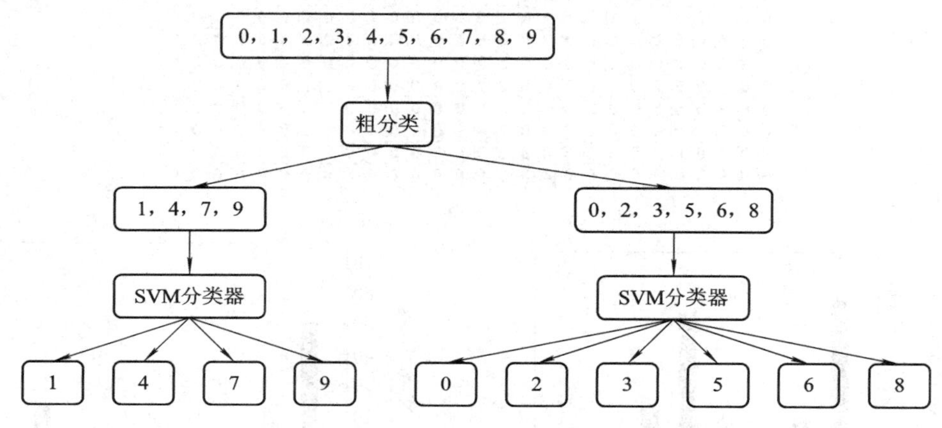

图 15.11 手写体数字分类过程图

本实例在手写体数字粗分类过程中，利用水平穿越次数可将样本分为两类，第一类为数字字符"1"，"4"，"7"，"9"，剩下的数字字符"0"，"2"，"3"，"5"，"6"，"8"为第二类。粗分类具体实现步骤如下：

(1) 对手写体字符图像进行去噪、二值化等预处理操作，并检测字符的高度与宽度；

(2) 根据步骤(1)检测的字符高度与宽度对手写体数字图像进行剪裁；

(3) 将步骤(2)剪裁得到的字符图像按比例缩放，在缩放过程中，将高度固定在 28 像素；

(4) 对通过上述步骤处理后的手写体数字图像进行水平穿越次数扫描。

图 15.12 中的图(a)、(b)、(c)和(d)是对应步骤(1)、(2)、(3)和(4)的粗分类的实现效果。为了更好地显示效果，图中的字符图像是取反后的图像。

在不改变字符形态比例的情况下把字符高度统一，水平穿越次数检测的稳定性便得到了提高。通过此高度的穿越次数检测，我们可以把样本成功分为两类，一类样本是数字"1"，"4"，"7"和"9"，它们的穿越次数为 1；另一类样本是数字"0"，"2"，"3"，"5"，"6"和

“8”，它们的穿越次数大于 1。我们的测试样本来自 MNIST 数据库，共有 10000 个测试样本，粗分类结果如表 15.2 所示，从标出结果可以发现，对于一些简单数字的分类，粗分类器的识别率也能达到 90%以上。

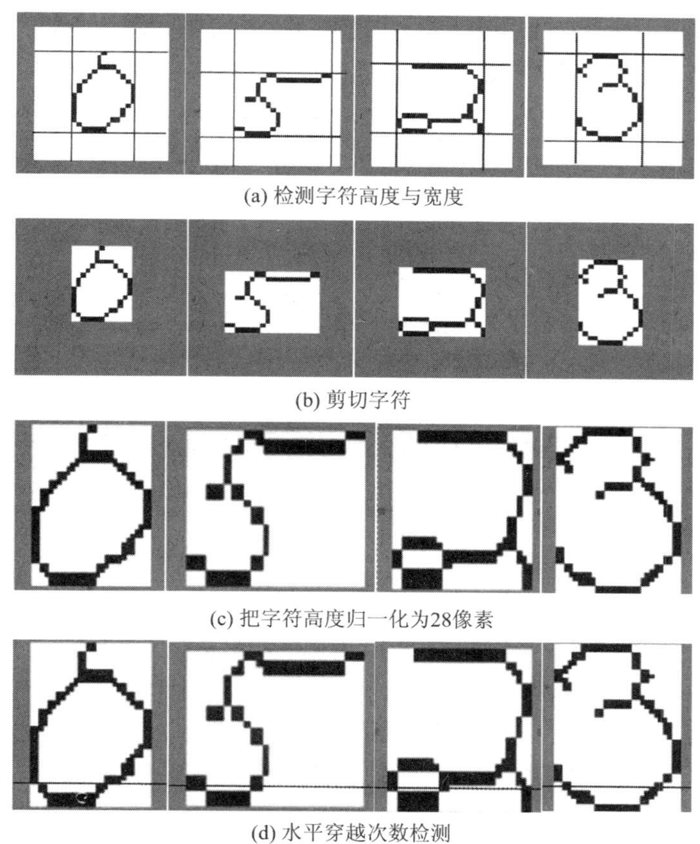

(a) 检测字符高度与宽度

(b) 剪切字符

(c) 把字符高度归一化为28像素

(d) 水平穿越次数检测

图 15.12 粗分类算法实现效果图

表 15.2 粗分类正确率

手写体数字	分类正确率/%	手写体数字	分类正确率/%
0	99.6	5	69.9
1	98.9	6	94.2
2	71.6	7	99.3
3	56.6	8	94.2
4	97.9	9	98.2

我们通过粗分类过程把样本分为了两类，接着再利用 SVM 进行细分类，可以大大降低复杂度。我们选择一对一投票方法构造基于 SVM 的多分类器，有两个原因：一是一对一投票方法能获得较高的识别率；二是由于手写体数字的形态多样化，且在粗分类过程中存在一定的错分现象，而我们可以利用一对一投票方法在分类过程中对投票数相等的样本默认为第一类的特点，来提高识别率，降低拒识率，分类器构造如图 15.13 所示。

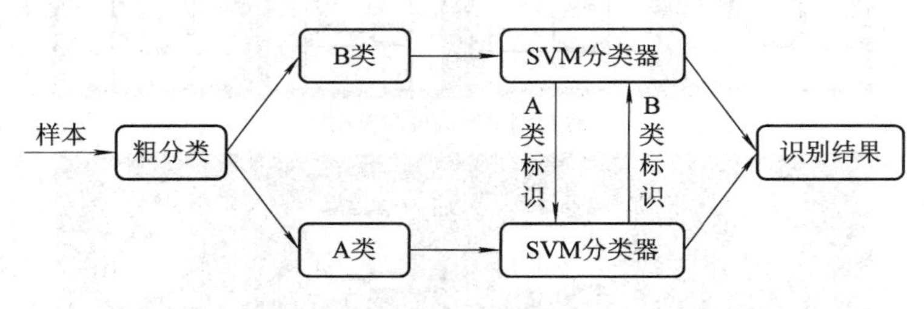

图 15.13 基于 SVM 的分类器设计

15.2 基于 BP 神经网络的图像识别技术

15.2.1 图像识别背景

腾讯公司董事长马化腾在 2016 年国际大数据产业博览会上发布的微信大数据表明，在微信朋友圈中，上传图片数量可达 10 亿张/日，视频播放量也可达 20 亿次/日。这一巨大的微信数据说明，不受语言和文字等地域文化约束的图片信息已逐步取代了人们所熟悉的传统文字信息表达的方式。在这种数字图像技术飞速发展的状态下，为了满足现实生活中人们的实际需求，图像识别技术也开始成为新的研究热点。图像识别技术是通过先对图像进行预处理，提取有效特征，进而加以判断分类，目的是研发出一种能够进行图像自动识别的机器视觉系统，从而代替人工完成分类和识别任务。

15.2.2 图像识别基本原理

通常情况下，一个图像识别系统包含五部分，如图 15.14 所示。第一部分是获取原始图像信息；第二部分是对原始图像进行预处理；第三部分是对预处理后图像进行特征提取；第四部分是利用提取到的特征进行判决，实现分类识别；第五部分是对分类识别的结果进行评估分析。

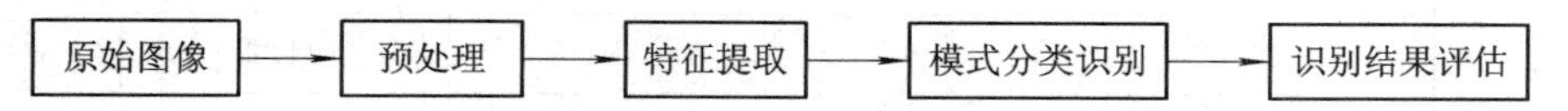

图 15.14 图像识别系统框图

图像处理是指通过计算机对待识别图像进行处理，主要包括图像预处理操作和图像分割操作。其中，通过去除图像中的干扰和噪声，增强图像中的有用信息，提高图像识别效果是图像预处理的根本目的。常用的图像预处理方法包括图像复原方法和图像变换方法。图像分割则是将待识别图像利用基于边缘分割、阈值分割以及区域分割等图像分割方法分割成区域之间特征具有明显差异，区域内部特征具有一定的相似性的若干个子区域的过程。

图像的特征提取是指提取出经过缩放、尺度变换、平移、或光照等因素干扰而保持不变的图像信息特征，并将图像特征转化为一些具体的数学表示或者向量描述等。图像特征提取可分为全局特征提取和局部特征提取，分类依据是所提取范围的不同。图像的全局特征，如图像的颜色特征、形状特征以及纹理特征等，描述的是图像整体信息的全部特征；而图像的局部特征则是只对图像中某个区域内的局部特征进行表示的部分特征，在图像进行匹配、检索时比较适用，常用的局部检测方法主要包括斑点检测法和角点检测法。

通常经过图像处理和特征提取之后，就可以对图像进行识别分类。图像识别分类主要指分类器的设计和实现。比较常用的图像分类算法包括邻近分类算法、支持向量机算法、决策树以及人工神经网络等。识别结果评估是通过一些定量或定性的方式对所使用的方法的分类识别结果的优劣进行评价。

15.2.3 BP 神经网络的设计

1. 输入层和输出层的设计

神经网络结构设计的合理性直接关系到整个后续的训练与分类识别过程，通常来说，对于人工神经网络的输入层与输出层，输入层的神经元个数一般是根据求解问题的类型以及数据的表示方式来设计的，由于数据中存在未处理或虚假的信息数据时，会严重影响网络的训练效果和最终的识别结果，因此我们在设计输入层的神经元个数之前，要检查输入数据的来源是否正确。

本实例中我们利用神经网络来实现图像识别，因此，网络输入层内的神经元个数则可以根据处理后的图像特征空间的维数或者像素数来确定。对于网络输出层的神经元个数设计，通常是按照使用者的需求来确定的。确定其神经元的个数通常有两种方法，假设待识别目标种类有 m 个时：

(1) 网络输出层的神经元个数与待识别目标的种类个数相等。输出层有 m 个神经元个数，训练样本属于其中第 j 类，则其输出向量可表述为

$$\boldsymbol{y}=(0,\ 0,\ \cdots 0,\ l_j,\ 0,\ 0\cdots 0_m)^{\mathrm{T}} \tag{15.2}$$

(2) 网络输出层的神经元个数与待识别目标的种类个数不相等。此时我们通过对网络输出层的神经元按照类别进行二进制编码，那么输出层的神经元个数设置为lb m 个。

2. 隐层的设计

BP 神经网络隐层单元的数目设置过少时，目标样本的有效特征可能难以及时获得，网络模型构建不正确，会导致网络出现不能够正确识别目标、容错性差、识别率低等问题；但 BP 神经网络隐层单元的数目设置过多的话，会出现网络结构复杂、泛化能力低、训练时间长、训练时不收敛等问题。

15.2.4 基于 BP 神经网络的图像识别

1. 样本库的建立

完备而全面的样本选择和样本库的建立是确保实验成功的先决条件。因此，样本选择过程中，要保证训练样本数量尽可能多，同时图像样本要尽量涵盖目标的全部信息，例如要包含不同拍摄角度、目标不同姿态、不同拍摄距离等多种内容。本实例在实验过程中，通过在部分图像样本中添加随机噪声，来达到增强神经网络模型抵抗噪声等干扰因素影响的能力。图 15.15 所示是图像样本库中所包含的轿车、吉普车、小客车的部分图片。

图 15.15　三种目标图像的姿态图

图 15.16 是从不同距离、不同视角、添加噪声后采集的目标图像。

(a) 不同距离下的目标图像

(b) 不同视角下的目标图像

(c) 添加噪声后的样本图

图 15.16 从不同距离、不同角度、添加噪声采集的目标图像

2. 神经网络模型的建立

神经网络模型结构参数，通常情况下是根据建立的组合矩维数、目标图像种类等参数来确定的，如网络层数、激活函数的选择、网络各层的节点数以及网络各层间的权值等。

1）确定神经网络输入节点和输出节点

本实例中，我们在设置网络的输入层节点数时主要依据提取的组合矩维数、网络的输入层节点数与图像特征量的维数在数值上相等。组合矩是由 5 个不变量构成的，因此将神经网络的输入节点数设置为 5，有 3 种待识别的图像目标种类，因此神经网络的输出节点设置为 3 个。

2）确定 BP 神经网络层数与激活函数

神经网络的层数在实际应用中一般不会高于 4 层。本实例中是希望利用 BP 神经网络实现图像识别过程，因此 BP 神经网络的层数选择 3 层，其中包含 1 个隐层。激活函数选用输出值范围为 0～1 的 Sigmoid 型函数，符合期望的输出值。

3）确定 BP 神经网络隐层神经元数

本实例构建的神经网络结构参数如下：网络结构为三层，激活函数为 Sigmoid 型函数，输入层节点数为 5 个、输出层节点数为 3 个，允许误差 E_{min} 为 0.01。目标图像吉普车、轿车、小客车的期望输出分别为(**0，0，1**)，(**0，1，0**)(**1，0，0**)。

本实例中确定网络初始隐层的个数时，采用 A. J. Maren 等人提出的经验公式，取最靠近输入层个数 5 和输出层个数 3 的几何平均值的整数，因此，网络隐层个数选择为 4。每次增加的神经元个数为 5，观察识别率的变化情况。若识别率上升，则减小神经元的变化个数，如设置为 4 个；识别率下降则增加神经元的变化个数，如设置为 6 个；直至识别率变得非常差时结束实验。表 15.3 是通过具体实验来确定隐层神经元个数的结果，其中训练样本为 210 个目标图像。

表 15.3　通过实验确定网络隐层神经元个数

序号	隐层神经元个数	训练时间/s	轿车识别率/(%)
1	4	7.2	92
2	9	8.9	93.4
3	10	10.3	98.2
4	11	10.5	96.7
5	12	11.4	96.6
6	15	12.3	95.6
7	20	15.7	95.2
8	30	19.5	89

从表 15.3 中可以看出，开始时随着神经元个数的增加，目标识别率增大，但当神经元个数超过 10 时，识别率反而下降了。

3. 图像识别结果分析

本实例所采用的数据样本库中，包括不同距离、不同角度以及添加随机噪声等情况的目标图像，每个目标具有 80 个训练样本，训练样本总量为 240 个。BP 神经网络结构参数分别为：输入层节点个数为 5、隐层神经元个数为 10、输出层节点个数为 3。BP 算法中学习率为 0.3，动量系数为 0.35。训练结束后，每个目标选择 5 个额外样本进行测试。表 15.4 所示为部分训练样本的实验结果。

表 15.4　部分训练样本的实验结果

序号	目标样本的组合矩					期望输出			实际输出		
1	0.3569	0.0853	0.3218	2.3174	4.6097	1	0	0	1	0	0.0046
2	0.8577	0.3815	0.7578	2.7078	5.1243	0	0	1	0	0.1668	0.5742
3	0.3662	0.079	0.3648	2.3262	4.6256	1	0	0	1	0	0
4	0.3684	0.2076	−0.002	2.3393	4.6515	1	0	0	1	0	0
5	0.6326	0.0804	−0.0269	2.3131	4.5181	0	1	0	0.0076	0.9654	0.3709
6	0.6426	0.0843	−0.1275	0.3232	4.5319	0	1	0	0.0072	0.8653	0.0746
7	0.6494	0.0832	−0.3505	2.3353	4.5545	0	1	0	1	0.0951	0
8	0.3855	0.4033	0.3826	2.3404	4.6502	1	0	0	1	0	0
9	0.5857	0.0561	0.4907	2.2938	4.4996	0	1	0	0	1	0.0042
10	0.3599	0.1317	−0.1229	2.3312	4.6368	1	0	0	1	0	0.0093

表 15.4 所列数据是通过在 240 个训练样本中进行随机选取获得的，多数的实际输出值都能够正确地识别目标图像，少量会输出错误的识别结果。统计全部训练样本识别结果得到，轿车、吉普车、小客车的正确识别率分别为 96.0%、95.0%，98%。神经网络训练结束后，选择 15 个样本进行结果测试，吉普车、轿车、小客车目标图像的期望输出值分别为 **(0，0，1)**、**(0，1，0)** 及 **(1，0，0)**。测试结果如表 15.5～表 15.7 所示。

表 15.5　目标图像为吉普车的实验结果

序号	组合矩不变量					实际输出			识别结果
1	0.9047	0.3628	0.6921	2.6555	4.9337	0	0	0.9989	正确
2	0.8427	0.1054	−0.6493	2.6293	4.9881	1	0	0	错误
3	0.9281	0.6156	0.8124	2.6274	4.8154	0	0	0.9999	正确
4	0.9227	1.2056	0.9215	2.5628	4.7019	0	0.001	0.9894	正确
5	0.8973	1.0011	0.8965	2.4946	4.6282	0	0.0026	0.9945	正确

表 15.6　目标图像为轿车的实验结果

序号	组合矩不变量					实际输出			识别结果
1	0.7130	0.3838	0.3872	2.2996	4.447	0	0.9513	0.0092	正确
2	0.7150	0.3421	0.3363	2.3022	4.4506	0	0.0695	0.1589	正确
3	0.6105	0.0788	0.0059	2.5412	4.9842	0.0984	0.9842	0.0151	正确
4	0.6713	0.0853	−0.5721	2.2526	4.4229	0	0.9994	0.0003	正确
5	0.7186	0.3348	0.5045	2.3067	4.4575	0	0.9952	0.0153	正确

表 15.7 目标图像为小客车的实验结果

序号	组合矩不变量					实际输出			识别结果
1	0.3606	0.2653	0.3032	2.3153	4.6048	1	0	0	正确
2	0.3671	0.2646	0.2611	2.3209	4.6159	1	0	0	正确
3	0.3840	0.2011	0.0801	2.3119	4.6097	1	0	0	正确
4	0.4032	0.2623	−0.2999	2.3224	4.6112	1	0	0	正确
5	0.4195	0.7512	−0.2185	2.3309	4.6240	1	0	0	正确

15.3 基于高斯混合模型的说话人识别技术

15.3.1 说话人识别背景

说话人识别技术是一种能够更加快捷和便利地确定说话人的身份的新型认证技术，与传统的认证技术相比，说话人识别技术更加安全、方便、保密性强、且不存在遗忘或丢失等问题，同时，相比于其他各种类型生物识别技术，说话人识别技术也具有更加廉价、简洁、操作简单和容易接受等优点。因此能够在说话人核对、电子设备安全认证、刑侦技术的人员追踪以及各种机密地区的防护等众多领域实现广泛的应用。

15.3.2 说话人识别的基本流程

说话人识别技术是利用训练好的特征模型匹配待识别的目标说话人形成的特征模型，然后根据匹配所得到的距离或概率近似度来进行说话人辨认和说话人确认。完整的说话人识别流程中主要包括数据预处理、特征提取以及模型训练和测试过程。

1. 说话人识别数据预处理

说话人识别数据预处理过程的主要目的是，对语音信号进行转换，使之更适用于计算机的处理形式，并符合语音信号特征提取要求，主要包括分帧加窗以及预加重等预处理方法。

分帧加窗在进行分帧时，为了实现各个语音帧之间能够平滑地过渡，通常利用重叠分段的方法，进而其时间上的连续性也能得到保证。分帧加窗是通过对语音信号与长度有限的并且可以移动的窗进行加权，换言之，也就是利用语音信号与一个确定的窗函数相乘，从而得到加窗后的语音信号。在分帧加窗操作中常用的窗函数主要有矩形窗、汉明窗等。

由于人们自声门发出语音信号后，会以 12 dB/倍频程的速度进行衰减，并且通过口腔辐射后，也会出现以 6 dB/倍频程的速度进行衰减的现象，这种衰减现象会导致成分较小的高频部分在进行短时快速傅里叶变换等操作后，生成十分陡峭的语音频谱。因此，我们需要对语音信号进行预加重处理。预加重处理过程能够以 6 dB/倍频程的方式提升整个语音频谱的高频部分，进而使生成的语音信号频谱变得平坦。通常我们可以利用一阶高通数字滤波器的方法来实现语音信号的预加重处理。

2. 说话人数据特征提取

提取出适合分类的某些信息特征，如能够代表说话人语音特征的信息，称为语音识别系统中的特征提取，提取到的特征应该能够有效地区分出不同的模式，例如能够直接辨别说话人身份，且在相同的变化中具有相对稳定性。

语音信号在进行特征提取时，其特征参数对于说话人的个性、语义特性等应该能够尽可能地进行反映。目前，语音识别系统主要包括以下三类特征参数：

（1）如口音敏感倒谱系数、感知线性预测参数等通过语音频谱直接导出的参数。

（2）如线谱对系数、线性预测系数、线性预测倒谱系数及其组合等线性预测系数及其派生参数。

（3）通过上述不同的参数进行组合而成的混合参数。

3. 说话人识别模型训练

在训练过程中主要包括模型的训练和模型参数的储存过程。模型的训练过程的具体做法是根据提取的特征参数建立训练过程的模型。此时主要有概率统计模型法以及模板匹配法两种常用的建立模型的方法。模型参数的储存过程主要是将模型作为识别过程中的匹配模板进行储存。

在说话人识别的具体实例中，训练阶段的具体操作过程是：

（1）对每个使用系统的说话人预留充足的语音；

（2）对预留的语音进行声学特征提取；

（3）训练步骤(2)提取到的声学特征，建立说话人模型；

（4）将建立的每个说话人的模型进行储存，从而构建说话人模型库。

4. 说话人识别模型测试

在测试过程中主要包括模型的匹配得分过程和最终的决策判断过程。整个流程可以概括为在已建立的模型库中，对待测试的语音文件的特征参量进行对比、匹配和识别，从而得出相似性得分，最后根据相似得分来匹配说话人。

在说话人识别的具体实例中，测试阶段的具体操作过程是：

（1）获取待测试识别的说话人语音；

（2）对待测试语音的声学特征进行提取；

(3) 根据相似性准则，在说话人模型库中比对待测试语音的声学特征，并进行打分判别；

(4) 得到待测试语音的说话人身份。

15.3.3 基于高斯混合模型的说话人识别

本实例中，我们使用的数据是在网站上采集的20人的细微声音，主要包括“嗯”、“啧啧”、“清嗓子”、“清鼻子”四种细微声音，然后利用建立的GMM模型对细微声音进行判别，从而得出GMM模型对该细微声音的错误率，其结果见表15.8。

表15.8 GMM模型识别错误率统计

嗯	啧啧	清嗓子	清鼻子
15.54%	29.70%	21.85%	37.67%

在训练过程中，我们依据最大似然估计来确定GMM模型的参数。同时，为了避免GMM模型的协方差矩阵值太小对系统性能产生影响，我们在EM算法的迭代计算中，协方差门限值设置为0.001，在训练过程中，要求协方差的值不小于设定的门限值。

15.4 基于VGG19的视频行人检测技术

15.4.1 视频检测背景

人类社会逐渐步入大数据时代，“云计算、互联网＋大数据”成为新一代的研究热点，在这些领域中，不断推出新的产品和应用，不断地影响和改变着人们的生活，并产生海量的包括文本、声音、图形、图像和视频等类型的数据，以视频为例，从大量视频中获取有价值的信息是现代人们研究的热点。视频检测就是一个从视频中进行研究，从而获取价值信息的领域。视频行人检测属于视频识别，是一种计算机在给定视频中，判断是否存在行人并给予精确定位的计算机视觉技术。视频行人检测在智能视频监控、车辆辅助驾驶系统等领域应用极其广泛。

15.4.2 视频行人检测流程

在进行视频行人检测时，完整的视频识别流程主要包括：视频数据预处理过程、卷积网络模型搭建以及基于模型的视频行人检测过程(包括模型的训练过程以及测试过程)。本实例中，我们通过搭建VGG19卷积神经网络来实现视频行人检测，具体实现过程如下：

1. 视频数据预处理过程

在视频检测技术中，由于视频数据是由多帧图像组成的，对每一帧图像都进行分析时，会出现时效性低的问题，因此，在进行视频检测时我们首先要对视频数据进行预处理操作。常用视频结构化分析来进行视频数据的预处理。视频结构化分析是从高层到低层依次对视频流中的连续帧进行切分，从而分割成包括场景、镜头、帧等多个语义段落单元，如图15.17所示。通常，我们利用镜头分割、关键帧选取和视频镜头运动拼接来实现视频结构化分析。

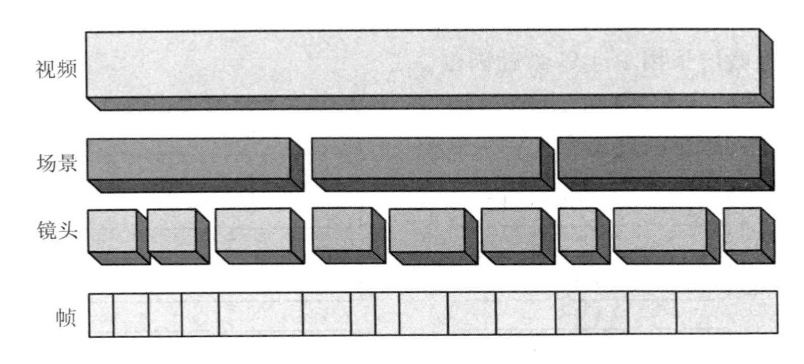

图 15.17　视频结构化模型

其中视频信号镜头分割是针对由于视频的长短差异，表达的信息量也有很大不同，而且数据量大的问题，在分析视频内容时，我们将这种比较长的视频分解成小的片段，以便进行后续的分析和处理。常用的视频信号镜头分割方法包括渐变与突变、阈值选择法、双重比较法等。

进行视频镜头分割以后，如果我们对每个镜头的每一帧图像都要进行处理，这个过程不仅复杂，而且十分耗时，因此，我们需要从镜头中选取一些具有代表性的帧作为关键帧，以便所获取的数据更容易用于视频识别分析。通常，我们利用基于镜头边界、基于运动分析以及基于视频聚类这几种提取方法来实现视频的关键帧提取。

通常情况下，在进行关键帧提取以后，我们会获得多个关键帧，并且这多个关键帧在很多特征上都会存在冗余现象，因此，我们利用镜头运动拼接技术，通过计算主要背景的运动转换，将运动变化的视频帧图像进行无缝拼接，形成一幅能够反映全部镜头内容的图像，此时所获得的这幅图像我们就称为拼接图。

生成一幅拼接图像的具体步骤如下：

(1) 图像对准。主要是通过图像的运动模型来计算视频相邻帧的运动参数，对每帧图像在一个统一的坐标系下进行对准操作。

(2) 图像整合。在经过图像对准操作之后，经常存在多个帧中的像素与统一坐标下的同一点存在对应关系。图像整合操作就是从这些像素中，求出拼接中像素。

(3) 残差估计。进行图像拼接以后，我们把预测图像和实际帧之间的误差称为残差，进行估计和处理时要根据具体情况而定。

2. VGG19 卷积网络模型搭建

本实例中，我们的模型搭建选择 VGG19 卷积网络模型，具体搭建结构如图 15.18 所示，主要包括 16 个卷积层，5 个池化层以及 3 个全连接层。其中，卷积层卷积核大小均为 3×3，步长为 1，池化层核的大小为 2×2，3 个全连接层中，前两层维数为 4096，第三层维数为 1000 维，隐藏层采用 ReLU 激励函数。

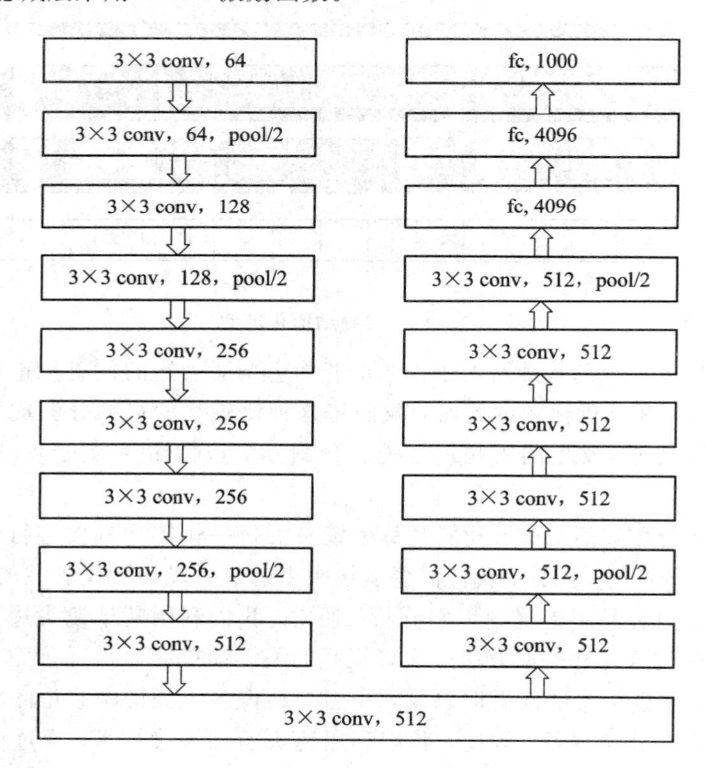

图 15.18　VGG19 卷积网络模型

3. 基于 VGG19 的视频行人检测过程

本实例使用由安装在购物中心的监视摄像机收集的商场 Mall 数据集。该数据集由 2000 帧尺寸为 640×480 的彩色图片组成，其中标记行人的人头位置超过 60 000 个。部分图像实例如图 15.19 所示。

图 15.19 商场 Mall 数据集部分图片实例

本实例中以上面第二部分搭建的 VGG19 卷积神经网络模型为基础，实现视频行人检测。整个算法流程图如图 15.20 所示，主要包括训练过程和测试过程。

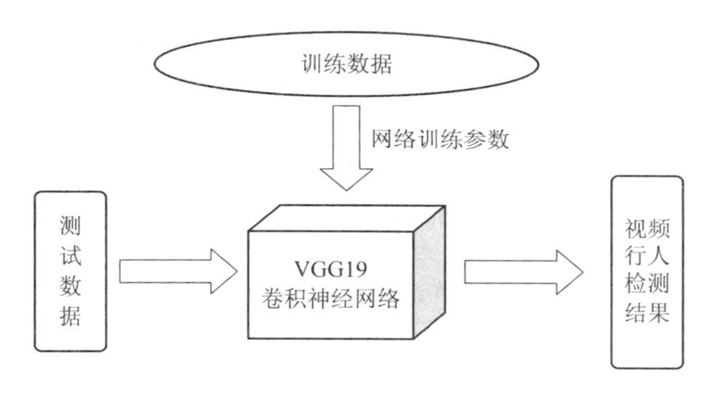

图 15.20 算法流程图

在训练过程中，我们将待检测的视频训练数据输入搭建的 VGG19 网络中，通过网络中的卷积层和池化层来提取相应的特征，并通过 Loss 层计算网络最后输出的行人检测结果与训练集的真实行人检测结果之间的损失值，利用随机梯度下降法进行网络优化，调节网络模型中的各层参数，再次重新进行特征提取，并输出新的行人检测结果图，如此循环，使输出的行人检测达到最优结果，从而得到训练好的网络模型。

训练过程完成后，我们通过将测试集数据输入训练好的网络模型中，来实现视频行人检测。本实例中，我们通过 VGG19 对真实人数为 27 人的测试图片进行行人检测，结果如图 15.21 所示。

图 15.21 VGG19 视频行人检测结果

习　题

1. 尝试使用基于 AdaBoost 算法完成 Yale B 人脸数据分类。
2. 尝试设计通过深度学习类算法实现 Minst 手写体数据识别。

参考文献

[1] 周志华. 机器学习——支持向量机[M]. 北京：清华大学出版社，2016.

[2] BOSER B E，GUYON I M，Vapnik V N. A Training Algorithm for Optimal Margin Classifiers. In：Haussler D ed. Proc of the 5th Annual ACM Workshop on COLT. Pittsburgh，PA，1992，144-152.

[3] 田隽. 模式识别在图像处理中的应用[J]. 数码世界，2018(2)：31-31.

[4] 赵继印，郑蕊蕊，吴宝春，等. 脱机手写体汉字识别综述[J]. 电子学报，2010，38(2)：405-415.

[5] 任晓倩，方娴，隋雪，等. 手写体文字识别的特点及神经机制[J]. 心理科学进展，2018，26(7)：1174-1185.

[6] 张新峰，沈兰荪. 模式识别及其在图像处理中的应用[J]. 测控技术，2004，23(5)：28-32.

[7] 唐贤伦，杜一铭，刘雨微，等. 基于条件深度卷积生成对抗网络的图像识别方法[J]. 自动化学报，2018，44(5)：855-864.

[8] 李荟，赵云敏. GMM-UBM 和 SVM 在说话人识别中的应用[J]. 计算机系统应用，2018，27(1)：225-230.

[9] HERBRICH R. Learning Kernel Classifiers，Theory and Algorithms. Canterbury：The MIT Press，2002.

[10] 杨洁，陈明志，吴智秦，等. 基于 SSD 卷积网络的视频目标检测研究[J]. 南华大学学报：自然科学版，2018，1：014.

[11] 车凯，向郑涛，陈宇峰，等. 基于改进 Fast R-CNN 的红外图像行人检测研究[J]. 红外技术，2018，40(6)：578.